本书由海洋公益性行业科研专项（201005010、201405037）资助出版

海岸地貌建模指南

A Guide to Modeling Coastal Morphology

［荷］Dano Roelvink　［美］Ad Reniers　著
时连强　陆莎莎　夏小明　译

海洋出版社

2015年 · 北京

图书在版编目（CIP）数据

海岸地貌建模指南/（荷）鲁维恩克（Roelvink，D.），（美）雷尼尔斯（Reniers，A.）著；时连强，陆莎莎，夏小明译.—北京：海洋出版社，2015. 12

书名原文：A Guide to Modeling Coastal Morphology

ISBN 978-7-5027-9291-6

Ⅰ. ①海… Ⅱ. ①鲁… ②雷… ③时… ④陆… ⑤夏… Ⅲ. ①海岸地貌-系统建模-指南 Ⅳ. ①P737.172-62

中国版本图书馆 CIP 数据核字（2015）第 297774 号

图字：01-2012-6975

责任编辑：朱 瑾

责任印制：赵麟苏

海洋出版社 **出版发行**

http://www.oceanpress.com.cn

北京市海淀区大慧寺路 8 号 邮编：100081

北京朝阳印刷厂有限责任公司印刷 新华书店北京发行所经销

2015 年 12 月第 1 版 2015 年 12 月第 1 次印刷

开本：787 mm×1092 mm 1/16 印张：15

字数：320 千字 定价：58.00 元

发行部：62132549 邮购部：68038093 总编室：62114335

海洋版图书印、装错误可随时退换

序 言

模型是现实的形式化表现。一个泥塑模型可以代表一辆汽车或一个人，无需假装。水工模型可以模拟港口周遭的水流，但它不是一个真实的港口。海岸地貌计算模型包含了水力、波浪、泥沙输移和守恒等，这些都需要在公式中得到充分体现。虽然模型可以产生有关海岸性质的有趣图片和逼真动画，但却无法表现所有的复杂性。相反，模型量化了我们头脑中的概念，并结合了我们通过推理难以展现的过程。到目前为止，建模的效果还是不错的。但问题是，把概念转化成模型的人往往不是那些使用模型的人。于是，模型概念可能脱离具体的环境，产生明显的误差。

人类的大部分活动发生在离海岸线数公里的狭长海域范围内，砂砾的运移和形态变化也在这里发生。另外，大部分的营养物、污染物和细颗粒泥沙都在这里发生运移。鉴于此，本海岸地貌建模指南旨在加深海岸工程师和科学家对海岸一些重要过程的认识。

这种认识会帮助我们迅速对重要形态变化过程做出评估，使我们更容易地为特定情况选择一个数值模型，并验证其中的假设是否符合实际。最终，它将帮助我们建立模型，并解读和检验相应的结果。我们应该明智地掌握并使用计算机模型，而不应该成为计算机模型的无辜受骗者。

Dano Roelvink & Ad Reniers

目　　次

第1章　前言

本书主要包括三个部分。

首先是某些时空尺度内控制海岸地貌演变的最重要过程：从单个风暴的短期影响到长期演变，从几十米的盆地到大型的纳潮盆地。第2、3、4和5章分别探讨了波浪、海流、泥沙输运和海岸地貌等内容，涉及的过程包括波浪的传播和耗散，由潮汐、波浪和风驱动产生的海流。在这里，我们并不是关注波浪、海风或潮汐如何产生或者是在哪里产生的，而是只关注海岸带发生着什么。因此我们假定，向陆边界和水深20 m以浅区域的潮位、大尺度风场、波浪和径流等的必要信息，都可以从监测站、浮标或区域和全球模型中获取。我们的主要目的，是通过分析控制方程中大部分相关项间的平衡，了解一些典型的流动，推断潮流形态和驱动力。

后续第6章讨论常用的建模方法，之后我们分别讨论了海岸剖面模型（第7章）、岸线模型（第8章）和平面二维与三维海岸区域模型（第9章）。我们所说的模型，主要是指模型的概念，而不是软件系统、专利或者其他。我们使用简单的Matlab程序，从而尽可能地让讨论通俗易懂，比如在介绍海岸剖面和岸线模型时。对于更复杂的平面二维与三维模型，我们将避开不同系统的细节，重点描述相关概念、边界条件、典型的模式化程序以及可能产生的有意思的地形地貌现象。当我们描述某一特定现象时，我们将通过构建最简单的模型来解释其产生过程。每一种情况可被视为实际应用的复杂模型中可能发生的所有过程的一个子集，通过分离一个个产生特定现象的过程，我们能够知道将它表达出来所需要的最小集。

在第10章中，我们围绕共同的海岸问题进行了案例研究，目的同样是引发读者对海岸过程的思考以及如何进行有效的建模工作。我们针对不同目的，使用了不同的模型概念。

在第11章，基于自身经验和已开展的研究，我们为建模研究进行了系统化过程的尝试，就像一个扩展清单。最后，在第12章中，我们讨论了建模哲学，重点关注模型表示与现实之间一定的不匹配性，但仍然可以使用这些复杂的形态动力学模型来做出有用的预测。

本书中，所有的Matlab脚本和公式都可以通过OpenEarth. nl（由Deltares发起的开放资源）获取。简单注册后，您就可以在Tools选项的directory matlab/applications/CostalMorphologyModeling菜单中下载我们的代码。

第2章　波浪

2.1　引言

正如全书所描述的那样，表面重力波的建模是海岸动力地貌学预测的一个重要组成部分。这里我们仅考虑风生表面重力波，即风浪和涌浪。

在海上，风浪通常从低压中心向外辐射，从而进行能量、质量和动量的传输。在深水区，这些波只是较弱的非线性波，因此波场可被表征为大量独立的波分量的总和，导致产生不规则波场的高斯海况。随着波浪从深水向浅水传播，它们开始与海底发生相互作用；由于海床摩擦，导致非线性不断增强，波的传播速度减小，能量随之损耗。对于斜向入射波而言，由于沿波峰的传播速度不同，后者将造成折射。随着水深的进一步降低，浅水作用越发显著，最终波浪失去稳定而发生破碎。破碎波最明显的特征通常是波浪前锋充满气泡，这是由波峰中所含气体导致的，最著名的如水滚。

波浪在海岸响应中起到重要作用。众所周知，近底水体往复运动会掀沙，并被（周围的）海流携带输移。因此，当有波浪出现时，沉积物输移率显著增大（详见4.3.2节）。另一方面，在波浪边界层内，波浪的往复运动和海流速度的相互作用，会增大周边海流的底部剪切应力，从而减缓海流速度（见3.2.5节）。在破波带，短波能量的耗散导致波生近岸流，包括沿岸流（在斜向入射波的情况下）和离岸流（见3.5和3.6节）。此外，波能量的空间变化引起的增水梯度，能产生强沿岸流和离岸流，比如裂流循环（3.8节）。这些沿岸流可挟带输运大量泥沙（Komar，1976）。沿岸流阻塞会导致大面积淤积和下游海滩发生侵蚀，这一现象多见于海港入口（见第8章，海岸线模型）。短波的非线性在许多方面都是非常重要的。其中一个方面就是与斯托克斯漂流有关的向岸的质量输移，可被离岸方向的补偿流弥补（见4.4.2和4.5节）。在浅水区，由于三波相互作用，受约束的高次和低次谐波在破碎之前产生（Hasselmann，1962）。起初与主波同相的高谐波的出现，可使波峰较陡而波谷较平（Stokes，1847）。由此导致出现短波平均的向岸泥沙输移（参见4.1.1）（Roelvink，Stive，1989）。由于沉积物浓度以及波流动力的垂向分布，使问题变得格外复杂，造成离岸方向的泥沙输移（见第4章泥沙输移）。在破碎前，随着主波和其超谐波相移的增加，波浪变成锯齿状。这时，波内压力梯度对于泥沙的影响变得非常重要（Madsen，1975；Drake，Calantoni，2001；Nielsen，Callaghan，2003；Foster et al.，2006）。波浪破碎时产生的紊流使得掀沙作用增强（Roelvink，Stive，1989；Steetzel，1993；van Thiel de Vries et al.，2008）。总之，详细了解波动力学方面的知识对于预测海滩的动力地貌学特征是十分必要的。

下面我们简单列出了与海岸建模有关的波浪生成和传播的主要内容。更多关于该主题的详细描述，包括基于线性波理论的表述，可参见其他著作，如（Phillips，1977），（Mei，1989），（Dean，Dalrymple，1991），（Dingemans，1997），（Svendsen，2006），（Holthuijsen，2007）等。

2.2　波浪的生成、传播和衰减

风和海水界面的能量交换生成波浪。风能向波能的最初传输是基于风压变化与风距和风速的存在，这与波浪的衰减关系相关（Phillips，1957），最终产生从风能到波能的共振传输。初始波的特征是向各个方面传播的极短波。根据线性理论，短波从风中汲取能量的速率高于长波，原因是能量传输与波陡成正比（波面坡度的平方）。随着波浪振幅的增大，水面开始与风相互作用，导致波浪加速变大，并且其方向与风向一致（Miles，1957）。实验观察表明，（Phillips，1957）与（Miles，1957）的组合机制不能够解释观测到的这种超过一个数量级的增长率。这种效应通常归因于单波分量间存在的微弱非线性四波相互作用，这使得能量从饱和高频波向低频波传递（Hasselmann，1962）。尽管如高斯描述所认为的那样，这种相互作用相对较弱，但长距离波的传播使得其累积效应非常明显，导致波高和波周期显著增加。风能的持续输入与其伴生的非线性相互作用将产生一个以一定频率定向传播的波场。

在深水中波的破碎导致其能量的衰减，这被称为白帽效应，它将波能传输至小规模的紊流（Melville，Matusov，2002）。由于深水中波浪的破碎取决于波陡（Miche，1944），因此这个过程与饱和高频波分量的关联最大。随着水深变浅，波浪开始与海底相互作用，波能在底部边界层被底摩擦所耗损。此时，布拉格散射变得十分重要（Ardhuin et al.，2003），因为它增强了水深变化条件下短波的定向传播。相比之下，波速沿波峰的变化，使得波浪向海岸方向折射，从而削弱了定向传播。

最剧烈的变化发生在近岸。近岸共振三波相互作用的存在，可迅速将能量传至高频率波（超谐波）和低频率波（亚谐波），由此分别改变高次频率波的波形和产生长重力波能。随着水深变浅，受深度限制的波浪破碎作用变得尤为重要，它将波能传输到表面水滚，而水滚所携带的能量接着被传递给小规模紊流。受深度限制的波浪破碎作用将能量、动量从破碎的风浪传递给波生流、长重力波、紊流以及伴随发生的泥沙输移，可以说是近岸区最重要的（也是人们了解最少的）过程。

2.3　波谱概述

波浪场通常是通过波谱形式来描述，而不是以确定性的方式来描述不规则波的波面高程。通常使用快速傅里叶变换（FFT；Cooley，Tukey，1965）来进行从时间空间描述到频率空间表述的转换。FFT 为每个频率 f 的傅里叶分量产生一个振幅 a 和相位。由于波场的随机性，相位信息随着每次认识而发生变化，且常常被忽视。因此我们用波能密度作为频率的函数：

$$E(f) = \frac{1}{2}\frac{a^2(f)}{\Delta f} \tag{2.1}$$

式中，Δf为频率间隔。在许多著作中，比如（Holthuijsen，2007），都能找到使用波谱分析将时间序列转化成为波谱的详细描述，特别是对于风浪。

频谱只能获取波面高程的时间变化。要获取与风浪的定向传播相关的空间变化，还需要进行其他分析。对一个空间上均匀分布的波浪场而言，可以使用空间 FFT，它产生的幅值和相位分别是向岸和沿岸波数量 k_x 和 k_y 的函数。利用线性弥散关系式（忽略表面张力和振幅的影响）：

$$\sigma^2 = gk\tanh kh \tag{2.2}$$

式中，$\sigma = 2\pi f$为固有角频率，$k = \sqrt{k_x^2 + k_y^2}$，h 为水深，由此可建立方向谱 $E(f,\theta)$。要进行空间 FFT，需要知道按一定规律间隔的大范围的波面高程。这些信息通常在现场难以获得，因为波面高程通常是使用稀缺的现场调查仪器来测量的。值得注意的一个例外是使用雷达和视频进行测量［如（van Dongeren et al.，2008）及参考文献］。不过，同时使用多个现场调查仪器，通过检查各个仪器获得的信号之间的交叉谱方差也可以建立 $E(f,\theta)$。一般情况下，可借助定向乘波计或同时使用压力传感器和流速计进行测量，并使用最大熵方法（MEM）来建立风浪的 $E(f,\theta)$，（Lygre，Krogstad，1986）。也可以选择用单个压力传感器或流量计的空间组合来估算 $E(f,\theta)$（Pawka，1983），（Reniers et al.，2010a）。风浪 $E(f,\theta)$ 的不同估算方法详见（Benoit et al.，1997）的综述。

海洋状况实测值的频谱分析表明，取决于海况演变的理想形状是存在的。比较著名的例子是适用于充分成长风浪的 Pierson – Moskovitz（PM）频谱和波峰较陡的成长过程风浪的 Jonswap 谱（Hasselmann et al.，1973）：

$$E(\sigma) = \alpha g^2 (2\pi)^{-4} \sigma^{-5} \exp\left[-\frac{5}{4}\left(\frac{\sigma}{\sigma_p}\right)^{-4}\right] \gamma_0^{\exp\left[-\frac{1}{2}\left(\frac{\sigma-\sigma_p}{\varepsilon\sigma_p}\right)\right]} \tag{2.3}$$

式中，α 是能量标定系数；σ_p 为峰值径向频率；γ_0 为峰值增强因子；ε 则用于确定峰值附近的谱宽。对于 PM 谱，$\alpha = 0.0081$ 且 γ_0 等于 1；对于 Jonswap 谱，γ_0 增加到 3.3，$\sigma < \sigma_p$ 时，$\varepsilon = 0.07$；当 $\sigma > \sigma_p$ 时，$\varepsilon = 0.09$。

这里也有定向分布的例子，比如 $\cos^m$ 分布：

$$D(\theta) = A_m \cos(\theta - \theta_p)^m \tag{2.4}$$

式中，A_m 是比例因子，它的作用是确保整体定向分布函数的一致性；θ_p 是谱峰方向。m 的小（大）值分别对应宽（窄）的定向分布，则方向谱可由下式建立：

$$E(f,\theta) = E(f)D(\theta) \tag{2.5}$$

图 2.1 是一个风浪方向谱的示意图。若缺少频谱的详细信息，则可以把这些标准的谱形状用作模型计算的边界条件。对于确定性波建模，可以使用随机相位模型［公式（2.6）］生成代表性的波面高程时间序列，其中振幅$\hat{\eta}_j$ 根据公式（2.3）计算得出；ϕ_j 是各频率分量的随机相位（Miles，Funke，1989）：

$$\eta(x,y,t) = \mathrm{Re}\left[\sum_{j=1}^{N} \hat{\eta}_j e^{i(\sigma_j t - k_{x,j} x - k_{y,j} y + \phi_j)}\right] \tag{2.6}$$

线性弥散关系式 eq.（2.2）用于将波数 k_j 与角频率 σ_j 联系起来，相应的单个入射角可由基于定向分布函数的概率公式（2.4）获得。由于相位和方向分配的随机性，每

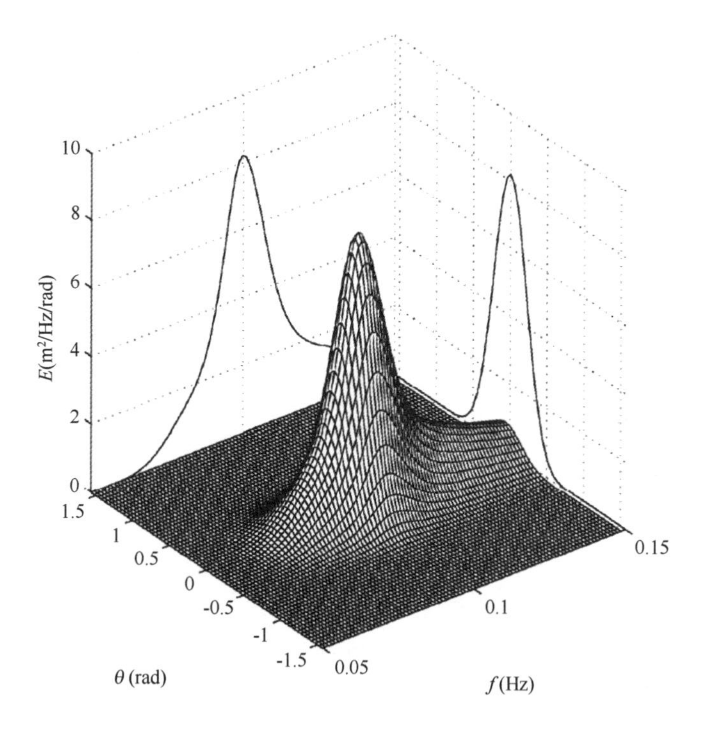

图2.1　根据Jonswap频谱和 $\cos^m$ 定向分布绘制的随机海洋状况能量密度分布，其中 $m=20$，谱峰频率0.1 Hz，谱峰方向0度。

次计算所得结果必定不同，但从统计学的角度来讲是一致的。

2.4　波浪条件

在下面章节，我们将考虑有关风浪和涌浪的波浪条件。风浪被认为是在当地风的作用下产生的，并取决于风区长度、水深和风速（Sverdrup，Munk，1947）。涌浪与当地风力条件无关，它实际上是外海风暴产生的海浪，在到达岸边破碎前已经过长距离传播（Barber，Ursell，1948），（Snodgrass et al.，1966）。由于长距离传播过程中发生能量耗损，涌浪的频率和定向传播通常很窄。与之相反，风浪的则较宽。风浪和涌浪都可以出现，这取决于海滩的位置和方向。在深水区，风浪的波陡（即波高和波长的比率）相对较大，而周期较长的涌浪则较小。通常，我们认为它们对地貌的影响是完全不同的，因为当它们进入浅水时，风浪和涌浪的非线性演变不同。破碎前，涌浪比相对较短的风浪变得更陡，由此产生显著的不对称驱动的泥沙输移（参见4.1.1节）。与之相比，较短的风浪则在距离海岸不远的破碎点变为锯齿形，因此其对地貌变化的贡献主要与因质量流补偿导致的离岸补偿流输移相关（见4.5节）。

由于环境条件的变化，当地波浪条件诸如风速、风向、潮高及潮流等也在不断变化中。因此，某一站位的波浪条件，一般可以通过对收集到的多年波浪信息进行概率密度分布来计算得到。基于这些长时间序列的数据集，借助统计工具就能获取代表性的波浪条件（参见6.3.4节）。受深水的限制，我们主要通过测量船、测量平台、波浪浮标或卫星获取波浪数据。为了达到预测海岸地貌变化的目的，必须把离岸波浪条件转换为近岸研究区的波浪条件，而这一转换可通过波浪模型完成（后面讨论）。

2.5 波浪模型

显然，海岸地貌建模需要波浪信息。在这方面，人们曾经提出了很多种方法。第一个波浪模型开发于第二次世界大战期间，该模型认为波浪是在局部风的作用下产生，并取决于风区长度、局地风速、风时（Sverdrup，Munk，1947）。第一代波能平衡模型考虑了受风场输入和白帽效应所影响的频谱演化（Gelci et al.，1956）。第二代频谱模型也明确包括了（Hasselmann，1962）描述的由非线性波相互作用产生的效应，同时还包括其他过程，比如定向传播、折射、浅水作用、海底摩擦、波流的相互作用和受水深约束的任意地形的波浪破碎作用，如 Holthuijsen et al.，1989）。如今的第三代波浪模型完全解决了能量密度的频率定向演变（如 WAM，WAVEWATCH，SWAN），因此隐含了非线性波的相互作用。鉴于单个波的相位信息未保留，该模型方法给出了相对大空间的计算步骤，因此它适合于计算大区域的波浪条件，其不足之处在于，未涵盖亚谐波和超谐波（相耦合的）的约束条件，因此非线性波浪内部不能依据这些模型重建。Janssen 等人（2006）建立的第四代波谱模型是个例外，它包括一个相位演化方程。Boussinesq 模型则提供了一种解决在中等和较浅水深条件下风浪的非线性波浪内部运动的方法［（Dingemans，1997）及其中参考文献］。这些模型一般都没有考虑到因风能导致的波浪生成或发展，但的确包括了浅水作用、折射、绕射、非线性相互作用、受深度约束的波浪破碎和波流相互作用，以上作用通常直接到达海岸线，因而也包括冲刷作用。然而，海流的垂向分布问题并未得到解决，而且海底斜坡都被假定为平缓的。时间空间和频率空间的 Boussinesq 模型都是可用的。另外还有一种全三维准静力学模型（Stelling，Zijlcma，2003），可以求解任意斜坡上波浪内部尺度的垂向水流动力。需要注意的是，这些波浪内部模型需要进行大量的计算工作，因此将它们应用于大尺度范围和/或长周期计算，都是不切实际的。

原则上，考虑到外海风的情况，近岸波浪条件可以通过应用一系列波浪预测模型来得到（图2.2），比如：适用于大洋尺度的 WAM 或 WAVEWATCH 模型，给沿海大陆架建模提供了所需边界条件的 SWAN 或 XBEACH 模型，用于近岸模型的嵌套 SWAN 或 XBEACH，可以依次耦合相位解决模型预测破波带和冲浪带运动的 Boussinesq 和非静水力模型（如 FUNWAVE 和 SWASH3D）。又或者，如果已知的边界条件靠近海岸，那么可以使用近岸模型，从计算角度来看，这种方法是可行的。

目前的动力地貌建模集中在近岸的狭小范围内，长度尺度约为一千米，时间尺度大约是一星期。这显然限制了波浪建模。可用于计算近岸波浪内部动力学的复杂模型需要耗费大量的计算时间，在这一点上，也不适用于动力地貌学的计算。因而，波浪建模的重点是后面要讨论的相位平均和短波平均建模。需要注意的是，不再解决波浪内部尺度问题，而可能需要对泥沙输移中的波浪内部效应进行参数化（参见4.1.1）。

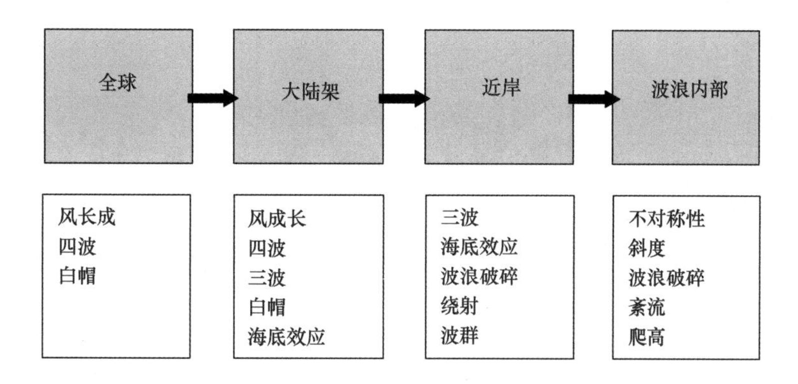

图2.2 包括相应关键模型要素的从全球尺度到波浪内部的波浪建模流程图

2.6 控制方程

2.6.1 波浪作用平衡

波浪建模的经典方法是考虑从深水传播到岸边的单个波向线，同时考虑相关物理过程，如风的输入、传播和衰减。收集单个的波向线，然后获得近岸波浪状况的信息。然而，在不规则水深情况下，这种方法会产生焦散，比如，在波向线交叉的位置，会产生不符合实际情况的波高。为避免产生焦散，水深地形或产生的波场（或二者兼有）在空间上必须是平滑的（Bouws，Battjes，1982）。由于平滑的长度尺度对模型结果的解释有重要影响，因此空间平滑是必要的（Plant et al.，2009）。考虑到波作用量在固定网格上的变化，我们用欧拉方法代替拉格朗日方法（Hassehnann et al.，1973）：

$$\frac{\partial N}{\partial t} + \frac{\partial}{\partial x}c_x N + \frac{\partial}{\partial y}c_y N + \frac{\partial}{\partial \sigma}c_\sigma N + \frac{\partial}{\partial \theta}c_\theta N = \frac{S}{\sigma} \tag{2.7}$$

式中，N 代表作用量密度，它是角频率 σ 和方向 θ 的函数：

$$N(\sigma,\theta) = \frac{E(\sigma,\theta)}{\sigma} \tag{2.8}$$

式中，c_i 代表 x,y,σ 和 θ 空间的输移速度，E 代表能量密度。接下来，我们运用基于线性波理论的表达式来描述相关波作用量的平衡分量。单个自由表面重力波分量（σ 和 θ 方向上）的波能，是它的势能和动能之和：

$$E_\omega = \frac{1}{2}\rho g c^2 \tag{2.9}$$

式中，ρ 代表水的密度；g 是重力加速度。每个波浪分量以速度 c 传播：

$$c = \frac{\sigma}{k} \tag{2.10}$$

其中 k 根据线性弥散关系式（2.2）得到。波能传播的群速由下列公式中给出：

$$c_g = \frac{\partial \sigma}{\partial k} = \frac{1}{2}\left(1 + \frac{2kh}{\sinh 2kh}\right)c \tag{2.11}$$

考虑到单个波浪分量的方向，在地理空间波浪内部能的传播速度（有海流存在情况下）为：

$$c_x = c_g\cos(\theta) + u \tag{2.12}$$

$$c_y = c_g\sin(\theta) + v \tag{2.13}$$

式中，u 和 v 分别是向岸和沿岸的斯托克斯水深平均的欧拉速度。鉴于频率的水深依赖于方程（2.2），水深的时间变化会产生频移，因此可用 σ 空间的传播表示：

$$c_\sigma = \frac{\partial\sigma}{\partial h}\left(\frac{\partial h}{\partial t} + \vec{u}\cdot\nabla h\right) - c_g\vec{k}\cdot\frac{\partial\vec{u}}{\partial s} \tag{2.14}$$

式中，s 是波浪传播的方向；m 垂直于波的传播方向。在倾斜入射波情况下，由于水深和（或）海流的差异，相位和群速会随着波峰变化而产生折射。这种影响可表达为 θ 空间的传播速度：

$$c_\theta = -\frac{1}{k}\left(\frac{\partial\sigma}{\partial h}\frac{\partial h}{\partial m} + \vec{k}\cdot\frac{\partial\vec{u}}{\partial m}\right) \tag{2.15}$$

波数 $\vec{k}$ 可从程函方程中求得：

$$\frac{\partial k_x}{\partial t} + \frac{\partial\omega}{\partial x} = 0 \tag{2.16}$$

$$\frac{\partial k_y}{\partial t} + \frac{\partial\omega}{\partial y} = 0 \tag{2.17}$$

ω 代表绝对角频率，可由下式计算得到：

$$\omega = \sigma + k_x u + k_y v \tag{2.18}$$

以上是一系列用以描述波作用量平流［比如式（2.7）的左边］的方程式。式（2.7）右边的S项代表与风的成长、非线性相互作用和波浪衰减相关的源汇项。随着波浪传播，这些过程影响作用密度的分布，从而改变能量密度的频谱形状（Holthuijsen，2007）。

2.6.2 波浪能量平衡

方程式（2.7）中的波谱作用量平衡描述了全波谱在时间和空间上的缓慢变化。该方程可通过对所有频率积分进行简化，得出随时间变化的 HISWA 方程（Holthuijsen et al.，1989），它适用于模拟（分组）波浪的定向传播过程（Roelvink et al.，2009）。如果频谱是定向窄谱且谱峰频率在空间上恒定，那么传播过程中能量进一步减弱并达到平衡的方程式可按下式：

$$\frac{\partial E_\omega}{\partial t} + \frac{\partial}{\partial x}[E_\omega c_g\cos(\theta_m)] + \frac{\partial}{\partial y}[E_\omega c_g\sin(\theta_m)] = -D_\omega - D_f \tag{2.19}$$

式中波能等于：

$$E_\omega = \frac{1}{8}\rho g H_{rms}^2 \tag{2.20}$$

D_ω 和 D_f 分别代表波浪破碎和海底摩擦导致的波能耗散。这个简单的方程，在描述给定平均波方向 θ_m 的总波能的传播和衰减方面非常有用。对于平面海滩上的驻波场，即沿岸均一的，在没有波浪耗散的情况下，波能平衡可简化为：

$$\frac{\partial}{\partial x}(E_{\omega}c_{g}\cos\theta_{m}) = 0 \tag{2.21}$$

方程显示出离岸深度的变化导致群速发生变化，并进一步造成浅水作用和折射：

$$\frac{E_{\omega,i}}{E_{\omega,0}} = \frac{c_{g,0}}{c_{g,i}}\frac{\cos(\theta_{m,0})}{\cos(\theta_{m,i})} = K_s K_r \tag{2.22}$$

式中，下标 0 代表已知波方向时离岸的位置，下标 i 代表任意的离岸位置。在平面海滩，运用斯奈尔定律可求得入射角：

$$\frac{\sin\theta_{m,i}}{c_i} = \frac{\sin\theta_{m,0}}{c_0} \tag{2.23}$$

由此，已知一些参考点的条件，即可得出当地波能和波向（图 2.3）。类似这样的简单表达式可用于验证更复杂模型的适用性。注意，当 $h\rightarrow 0$ 以及 $H_{rms}\rightarrow\infty$ 时，浅水系数是无穷大的。实际上，随着波高和水深比的增大，入射波变得不稳定并且开始破碎。因此，这些表达式仅适用于破波带以外。

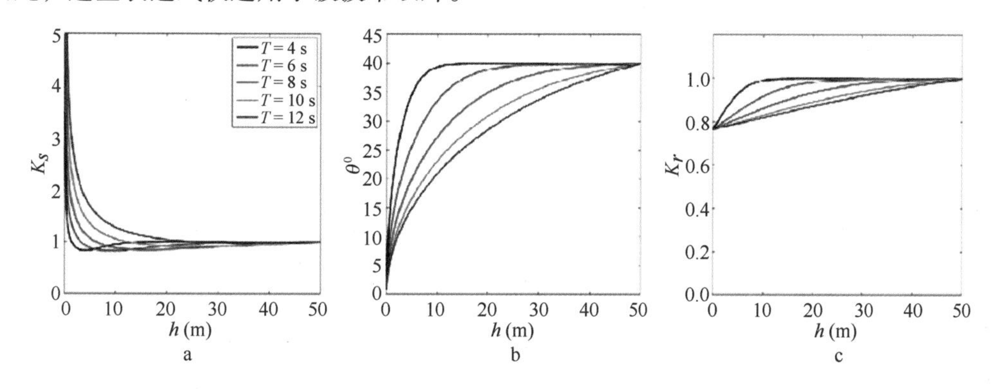

图 2.3　作为波周期函数的平面海滩浅水系数（a），用斯涅尔定律计算的入射角（b），作为波周期函数的相应折射系数（c）。

尽管因为波浪破碎过程非常复杂，不能准确地建模，但仍有几个公式是可以把 D_{ω} 作为波能、波周期和水深的函数进行准确合理地描述（Apotsos et al.，2008）综述。

Battjes 与 Janssen（1978）首先提出了随机波的破碎耗散模型，他们运用了一种单调的类比法模拟单波耗散，并用一个简单的波高分布模型（所谓省略的瑞利分布）计算波浪破碎的概率。假设所有破碎波有同样的最大波高（水深和周期函数），总波耗散只是单个波耗散的产物，那么波浪破碎的概率或破碎波的部分可表示为：

$$D_{\omega} = Q_b D_b = Q_b \frac{1}{4}\rho g \alpha f_p H_{\max}^2 \tag{2.24}$$

这里破碎波的部分由隐含关系给出：

$$Q_b = \exp\left\{-\left[\frac{H_{\max}^2}{H_{rms}^2}(1 - Q_b)\right]\right\} \tag{2.25}$$

最大波高则由 Miche 准则给出：

$$H_{\max} = \gamma h \tag{2.26}$$

尽管模型的某个部分，比如波高分布或破碎波部分有可能是错误的，但通过适当的校准（通常保持 $\alpha = 1$ 并使 γ 取决于波陡），这个模型仍可准确描述波浪破碎导致的能量耗散（Batjes，Stive，1985）。其他模型则对破碎波的波高分布进行了改进，比如（Thornton，Guza，1986），（Baldock et al.，1998），（Janssen，Battjes，2007），但 BJ78 模型仍广泛应用于剖面模型和频波模型中，这两种模型的耗散分布与谱密度成正比。最近对波耗散模型和相应的最佳系数设置的综述认为，波高变换时的预计误差约为 10%（Apotsos et al.，2008）。注意，这些模型可有效用于一列随机波的平均耗散，不适合于能用其他破碎波耗散模型代表的波群的耗散问题（Roelvink，1993）。

跟波浪破碎相比，海底摩擦导致的波能耗散尽管相对较弱，但对于广阔的沿海大陆架，这一点非常重要（Ardhuin et al.，2003）。以下为一个通用的表达式：

$$D_f = \rho C_f \overline{|u_{rms}|^3} \tag{2.27}$$

式中，C_f 是 $O(0.01)$ 的摩擦系数，从线性波理论中可求得近底均方根往复运动：

$$u_{rms} = \frac{\omega a}{\sqrt{2}\sinh kh} \tag{2.28}$$

式中，a 是波振幅。

2.6.3 水滚能量平衡

虽然波能平衡足以描述有序波能的传播和衰减，但我们常会发现，波浪开始破碎的点和波浪增减水并构成沿岸流的点之间，存在一段时间的延迟。这个“过渡区”效应通常归因于表面水滚中暂时存储的向岸动量。有些作者已对此类水滚的典型大小及其相关动量进行了分析，比如（Svendsen，1984），（Roelvink，Stive，1989），（Nairn et al.，1990），（Deigaard，1993）和（Stive，de Vriend，1990）。水滚可表示为从破碎波前峰滑落的一滴水，其横断面面积为 R。它施加于其下方水的剪切应力等于：

$$\tau_{roller} = \frac{\rho g R}{L}\beta_s \tag{2.29}$$

式中，β_s 是破碎波波前的坡度；L 是波长。水滚的动能等于：

$$E_r = \frac{1}{2}\frac{\rho R\overline{(U_{roller}^2 + W_{roller}^2)}}{L} \tag{2.30}$$

势能可以忽略。现在我们建立的水滚的能量平衡方程如下：

$$\frac{dE_r}{dt} = \frac{\partial E_r}{\partial t} + \frac{\partial E_r c\cos\theta_m}{\partial x} + \frac{\partial E_r c\sin\theta_m}{\partial y} = D_\omega - D_r \tag{2.31}$$

式中，D_ω 是破碎导致的有序波动的损失［如方程（2.24）］；D_r 是水滚能量耗散。后者是水滚和波浪之间剪切应力所做的功［Deigard（1993）］：

$$D_r = \tau_{roller} c \tag{2.32}$$

考虑到破碎波中复杂的运动，我们只能通过方程（2.32），给出式（2.29）中各参数量级上的粗略估计。为了解决水滚的能量平衡问题，我们需要将水滚面积 R 表达为 E_r 的函数，可通过下列方程实现：

$$\overline{(U_{roller}^2 + W_{roller}^2)} = \beta_2 C^2 \tag{2.33}$$

将此方程与方程（2.29）和（2.32）联立，得到：

$$D_r = 2\frac{\beta_s}{\beta_2}\frac{g}{C}E_r \tag{2.34}$$

系数 β_s 和 β_2 通常合并为一个系数考虑，大约为 0.1（Reniers，Battjes，1997），这个数值在穿过破波带时可能会随着距离而变化。

2.7　波群传播

如前所述，入射波中存在的频率和定向发展会导致产生不规则波浪场。结果，波浪成群地冲击海滩，这是许多在破波带外等待着大浪到来的冲浪者都非常清楚的事实。这种群体性是频率分布和定向分布的函数，（宽）窄波谱表现为（弱）强的群体性。尽管这与娱乐休闲密切相关，但入射波成群的结构同样对海滩地貌响应有着重要影响，它会形成长重力波和不稳定的破波带环流（见 3.6 小节）。

从波面高程开始（图 2.4 中细线），用希伯特变换可计算出相应的波包络：

$$A(\overrightarrow{x,t}) = |H[\eta(\dot{x},t)]| \tag{2.35}$$

从而得到波场的群结构（图 2.4）。相应的波能为：

$$E_\omega(\overrightarrow{x,t}) = \frac{1}{2}\rho g A^2(\overrightarrow{x,t}) \tag{2.36}$$

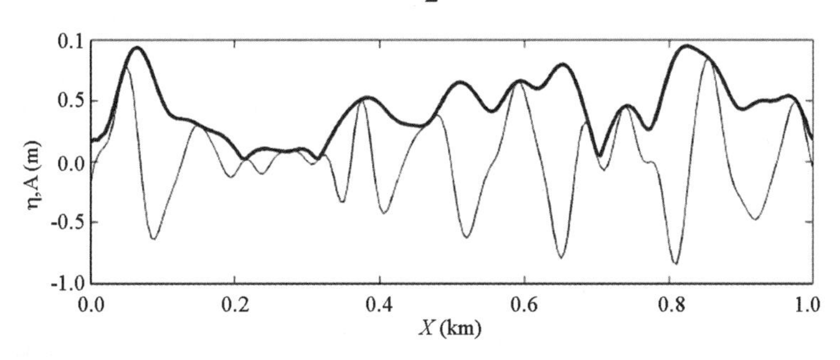

图 2.4　波面高程横断面（细线）和由式（2.6）和（2.35）计算得到的相应的波包络线（粗线）。

并且，波能按群速传播。如果波谱是窄的，方程（2.19）可用来描述任意波群在时间和空间上的缓慢变化。为了阐明波浪破碎的群体性，Roelvink（1993）建立了一个将缓慢变化的耗散视为局部缓慢变化的波能的函数公式：

$$D_\omega = 2\alpha f_m E_\omega \left\{1 - \exp\left[-\left(\frac{\sqrt{8E_\omega/(\rho g)}}{\gamma h}\right)^n\right]\right\} \tag{2.37}$$

式中，f_m 是平均频率。已知 $E(f,\theta)$ 就可以用方程（2.6），（2.35）和（2.36）计算得到离岸边界处的波群变化的能量。考虑到波浪破碎导致的浅水、折射和耗散，可用能量平衡公式（2.19）计算波群的能量转化。

群波波高的空间分布快照显示，离岸和沿岸方向都发生了明显变化（图 2.5a）。在破波带外，离岸方向的调整是频率传播的结果，而波群沿岸的长度尺度与方程（2.4）中的定向传播有关，（大）小传播即有（短）长的长度尺度。在破波带内，沙脊顶上近饱和的高波先破碎，因此调整减少。在多数情况下，这很好地表示了在破波带所发生的情况。但是，如果有（宽）波谷存在，由于不同谐波分量以不同速度传播，调整将再次增多（Dingemans，1997）和相关参考文献。

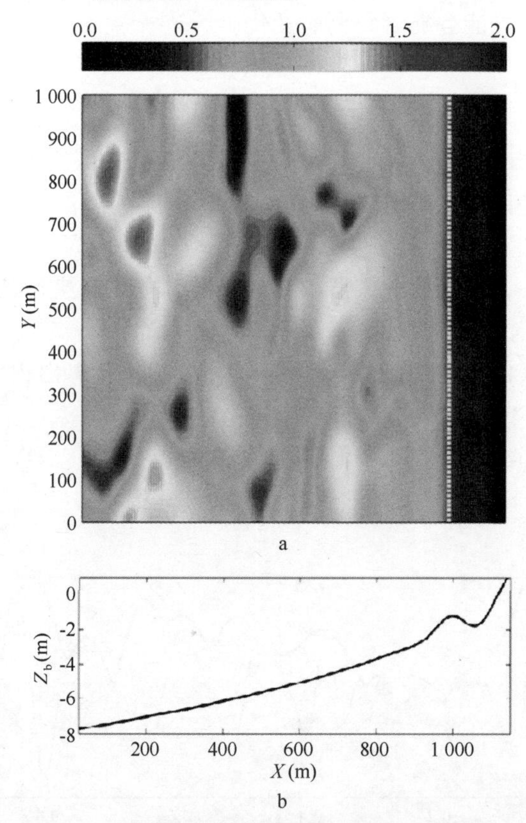

图2.5　利用波能平衡方程（2.19）计算的群波波高的快照（a），其中波浪为垂直入射，对应于Jonswap频率谱以及$\cos^m$定向分布，在有单个离岸沙坝的平面海滩（b）上时，取$m=20$，谱峰频率为0.1 Hz。破碎波主要发生在沙坝和海岸线附近（黄色虚线表示沙脊）。

2.8　复杂海底地形条件下的波浪传播

复杂海底地形条件下波浪的折射、浅水和波浪破碎的共同作用，可用波作用量平衡方程（2.7）建模。图2.6是一个使用SWAN模型的示例，模型初始化利用的是一个CDIP浮标（http：//cdip.ucsd.edu）测得的频率方向谱，该浮标布设于距Scripps码头约10 km处［位于图2.6中图a的$(X,Y)=(0,0)$ m处］。定义波向北向为正（图2.6a图中黑色箭头所示）。

离岸波谱的特点是在$\theta=270°$附近涌浪的峰较强，而在西南方向约$\theta=200°$处入射的峰较弱（图2.6b）。在更深水域（$h>100$ m），平均离岸波向与X轴在一条直线上。然而，在有峡谷峭壁的区域，波浪折射导致入射波的（辐散）辐聚，造成沿海岸

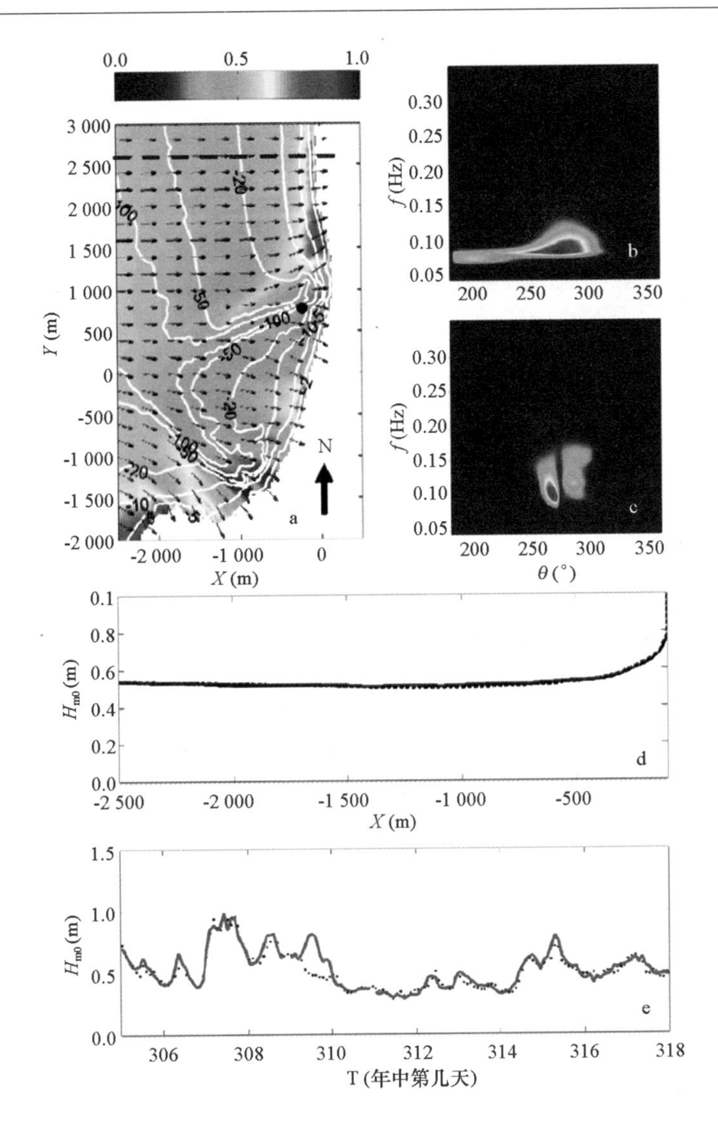

图2.6 SWAN结果示例。a：在复杂峡谷地形条件下（单位为m的白底等高线）的有效波高（单位为m的色标）和平均波向（箭头）。b：离岸$f-\theta$波谱（定义θ北向为正）。c：靠近Scripps峡谷（图中黑点位置）的$f-\theta$波谱。d：在断面y=2 600 m处（图a中蓝虚线），线性浅水作用（虚线）与SWAN波高（实线）的比较。e：（图中黑点位置）现场实测值（点）与两周时间内计算所得有效波高（红实线）的比较。

线出现波高的剧烈变化（图2.6a）。折射的（辐散）辐聚现象也出现在Scripps峡谷顶端的$E(f,\theta)$中，如图a中的黑点所示，此处能量从主方向转移，产生双峰方向谱（图2.6c）。因为折射是波浪周期的函数，频率越低，折射越强，见图2.4和方程（2.23），所以$E(f,\theta)$在$\theta=270°$附近不再对称。

如果不存在强烈的地形变化，可以用线性浅水作用很好地预测达到破碎点的波高大小（图2.6d），这里的平均波浪周期取10s。而峡谷顶端的波高，一般在两周时间内，就可以得到一系列波浪和潮汐条件下的比较准确的预测值（图 2.6e），也就是说，SWAN 可以很好地捕捉到折射和浅水过程。

2.9 波浪的阻挡效应

在严格条件下，强烈的近岸流与来到的波浪相互作用，导致水流的折射和波流的相互作用，其中后者使能量从水流传输到入射波和潜在的波浪阻挡效应。下面考虑单向谐波在强烈的补偿流作用下的传播。波作用量平衡方程（2.7）可简化为：

$$\frac{\partial N}{\partial t} + \frac{\partial c_x N}{\partial x} = \frac{-D}{\sigma} \tag{2.38}$$

其中波作用量为：

$$N(x,t) = \frac{E_\omega(x,t)}{\sigma(x,t)} \tag{2.39}$$

E_ω 代表波能，σ 为固有波频率。传播速度为：

$$c_x = c_g + u \tag{2.40}$$

式中 c_g 由式（2.11）计算得到。波浪破碎导致的波耗散由方程（2.37）表示，此时最大波高也受到波陡的限制：

$$H_{\max} = \frac{\gamma}{k}\tanh kh \tag{2.41}$$

波高可从波能中得出：

$$H = \sqrt{\frac{8E_\omega}{\rho g}} \tag{2.42}$$

下面考虑深水波在不断增加的补偿流上的传播。在这种情况下，Brevik 和 Aas（1980）给出波高变换的解析式：

$$\frac{H}{H_0} = \left[\frac{1 + G_0}{\left(\frac{k_0}{k} - \frac{u}{c_0}\right)(1 + G) + 2\frac{u}{c_0}}\left(1 - \frac{ku}{k_0 c_0}\right)\right] \tag{2.43}$$

式中，下标 0 指是无海流时的情况，G 是转移函数。

就一个波高为 0.063，波周期为 2.06 秒的入射波而言，在线性增加的海流上传播时，用方程式（2.38）求解的波浪作用结果与（Brevik，Aas1，1980）的解析解对应关系良好（图 2.7a）。随着波浪靠近阻挡点，波高和波数都会增大（未显示），导致波陡也增大。一旦波浪变得太陡，就会发生破碎，模型预测将偏离（无约束的）解析解法。

除了波浪破碎作用外，波陡也会影响波浪的弥散和传播：

$$\sigma = \sqrt{gk\tanh(kh)}\left[1 + (ka)^2\right] \tag{2.44}$$

目前，群速可由三阶斯托克斯分弥散关系式获得：

$$c_g = \frac{\partial\sigma}{\partial k} = c\left(\frac{1}{2} + \frac{kh}{\sinh 2kh}\right)\sqrt{1 + (ka)^2} + ka^2\frac{\sqrt{gk\tanh kh}}{\sqrt{1 + (ka)^2}} \tag{2.45}$$

经常被忽略的非线性效应，在受到波浪阻挡时变得非常重要，这一点已经在（Chawa，Kirby，2002）的室内实验中得到了验证。在恒定流量下，他们逐渐减小波传播方

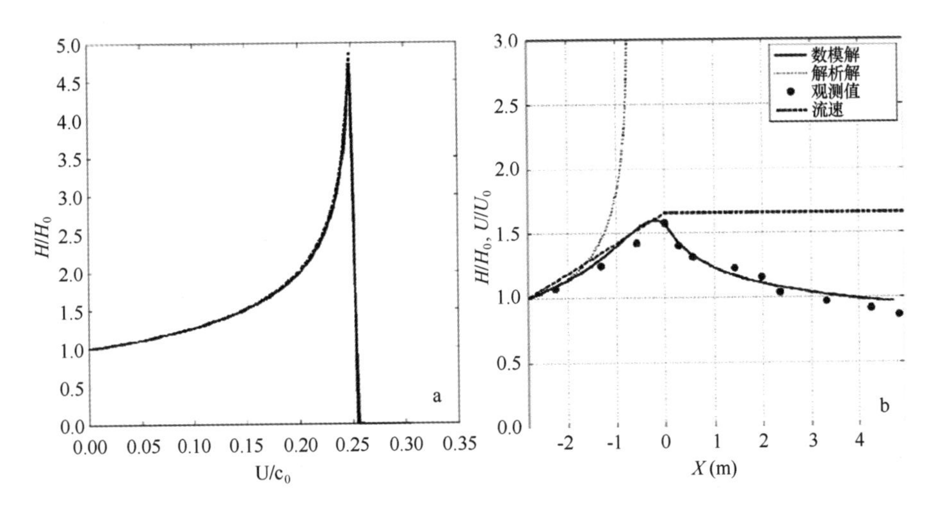

图 2.7　a：在线性增加逆流速度上的波变换的解析解（虚线）和数值模型计算结果（实线）。b：非线性弥散对波阻的作用。Chawla，Kirby（2002）对归一化波变换的观测值（点），Brevik，Aas（1980）的解析解（虚线）以及使用非线性弥散方程 2.44 和 2.38 的数值模型解（实线）。归一化反向海流速度用虚线表示。

向上波浪槽的宽度，使得速度从 0.32 m/s 增加到约 0.53 m/s，结果入射波不但发生了补偿流，还产生了漏斗效应，该效应可通过引入波浪槽的宽度 B，归纳进波作用量平衡方程中：

$$\frac{\partial NB}{\partial t} + \frac{\partial c_x NB}{\partial x} = \frac{-DB}{\sigma} \tag{2.46}$$

假设波浪的平均周期是 1.357 s，波高 7 cm，在造波池中就不会产生波浪阻挡现象，采用非线性弥散关系式的数模结果显示，与实际观测值匹配关系良好（图 2.7b）。需要注意的是，在这种情况下（与图 2.7b 中的虚线相对应），采用线性弥散关系式会导致波浪挡效应，这表明，对于强海流，需要在波浪传播时考虑波陡效应。

第 3 章　海流

3.1　引言

本章将讨论一些海岸环境中典型的水流状况。加深对这些状况的认识，将有助于我们了解其受控机制，并用图表概化问题的解以便建立更复杂的模型，进而通过了解它们的特性，判断它们是否运行良好。首先，我们将讨论浅水方程式和与之相关的主要假设，因为这些方程对海岸环境尤其重要，原因在于海岸环境中水平尺度比垂向尺度大好几个数量级。我们先利用水深平均方程来描述潮流、风生流和波生流随时间和水平方向变化的过程，随后研究这些海流的垂向结构。

3.2　控制方程

在讨论某个具体情况之前，我们先讨论一下三维浅水和水深平均浅水方程式，在本书后面的章节中，这些将是解决大部分地貌问题的基础。

3.2.1　三维浅水方程式

浅水方程式源于更为通用的纳维 – 斯托克斯方程，方程由动量平衡：

$$
\begin{aligned}
&\frac{\partial \rho u}{\partial t} + u\frac{\partial \rho u}{\partial y} + \upsilon\frac{\partial \rho u}{\partial y} + \omega\frac{\partial \rho u}{\partial z} - f_{cor}\rho\upsilon = \left(\frac{\partial \sigma_{xx}}{\partial x} + \frac{\partial \tau_{xy}}{\partial z} + \frac{\partial \tau_{xz}}{\partial z} - \frac{\partial \rho}{\partial x}\right)\\
&\frac{\partial \rho \upsilon}{\partial t} + u\frac{\partial \rho \upsilon}{\partial x} + \upsilon\frac{\partial \rho \upsilon}{\partial y} + \omega\frac{\partial \rho \upsilon}{\partial z} + f_{cor}\rho u = \left(\frac{\partial \tau_{yx}}{\partial x} + \frac{\partial \sigma_{yy}}{\partial y} + \frac{\partial \tau_{yz}}{\partial z} - \frac{\partial \rho}{\partial y}\right)\\
&\frac{\partial \rho \omega}{\partial t} + u\frac{\partial \rho \omega}{\partial x} + \upsilon\frac{\partial \rho \omega}{\partial y} + \omega\frac{\partial \rho \omega}{\partial z} = \left(\frac{\partial \tau_{zx}}{\partial x} + \frac{\partial \tau_{zy}}{\partial y} + \frac{\partial \sigma_{zz}}{\partial z} - \frac{\partial \rho}{\partial z}\right) - \rho g
\end{aligned}
\tag{3.1}
$$

和质量平衡组成：

$$
\frac{\partial \rho}{\partial t} + \frac{\partial \rho u}{\partial x} + \frac{\partial \rho \upsilon}{\partial y} + \frac{\partial \rho \omega}{\partial z} = 0 \tag{3.2}
$$

这些方程对任意流型均有效，其中 u、v 和 w 分别是水流在 x、y 和 z 方向的速度；ρ 是水密度；σ 和 τ 是与分子黏性有关的正态应力张量和剪应力张量；p 表示压力；$f_{cor} = 2\Omega\sin\varphi$ 代表我们的参考坐标系固定在旋转的地球上所产生的科氏力，式中，Ω 是每天 2π 的情况下地球自转角频率，φ 是纬度。在这 4 个方程式中有 8 个未知数，因此我们需要做些简化工作。首先，我们假设水流不可压缩且密度均匀，因此质量平衡可转化为体积平衡：

$$\frac{\partial u}{\partial x}+\frac{\partial v}{\partial y}+\frac{\partial w}{\partial z}=0 \tag{3.3}$$

接下来，将流场分解为平均运动、振荡运动和紊流运动：

$$u=\bar{u}+\tilde{u}+u' \tag{3.4}$$

其他物理量也进行类似的表达。下一步就是引入与紊流和波浪有关的雷诺应力，计算出短波运动方程的平均数：

$$\begin{aligned}
&\overline{\frac{\partial u}{\partial t}}+\overline{u\frac{\partial u}{\partial x}}+\overline{v\frac{\partial u}{\partial y}}+\overline{\omega\frac{\partial u}{\partial z}}=\\
&\frac{\partial\bar{u}}{\partial t}+\bar{u}\frac{\partial\bar{u}}{\partial x}+\bar{v}\frac{\partial\bar{u}}{\partial y}+\bar{\omega}\frac{\partial\bar{u}}{\partial z}+\\
&\overline{\tilde{u}\frac{\partial\tilde{u}}{\partial x}}+\overline{\tilde{v}\frac{\partial\tilde{u}}{\partial y}}+\overline{\tilde{\omega}\frac{\partial\tilde{u}}{\partial z}}+\\
&\overline{u'\frac{\partial u'}{\partial x}}+\overline{v'\frac{\partial u'}{\partial y}}+\overline{\omega'\frac{\partial u'}{\partial z}}
\end{aligned} \tag{3.5}$$

这里我们认为不同速度分量是独立的。依据连续性，我们可将方程改写为与紊流和波浪相关运动的形式：

$$\begin{aligned}
&\overline{u'\frac{\partial u'}{\partial x}}+\overline{v'\frac{\partial u'}{\partial y}}+\overline{\omega'\frac{\partial u'}{\partial z}}=\frac{\partial\overline{u'u'}}{\partial x}+\frac{\partial\overline{v'u'}}{\partial y}+\frac{\partial\overline{\omega'u'}}{\partial z}\\
&\overline{\tilde{u}\frac{\partial\tilde{u}}{\partial x}}+\overline{\tilde{v}\frac{\partial\tilde{u}}{\partial y}}+\overline{\tilde{\omega}\frac{\partial\tilde{u}}{\partial z}}=\frac{\partial\overline{\tilde{u}\tilde{u}}}{\partial x}+\frac{\partial\overline{\tilde{v}\tilde{u}}}{\partial y}+\frac{\partial\overline{\tilde{\omega}\tilde{u}}}{\partial z}
\end{aligned} \tag{3.6}$$

对于紊流运动，我们假设沿着平面的紊流应力与穿过平面的速度梯度是成比例的（这里包括 y 和 z 的维度）：

$$\begin{aligned}
&\rho\overline{u'u'}=\sigma_{xx}=v_h\frac{\partial\bar{u}}{\partial x},\quad \rho\overline{v'u'}=\tau_{xy}=v_h\frac{\partial\bar{u}}{\partial y},\quad \rho\overline{\omega'u'}=\tau_{xz}=v_v\frac{\partial\bar{u}}{\partial z}\\
&\rho\overline{u'v'}=\tau_{yx}=v_h\frac{\partial\bar{v}}{\partial x},\quad \rho\overline{v'v'}=\sigma_{yy}=v_h\frac{\partial\bar{v}}{\partial y},\quad \rho\overline{\omega'v'}=\tau_{yz}=v_v\frac{\partial\bar{v}}{\partial z}\\
&\rho\overline{u'\omega'}=\tau_{zx}=v_v\frac{\partial\bar{\omega}}{\partial x},\quad \rho\overline{v'\omega'}=\tau_{zy}=v_v\frac{\partial\bar{\omega}}{\partial y},\quad \rho\overline{\omega'\omega'}={}_{\sigma zz}=v_v\frac{\partial\bar{\omega}}{\partial z}
\end{aligned} \tag{3.7}$$

在大多数海岸区域内，水平尺度比垂向尺度大得多，这就是为什么水平剪应力使用紊流黏度 v_h，而垂向剪应力使用黏度 v_v 的原因。

波浪运动的平均效应也会导致动量平衡中产生额外的项，并产生非零的、时间平均的、与波相关的压力（Longuet－Higgins，Stewart，1962），这个也被包含在波浪力中：

$$\begin{aligned}
-W_x&=\frac{\partial[\rho\overline{\tilde{u}\tilde{u}}+\bar{\tilde{p}}]}{\partial x}+\frac{\partial\rho\overline{\tilde{v}\tilde{u}}}{\partial y}+\frac{\partial\rho\overline{\tilde{\omega}\tilde{u}}}{\partial z}\\
-W_y&=\frac{\partial\rho\overline{\tilde{u}\tilde{v}}}{\partial x}+\frac{\partial[\rho\overline{\tilde{v}\tilde{v}}+\bar{\tilde{p}}]}{\partial y}+\frac{\partial\rho\overline{\tilde{\omega}\tilde{v}}}{\partial z}\\
-W_z&=\frac{\partial\rho\overline{\tilde{u}\tilde{\omega}}}{\partial x}+\frac{\partial\rho\overline{\tilde{v}\tilde{\omega}}}{\partial y}+\frac{\partial[\rho\overline{\tilde{\omega}\tilde{\omega}}+\bar{\tilde{p}}]}{\partial z}
\end{aligned} \tag{3.8}$$

现在两个水平动量方程可改写为：

$$\frac{\partial \bar{u}}{\partial t} + \bar{u}\frac{\partial \bar{u}}{\partial x} + \bar{v}\frac{\partial \bar{u}}{\partial y} + \bar{\omega}\frac{\partial \bar{u}}{\partial z} - f_{cor}\bar{v} = \frac{\partial}{\partial x}\left(v_h\frac{\partial \bar{u}}{\partial x}\right) + \frac{\partial}{\partial y}\left(v_h\frac{\partial \bar{u}}{\partial y}\right) + \frac{\partial}{\partial z}\left(v_v\frac{\partial \bar{u}}{\partial z}\right) - \frac{1}{\rho}\frac{\partial \bar{p}}{\partial x} + \frac{W_x}{\rho}$$

$$\frac{\partial \bar{v}}{\partial t} + \bar{u}\frac{\partial \bar{v}}{\partial x} + \bar{v}\frac{\partial \bar{v}}{\partial y} + \bar{\omega}\frac{\partial \bar{v}}{\partial z} + f_{cor}\bar{u} = \frac{\partial}{\partial x}\left(v_h\frac{\partial \bar{v}}{\partial x}\right) + \frac{\partial}{\partial y}\left(v_h\frac{\partial \bar{v}}{\partial y}\right) + \frac{\partial}{\partial z}\left(v_v\frac{\partial \bar{v}}{\partial z}\right) - \frac{1}{\rho}\frac{\partial \bar{p}}{\partial y} + \frac{W_y}{\rho}$$

{1} { 2 } {3} { 4 } {5} {6} {7}

(3.9)

方程中的项分别表示 {1} 惯性，{2} 平流，{3} 科氏力效应，{4} 水平黏度，{5} 垂向黏度，{6} 压力梯度和 {7} 波浪力。

与涡黏系数缩放比例相符，波浪平均的垂向黏度比水平黏度小得多，因此，紊流剪应力和垂向加速度与重力加速度 g 相比是非常小的。另外，对于水平底部和非耗散波而言，$\tilde{u}$，$\tilde{v}$的轨道速度为90°且与$\tilde{\omega}$不同相（除非在波浪边界层内，见4.4.3小节），与平均波相关的压力和垂向雷诺波应力平衡。根据这些假设，垂向动量平衡可转化为所谓的静压平衡：

$$\frac{\partial \bar{p}}{\partial z} = -\rho g \tag{3.10}$$

已知水平面为$\bar{\eta}$，大气压力为 p_a，通过积分可轻松得到高程 z 的压力：

$$\bar{p} = p_a + g\int_z^{\bar{\eta}} \rho \mathrm{d}z \tag{3.11}$$

在密度不同的情况下（比如由于盐度或温度差异造成的密度差异），还需要进行数值积分；对于均质流体，我们可得到以下简单的表达式：

$$\bar{p} = p_a + \rho g(\bar{\eta} - z) \tag{3.12}$$

现在加上质量平衡方程式（3.3），我们有 4 个未知数 $\bar{u}$，$\bar{v}$，$\bar{\omega}$ 和 $\bar{\eta}$ 以及 4 个方程式。若已知紊流的涡黏系数和合适边界条件的闭合关系，如在底部 $z = -d$，则可求解 4 个方程：

$$\begin{aligned} \omega &= -\bar{u}\frac{\partial d}{\partial x} - \bar{v}\frac{\partial d}{\partial y} \\ \rho v_v\frac{\partial \bar{u}}{\partial z} + \omega_x &= \tau_{bx} \\ \rho v_v\frac{\partial \bar{v}}{\partial z} + \omega_y &= \tau_{by} \end{aligned} \tag{3.13}$$

当在表层 $z = \bar{\eta}$ 时：

$$\begin{aligned} \bar{\omega} &= \frac{\partial \bar{\eta}}{\partial t} + \bar{u}\frac{\partial \bar{\eta}}{\partial x} + \bar{v}\frac{\partial \bar{\eta}}{\partial y} \\ \rho v_v\frac{\partial \bar{u}}{\partial z} + \omega_x &= \tau_{sx} \\ \rho v_v\frac{\partial \bar{v}}{\partial z} + \omega_y &= \tau_{sy} \end{aligned} \tag{3.14}$$

对质量平衡方程式（3.3）进行深度积分（莱布尼兹法则），可得到短波平均的波面高程变化率 $\partial\bar{\eta}/\partial t$：

$$\int_{-d}^{\eta}\frac{\partial u}{\partial x}\mathrm{d}z+\int_{-d}^{\eta}\frac{\partial v}{\partial y}\mathrm{d}z+\int_{-d}^{\eta}\frac{\partial \omega}{\partial z}\mathrm{d}z=0$$

$$\Leftrightarrow\frac{\partial}{\partial x}\int_{-d}^{\eta}u\mathrm{d}z-u_{\eta}\frac{\partial\eta}{\partial x}-u_{-d}\frac{\partial d}{\partial x}+\frac{\partial}{\partial y}\int_{-d}^{\eta}v\mathrm{d}z-v_{\eta}\frac{\partial\eta}{\partial y}-v_{-d}\frac{\partial d}{\partial y}+\omega_{\eta}-\omega_{-d}=0$$

$$\Leftrightarrow\frac{\partial}{\partial x}\int_{-d}^{\eta}u\mathrm{d}z+\frac{\partial}{\partial y}\int_{-d}^{\eta}v\mathrm{d}z+\frac{\partial\eta}{\partial t}=0\wedge\omega_{-d}=-u_{-d}\frac{\partial d}{\partial x}-v_{-d}\frac{\partial d}{\partial y},$$

$$\omega_{\eta}=\frac{\partial\eta}{\partial t}+u_{\eta}\frac{\partial\eta}{\partial x}+v_{\eta}\frac{\partial\eta}{\partial y}\tag{3.15}$$

接下来，我们介绍方程式（3.4）中的时间尺度并保留非零项：

$$\overline{\frac{\partial}{\partial x}\int_{-d}^{\eta}\bar{u}+\tilde{u}+u'\mathrm{d}z}+\overline{\frac{\partial}{\partial y}\int_{-d}^{\eta}\bar{v}+\tilde{v}+v'\mathrm{d}z}+\overline{\frac{\partial\bar{\eta}+\tilde{\eta}+\eta'}{\partial t}}=0$$

$$\Leftrightarrow\frac{\partial\bar{\eta}}{\partial t}+\frac{\partial}{\partial x}U(d+\bar{\eta})+\frac{\partial}{\partial y}V(d+\bar{\eta})+\overline{\frac{\partial}{\partial x}\int_{-d}^{\eta}\tilde{u}\mathrm{d}z}+\overline{\frac{\partial}{\partial y}\int_{-d}^{\eta}\tilde{v}\mathrm{d}z}=0$$

$$\Leftrightarrow\frac{\partial\bar{\eta}}{\partial t}+\frac{\partial}{\partial x}Uh+\frac{\partial}{\partial y}Vh=0\tag{3.16}$$

其中（U，V）代表水深平均和波平均流动，包括由于（x，y）方向上斯托克斯漂流导致的与波浪相关的体积运移，这与 Mei（1989）类似。在欧拉参考系内，这种波相关质量流量位于波谷和波峰之间，而在拉格朗日参考系内，它是垂向分布的（见 3.2.3 小节）。总之，下列方程组就是所谓的三维浅水方程或三维静压模型：

$$\frac{\partial u}{\partial t}+u\frac{\partial u}{\partial x}+v\frac{\partial u}{\partial y}+\omega\frac{\partial u}{\partial z}-f_{cor}v=\frac{\partial}{\partial x}\left(v_h\frac{\partial u}{\partial x}\right)+$$

$$\frac{\partial}{\partial y}\left(v_h\frac{\partial u}{\partial y}\right)+\frac{\partial}{\partial z}\left(v_v\frac{\partial u}{\partial z}\right)-\frac{1}{\rho}\frac{\partial p}{\partial x}+\frac{W_z}{\rho}$$

$$\frac{\partial v}{\partial t}+u\frac{\partial v}{\partial x}+v\frac{\partial v}{\partial y}+\omega\frac{\partial v}{\partial z}+f_{cor}u=\frac{\partial}{\partial x}\left(v_h\frac{\partial v}{\partial x}\right)+$$

$$\frac{\partial}{\partial y}\left(v_h\frac{\partial v}{\partial y}\right)+\frac{\partial}{\partial z}\left(v_v\frac{\partial v}{\partial z}\right)-\frac{1}{\rho}\frac{\partial p}{\partial y}+\frac{W_y}{\rho}$$

$$\frac{\partial Uh}{\partial x}+\frac{\partial Vh}{\partial x}+\frac{\partial\eta}{\partial t}=0$$

$$p=p_a+\int_{z}^{\bar{\eta}}\rho g\mathrm{d}z=0$$

$$\frac{\partial u}{\partial x}+\frac{\partial v}{\partial y}+\frac{\partial\omega}{\partial z}=0\tag{3.17}$$

3.2.2　水深平均浅水方程

当流体特征在垂向上发生强烈变化时，比如说在河口附近出现明显的密度梯度时，在河流拐弯处水流有很大的曲率时，或在研究离岸波生流，且顶部为向岸流、底部为离岸流时，我们需要采用全三维方程。然而，在多数情况下，浅水方程平均深度公式会给出水流较好的第一近似值。

通过对方程组 3. 17 中的水深求平均，我们得到下列动量平衡式：

$$\frac{\partial U}{\partial t}+U\frac{\partial U}{\partial x}+V\frac{\partial U}{\partial y}-f_{cor}V=$$

$$\frac{\partial}{\partial x}D_h\frac{\partial U}{\partial x}+\frac{\partial}{\partial y}D_h\frac{\partial U}{\partial y}+\frac{\tau_{sx}}{\rho h}-\frac{\tau_{bx}}{\rho h}-\frac{1}{\rho}\frac{\partial p_a}{\partial x}-g\frac{\partial\bar{\eta}}{\partial x}+\frac{F_x}{\rho h}$$

$$\frac{\partial V}{\partial t}+U\frac{\partial V}{\partial x}+V\frac{\partial V}{\partial y}+f_{cor}U=$$

$$\frac{\partial}{\partial x}D_h\frac{\partial V}{\partial x}+\frac{\partial}{\partial y}D_h\frac{\partial V}{\partial y}+\frac{\tau_{sy}}{\rho h}-\frac{\tau_{by}}{\rho h}-\frac{1}{\rho}\frac{\partial p_a}{\partial Y}-g\frac{\partial\bar{\eta}}{\partial Y}+\frac{F_y}{\rho h} \tag{3.18}$$

而体积平衡已由方程 3. 16 给出。D_h 是水深平均的水平紊流黏度。对垂向剪应力梯度进行深度积分，得到表面剪应力 τ_s 减去河床剪应力 τ_b 。通过静压假设（式 3. 12）得出压力梯度由此可进一步得到水位梯度项。

3. 2. 3 斯托克斯漂流

波浪的存在导致其传播方向上的质量通量。通过考虑水质点位置改变造成的速度变化，我们可以估算水质点的离岸位置（即采用拉格朗日式的方法跟踪质点）：

$$\xi(t;x_0,z_0)\approx\int_{t_0}^{t}u(x_0,z_0,t')\,\mathrm{d}t'+\int_{t_0}^{t}\left[\int_{t_0}^{t}\vec{u}(x_0,z_0,t')\,\mathrm{d}t'\right]\cdot\nabla\vec{u}(x_0,z_0,t')\,\mathrm{d}t' \tag{3.19}$$

对于一个连续垂直入射的谐波，根据线性波理论，速度场可描述为：

$$u(x,t)=\omega a\frac{\cosh k(h+z)}{\sinh kh}\sin(kx-\omega t) \tag{3.20}$$

式中，a 是波幅，k 是波数，ω 是角频率。将上述表达式代入方程（3. 19），并对一个完整波周期进行积分，然后除以波周期，就得到拉格朗日漂流速度或斯托克斯漂流（Stokes，1847；Philips，1977）：

$$\bar{u}l=\omega ka^2\frac{\cosh 2k(h+z)}{2\sinh^2 kh} \tag{3.21}$$

因此，斯托克斯漂流代表波浪传播方向上的平均波速，最大速度则出现在近表层，这对漂浮和悬浮物的输移是非常重要的（见 4. 4. 2 小节）。

3. 2. 4 波浪力

3. 2. 4. 1 内部流动

海流存在情况下，对波浪力进行估计是十分重要的。大部分的复杂问题源于这样一个事实，即在欧拉参考系中，水 - 气界面会随着波浪上下移动，因此速度场很难定义，这也导致对有限振幅波的波浪力进行估计时往往产生误差。克服这个问题的一种方法是在拉格朗日参考系下考虑流体运动。具体来讲，Andrews，McIntyre（1978）采用广义拉格朗日平均数（GLM）来描述当平均拉格朗日粒子轨迹由流和斯托克斯漂流共同决定（Stokes，1847）时的混合波流场。但在破波带，波浪破碎的地方，表面水滚的质量输移变得十分重要，使用这种方法尚不能解决问题。描述混合波流运动的其他方法还包括 Mellor（2003）、Ardhuin 等（2008）、McWilliams 等（2004）和 Newberger，Allen（2007）等提出的，相关研究仍在进行之中。

在这里，我们使用一个相对简单的方法，把波浪力当做波面剪应力，并与波浪破碎以及不随深度变化的体积力相联立。最后，将波浪力 W_i 在垂向上积分，于是便得到了深度积分的波浪力 F_i：

$$
\begin{aligned}
-F_x &= \frac{\partial}{\partial x}\left(\overline{\int_{-d}^{\eta}\rho\tilde{u}\tilde{u}+\tilde{p}\mathrm{d}z}\right)+\frac{\partial}{\partial y}\left(\overline{\int_{-d}^{\eta}\rho\tilde{v}\tilde{u}\mathrm{d}z}\right)+\frac{\partial}{\partial z}\left(\overline{\int_{-d}^{\eta}\rho\tilde{\omega}\tilde{u}\mathrm{d}z}\right)\\
-F_y &= \frac{\partial}{\partial y}\left(\overline{\int_{-d}^{\eta}\rho\tilde{v}\tilde{v}+\tilde{p}\mathrm{d}z}\right)+\frac{\partial}{\partial x}\left(\overline{\int_{-d}^{\eta}\rho\tilde{u}\tilde{v}\mathrm{d}z}\right)+\frac{\partial}{\partial z}\left(\overline{\int_{-d}^{\eta}\rho\tilde{\omega}\tilde{v}\mathrm{d}z}\right)
\end{aligned}
\tag{3.22}
$$

F_x 和 F_y 右边的第三项在垂向和水平速度不为正交时变得非常重要。这种情况发生在波浪边界层内［也在底床（Longuet－Higgins，1953），见 3.2.5 小节］和程度较轻的近表面（Longuet－Higgins，1960），如耗散波（Deigaard，Fredsoe，1989）、浅水波（De Vriend，Kiton，1990）和破碎波（Zou et al.，2003），同时也出现在垂向上不断变化的平均流量（Peregrine，1976；Rivero，Arcilla，1995）以及科氏力中（Hasselmann，1970；Xu，Bowen，1993）。在水平底床和深度不变的平均流量中，非耗散波的垂向和水平波速为正交，并产生零时间平均的贡献率。在这种情况下，波浪力常表述为辐射应力：

$$
\begin{aligned}
-F_x &= \frac{\partial}{\partial x}\left(\overline{\int_{-d}^{\eta}(\rho\tilde{u}\tilde{u}+\tilde{\rho})\mathrm{d}z}\right)+\frac{\partial}{\partial y}\left(\overline{\int_{-d}^{\eta}\rho\tilde{v}\tilde{u}\mathrm{d}z}\right)=\frac{\partial s_{xx}}{\partial x}+\frac{\partial s_{yx}}{\partial y}\\
-F_y &= \frac{\partial}{\partial y}\left(\overline{\int_{-d}^{\eta}(\rho\tilde{v}\tilde{v}+\tilde{\rho})\mathrm{d}z}\right)+\frac{\partial}{\partial x}\left(\overline{\int_{-d}^{\eta}\rho\tilde{u}\tilde{v}\mathrm{d}z}\right)=\frac{\partial s_{yy}}{\partial y}+\frac{\partial s_{xy}}{\partial x}
\end{aligned}
\tag{3.23}
$$

其中，在欧拉参考系内，利用线性波理论（Longuet－Higgins，Stewart，1962；Longuet－Higgins，Stewart，1964；Phillips，1977；Mei，1989），相应的数值是可近似估计的，该理论被表示为波能的函数：

$$
\begin{aligned}
S_{xx} &= \left[\frac{c_g}{c}\cos^2\theta+\left(\frac{c_g}{c}-\frac{1}{2}\right)\right]E_\omega\\
S_{yy} &= \left[\frac{c_g}{c}\sin^2\theta+\left(\frac{c_g}{c}-\frac{1}{2}\right)\right]E_\omega\\
S_{xy} &= S_{yx}=\left[\frac{c_g}{c}\sin\theta\cos\theta\right]E_\omega
\end{aligned}
\tag{3.24}
$$

如果破碎波存在，应增加与波浪水流相关的动量（Longuet－Higgins，Turner，1974；Svendsen，1984），辐射应力可扩展表示为水流能的函数：

$$
\begin{aligned}
S_{xx},r &= \cos^2\theta E_r\\
S_{yy},r &= \sin^2\theta E_r\\
S_{xy},r &= S_{yx},r=\sin\theta\cos\theta E_r
\end{aligned}
\tag{3.25}
$$

产生海流的波浪力部分，在表面被当做剪应力（Dingemans et al.，1987；Deigaard，

1993)：

$$\tau_{sx} = \frac{D_r}{c}\cos\theta$$

$$\tau_{sy} = \frac{D_r}{c}\sin\theta \tag{3.26}$$

通过从总波浪力中减去表面应力，得到波浪力中深度不变的部分：

$$-F_{\omega,x} = \left(\frac{\partial S_{xx}}{\partial x} + \frac{\partial S_{yx}}{\partial y}\right) + \tau_{s.x}$$

$$-F_{\omega,y} = \left(\frac{\partial S_{yy}}{\partial y} + \frac{\partial S_{xy}}{\partial x}\right) + \tau_{s.y} \tag{3.27}$$

在水深平均流体模型中，通常使用总深度积分作用力方程3.23。

3.2.4.2 波浪边界层

底部摩擦造成的边界层内波能衰减导致在波浪传播方向上产生一个额外的净作用力(Longuet - Higgins，1953)。这种作用力与黏滞波浪边界层内水平和垂向轨道速度 $<u\omega>$ 之间的非零波平均耦合有关，这里用 $<>$ 表示。原因在于，波浪边界层内的水流运动不再是无旋的。这可以通过考虑x方向上单向波的传播来理解。相应的线性化动量平衡方程式为：

$$\frac{\partial\vec{u}}{\partial t} = -\nabla\left(\frac{p}{\rho}\right) + \upsilon\,\nabla^2\vec{u} \tag{3.28}$$

速度场为：

$$\vec{u} = \begin{bmatrix} u \\ \omega \end{bmatrix} = \begin{bmatrix} \tilde{u} + u' \\ \tilde{\omega} + \omega' \end{bmatrix} \tag{3.29}$$

上式是基于线性波理论将无旋波运动 $(\tilde{u},\tilde{\omega})$ 与旋转的轨道流速 (u',ω') 分开得出的表达式。从所有波相关的速度场中提出旋量，由此除去水流的无旋部分，得到：

$$\frac{\partial\Omega_y}{\partial t} = \upsilon\,\nabla^2\Omega_y \Leftrightarrow \frac{\partial}{\partial t}\left(\frac{\partial u'}{\partial z} - \frac{\partial\omega'}{\partial x}\right) = \upsilon\,\nabla^2\left(\frac{\partial u'}{\partial z} - \frac{\partial\omega'}{\partial x}\right) \Leftrightarrow \frac{\partial u'}{\partial t} = \upsilon\,\frac{\partial^2 u'}{\partial z^2} \tag{3.30}$$

在此，我们基于垂向梯度 $o(\delta^{-1})$ 比水平梯度 $O(L^{-1})$ 大得多的事实，其中 δ 是边界层的厚度，L 是波长。在底床，边界条件由与 $u' = -\tilde{u}_z = 0$ 相对应的零速度和远离边界层的自由水流速度 $u_\infty = \tilde{u}|_{z\gg\delta}$ 给出，由此得到 $u' = 0|_{z\gg\delta}$。求解 u，得到下式(Longuet - Higgins，1953)：

$$u(z,t) = \hat{u}_\infty\left[\cos\omega t - e^{-\beta z}\cos(\omega t - \beta z)\right] \tag{3.31}$$

和

$$\beta = \sqrt{\frac{\omega}{2\upsilon}} \tag{3.32}$$

由此可根据连续性原理获得相应的垂向速度(Longuet - Higgins，1953)。

举例来说，对于波高为0.8 m，水深5 m处波周期 T 为6 s的入射波，近底波内速度剖面显示出边界层内主导速度具有明显的近底速度梯度（图3.1a，从左到右相位不断增加）。

得出 u 和 w 后，相应的波浪雷诺应力可由下式得出：

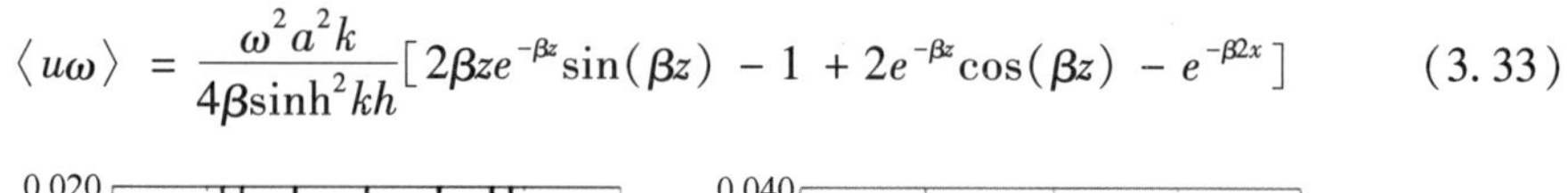

$$\langle u\omega \rangle = \frac{\omega^2 a^2 k}{4\beta \sinh^2 kh}[2\beta z e^{-\beta z}\sin(\beta z) - 1 + 2e^{-\beta z}\cos(\beta z) - e^{-\beta 2x}] \tag{3.33}$$

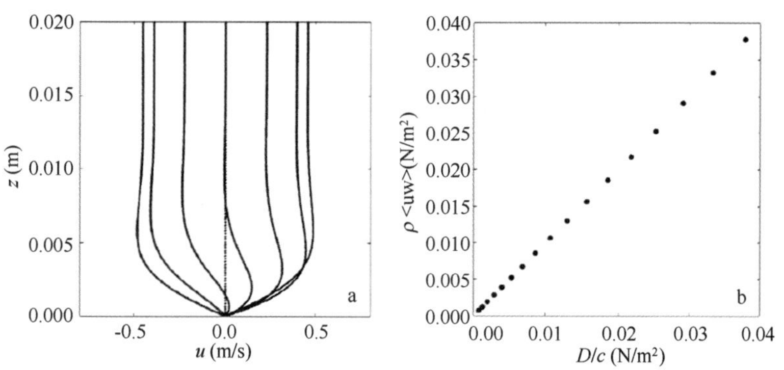

图 3.1　a：对于 5 m 水深处，振幅 $a = 0.4$ m，周期 $T = 6$ s 的规则波，按照式 3.31 计算的 30 度相位间隔的瞬时速度剖面。b：对于不断增大的波浪振幅 a = ［0.1∶0.025∶0.5］ m，根据方程（3.33）和（3.34）计算的位于边界层顶部与波相关的雷诺应力。

由于底部摩擦力的作用，波相关雷诺应力也可从波浪边界层内的波能衰减中简单计算得到（Fredsoe，Deigaar，1992；Reniers et al.，2004b），可从波能平衡方程得出：

$$\langle u\omega \rangle = f_D \frac{D_f}{c} = f_D \frac{\rho f_\omega}{2\sqrt{\pi}} \frac{u_{orb}^3}{c} \frac{z}{\delta} \tag{3.34}$$

其中 $u_{orb} = \tilde{u}_\infty \sqrt{2}$，摩擦系数可由底床粗糙度计算得到（Soulsby，1997）：

$$f_\omega = 1.39\left(\frac{u_{orb}}{\omega z_0}\right)^{-0.52} \tag{3.35}$$

和

$$z_0 = \frac{k_s}{33} \tag{3.36}$$

其中 k_s 是尼古拉兹粗糙度，边界层的厚度可由下列公式得出（Nielsen，1992）：

$$\delta = \frac{1}{2} f_\omega \frac{u_{orb}}{\omega h} \tag{3.37}$$

这种方法与方程（3.33）一致，f_D 等于 1.25，波浪边界层内紊流的涡黏系数由下式得出：

$$\upsilon = \frac{f_\omega^2 u_{orb}^2}{4\omega} \tag{3.38}$$

由此可计算方程式（3.33）中的 β（图 3.1b）。使用方程（3.34）而不是（3.33）计算的优势在于波相关雷诺应力符合大尺度波流建模内的摩擦损失，而且能比较容易地添加到式（3.23）其他波浪力中。

3.2.5 底部剪应力

底部剪应力是平均流速和往复运动的函数。在仅考虑海流的情况下，底部剪应力可表述为：

$$\tau_b = \rho c_f |\vec{u}|\vec{u} \tag{3.39}$$

摩擦系数 c_f 取决于当地颗粒材料和底床形状。由于还没有一个被普遍接受的模型能描述这种从属性，在实践中只能使用非常简单的模型：

- 当 c_f 或谢才系数 c 已知时，$c_f = g/c^2$；
- 当曼宁值 n 已知时，$c_f = gn^2/h^{1/3}$；
- 当尼古拉兹粗糙度 k_s 已知时，$c_f = 0.03\left(\log\frac{12h}{k_s}\right)^{-2}$

从图 3.2 中可以看出，在某个区域选择一个参数作为常量，对浅水和深水区域的水流分布有重要影响。若谢才值不变，摩擦系数将不会随深度变化而变化，而对于固定不变的尼古拉兹粗糙度或曼宁值来说，摩擦系数将随着深度的减少而迅速增大。因此，水流将向深水处流动，同时近岸流速减小，从而对沿岸（泥沙）输移产生重要影响。若摩擦系数 c_f 不变，尼古拉兹粗糙度将随着深度呈线性增长。这种简单的“模型”至少可以代表在潮滩和浅海区相对光滑的情况以及水道和深水区存在沙丘和（或）波痕的

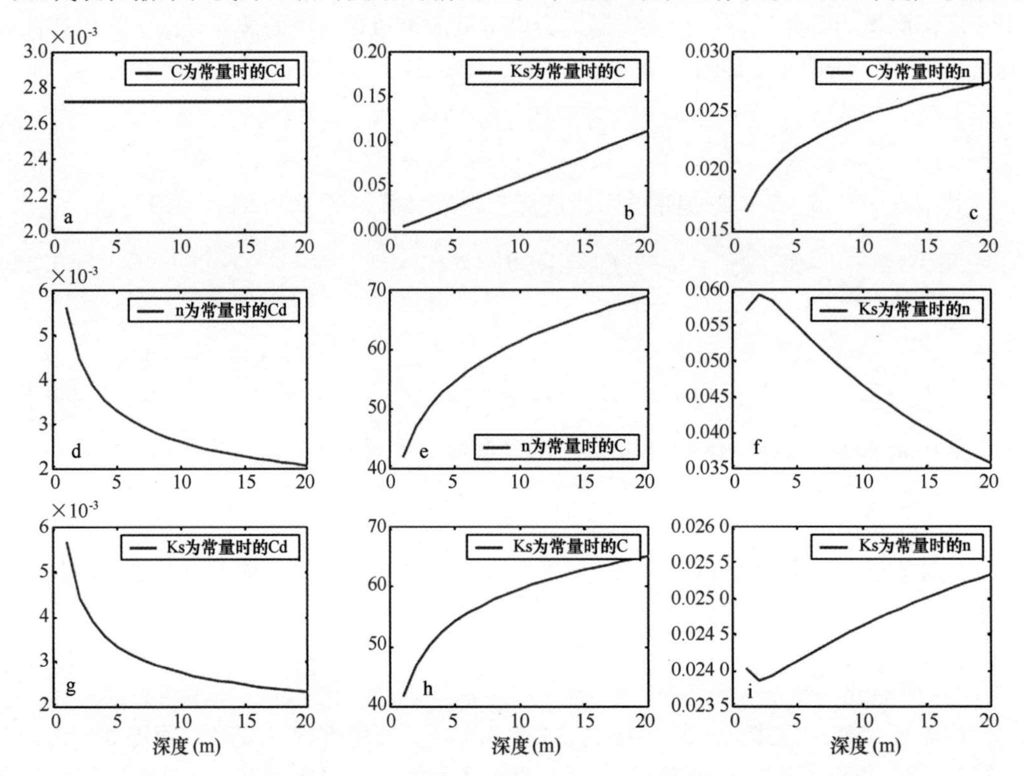

图 3.2 不同摩擦系数随深度的变化。常量 $c = 60\ m^{\frac{1}{2}}/s$（a、b、c），常量 $n = 0.024$（d、e、f），常量 $k_s = 0.06$ m（g、h、i）

情况。Ruessink 等（2001）采用固定摩擦系数的方法，发现实测结果和建立的沿岸流模型计算结果比较一致（见 3.5 小节）。

现已开发出能够描述近底波流相互作用的多种模型。模型不同，波浪相对影响的重要性或多或少有所不同。这也是我们重视模型选择的主要原因。Bijker（1998）估算得到基于特定参考基准面的平均流速和轨道速度，且这两种速度可以相加；采用这种方式，可以得到总摩擦速度的时间序列，并转化为底部剪应力的时间序列；由于海流和波浪的存在，在对一个波浪周期进行平均后，就可得出平均剪应力。这种方法高估了波浪对剪应力的影响，因为它没有考虑底部剪应力的增加会减少近底层海流。在此之后，又有其他模型被开发出来，如采用近底黏度的不同近似值或采用混合长度模型或更为复杂的紊流模型来求解边界层内动量平衡问题。

波浪对边界层外对海流有更大尺度的影响，表现在其增加了粗糙度；波浪边界层外的速度剖面为：

$$u = \frac{u_{*,c\omega}}{k} \ln \frac{z}{z_{0a}} \tag{3.40}$$

Van Rijn（1993）通过分析波纹基床底部水槽试验数据，给出了表面粗糙度的直接表达式。他发现在海流和波浪之间角度的影响较大，但尚未完全了解。总之，他预测波浪对底部剪应力的影响比较小。

Soulsby et al.（1993）对绝大部分通用的波流相互作用模型进行了对比，并为所有模型做了一个易于实施的参数化，其优势在于，它以无量纲的形式表述了一个波浪周期内的平均剪应力和最大剪应力（图 3.3）。将海流剪应力和波浪剪应力相加，这样两个参数同为无量纲参数，它们可以用波浪剪应力与海流和波浪剪应力之和的比率函数来表示：

$$\frac{\tau_{\omega ci}}{\tau_c + \tau_\omega} = func\left(\frac{\tau_c}{\tau_c + \tau_\omega}\right) \tag{3.41}$$

对于平均剪应力，当比率趋向于 0 时，*func* 也趋向于 0；当比率接近 1 时，*func* 也接近 1。因为仅受海流的影响，不断增加的波浪使剪应力加强，此时，*func* 总是大于 1。当以这种方式绘制曲线时，除了 Bijker（1998），Grant 和 Madsen（1978）最开始得到的曲线截然不同以外，其他大部分模型的曲线都呈相同的形状。将实测数据进行“用户测试”比较后发现，Fredsoe（1984）的模型能给出最稳定的结果。Soulsby 等（1993）在数据拟合的基础上，也给出了一个更为简单的表达式：

$$\tau_m = \tau_c\left[1 + 1.2\left(\frac{\tau_\omega}{\tau_c + \tau_\omega}\right)^{3.2}\right] \tag{3.42}$$

这些模型基本上都源于单频波，并越来越多地考虑到波浪边界层（大约为毫米到厘米厚）内的细节。在如何将此模型应用到随机波方面，Soulsby（1997）建议将均方根波高视为轨道速度振幅的等效振幅使用。相对于流向有些模型则考虑了将波向作用。我们将就这一问题的其他方面做进一步讨论。

Feddersen et al.（2000）重点关注了实际波场的随机性和定向传播作用，并导出可能对所有波流之间的角度均有效的实用公式。然而，他们并未详细考虑波浪边界层，只

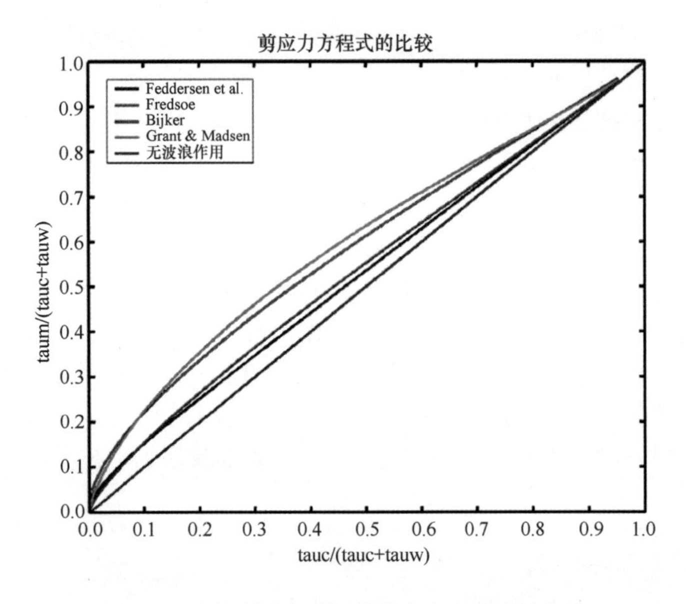

图 3.3 波流所致各种平均剪应力方程式的比较

是在边界层之上一定距离，将瞬时的水深平均海流和轨道速度矢量进行简单迭加，然后通过以下公式计算瞬时剪应力：

$$\vec{\tau}_{c\omega} = \rho C_f |\vec{u} + \vec{u}|(\vec{u} + \vec{u}) \tag{3.43}$$

他们发现，时间平均剪应力仅微弱地取决于波流之间的角度以及波浪的定向传播。由于海流和波浪的存在，他们提出一个底床平均剪应力的近似公式：

$$\vec{\tau}_{c\omega} = \rho C_f \vec{u} \sqrt{(1.16s)^2 + |\vec{u}|^2} \tag{3.44}$$

式中，s 是速度的标准偏差，为随机波轨道速度的统计量。

3.2.6 紊流涡黏系数

采用紊流的涡黏系数概念，我们对小规模紊流混合进行建模。在三维海流建模中，涡黏系数可从代数表达式或其他紊流模型得到。为了得到海岸模型中常用的紊流模型的完整描述，我们参考了 Rodi（1984）的文章。一种常用的紊流模型是 $k-\varepsilon$ 模型，它考虑到紊流动能 k 的产生、输移和衰减。紊流在底部边界层产生，有风时可在表面产生，在波浪破碎时也会产生。后者可产生能到达底部的紊流脉冲，之后搅起大量泥沙（Steetzel，1993；Roelvink，Stive，1989；van Thiel de Vries et al.，2008）。紊流的涡黏系数可通过下式与紊流动能相关联：

$$v_v = c_1 \ell \sqrt{k} \tag{3.45}$$

其中，混合长度：

$$\ell = c_2 \frac{k^{\frac{3}{2}}}{\varepsilon} \tag{3.46}$$

c_1 和 c_2 是校定系数。为了评估沿开阔海岸准稳态条件下垂向海流黏度的分布，我们经常使用一种更为简单的抛物线分布：

$$v_v = -\kappa v_* z\frac{(h+z)}{h} \tag{3.47}$$

其中κ是卡曼常量，剪切速度为：

$$v_* = \sqrt{\frac{\tau}{\rho}} \tag{3.48}$$

在水深平均模型方程中，紊流的涡黏系数经常被描述为背景涡黏系数与破碎波导致的涡黏系数的和（Battjes，1975）：

$$D_h = v_\infty + \alpha h\left(\frac{D_r}{\rho}\right)^{\frac{1}{3}} \tag{3.49}$$

式中，α是约等于1的校定系数，v_∞是O（0.1）m^2/s的背景黏度。

上文所述控制方程将在下文对各种沿岸流的讨论中用到。

3.3 潮流

潮流在潮汐汊道、河口及其邻近海域起着重要作用，而沿着开阔的海岸，同样也会出现重要的潮流。特别是当潮汐运动受到岬角、水坝、港口防波堤或其他地貌特征阻挡时，潮流会变得非常强，足以使海底发生重大变化。在这一节中我们将讨论一些潮汐传播和潮流的典型特点，并提供一些有助于对潮汐运动进行一阶估算的简化模型。

3.3.1 开阔海岸

潮汐沿着海岸向浅海区和河口的传播，可用浅水公式进行描述，因为与水深相比，潮波波长大得多。在此我们将讨论一些典型的简化模型以解释沿岸流产生的最重要现象。

3.3.1.1 开阔大洋，开尔文波

开阔大洋的潮汐运动受惯性和科氏力主导；平流项、水平弥散和波浪效应均可忽略：

$$\begin{aligned}
\frac{\partial u}{\partial t} + u\frac{\partial u}{\partial x} + v\frac{\partial u}{\partial y} - f_{cor}v &= \frac{\partial}{\partial x}D_h\frac{\partial u}{\partial x} + \frac{\partial}{\partial y}D_h\frac{\partial u}{\partial y} + \frac{\tau_{sx}}{\rho h} - \frac{\tau_{bx}}{\rho h} - \frac{1}{\rho}\frac{\partial p_a}{\partial x} - g\frac{\partial \eta}{\partial x} + \frac{F_x}{\rho h}\\
\frac{\partial v}{\partial t} + u\frac{\partial v}{\partial x} + v\frac{\partial v}{\partial y} + f_{cor}u &= \frac{\partial}{\partial x}D_h\frac{\partial v}{\partial x} + \frac{\partial}{\partial y}D_h\frac{\partial v}{\partial y} + \frac{\tau_{sy}}{\rho h} - \frac{\tau_{by}}{\rho h} - \frac{1}{\rho}\frac{\partial p_a}{\partial y} - g\frac{\partial \eta}{\partial y} + \frac{F_y}{\rho h}
\end{aligned} \tag{3.50}$$

如果水深与潮振幅相比足够大，摩擦相对来说变得并不重要，而且可以被线性化，由此我们得到如下简化的方程组：

$$\begin{aligned}
\frac{\partial u}{\partial t} - f_{cor}v &= -\frac{\lambda}{h}u - g\frac{\partial \eta}{\partial x}\\
\frac{\partial v}{\partial t} + f_{cor}u &= -\frac{\lambda}{h}v - g\frac{\partial \eta}{\partial y}
\end{aligned}$$

$$\frac{\partial \eta}{\partial t} + h\left(\frac{\partial u}{\partial x} + \frac{\partial v}{\partial y}\right) = 0 \tag{3.51}$$

式中，λ 是与线性化底部剪应力相对应的摩擦系数：

$$\frac{\tau_{by}}{\rho h} = \frac{\rho C_f |\vec{u}| v}{\rho h} \approx \frac{\lambda}{h} v \tag{3.52}$$

离岸底部剪应力的表达式与上式类似。我们的目的是对海岸动力学建模，因此我们对沿封闭边界传播的潮波最感兴趣。在本章中，我们规定海岸在东边处 $x = 0$ 时，$u = 0$。在开阔大洋相对较深的水域，摩擦作用可忽略不计，那么方程式可变为：

$$f_{cor} v = g\frac{\partial \eta}{\partial x}$$

$$\frac{\partial v}{\partial t} = -g\frac{\partial \eta}{\partial y}$$

$$\frac{\partial \eta}{\partial t} + h\frac{\partial v}{\partial y} = 0 \tag{3.53}$$

这些公式有一个解，就是所谓的开尔文波；如果我们假设 v 和 η 都是沿岸传播的波就可以得到这个解：

$$\eta = \hat{\eta}\cos(\omega t - ky), v = \hat{v}\cos(\omega t - ky) \tag{3.54}$$

代入 3.53，可得：

$$\hat{v}\omega = gk\hat{\eta}$$

$$\hat{\eta}\omega = hk\hat{v} \tag{3.55}$$

进而：

$$\hat{v} = \hat{\eta}\sqrt{\frac{g}{h}} \tag{3.56}$$

以及

$$c = \omega/k = \sqrt{gh} \tag{3.57}$$

将（3.56）代入（3.53），可得：

$$f_{cor}\hat{\eta}\sqrt{\frac{g}{h}} = g\frac{\partial \hat{\eta}}{\partial x} \Rightarrow \frac{\partial \hat{\eta}}{\partial x} = \frac{f_{cor}}{\sqrt{gh}}\hat{\eta} = \frac{f_{cor}}{c}\hat{\eta} \tag{3.58}$$

这个微分方程描述了水位变幅的离岸变化：

$$\hat{\eta} = \hat{\eta}_0 \exp\left(\frac{f_{cor}}{c}x\right) \tag{3.59}$$

现在水位变化的完整表达式可写为：

$$\eta = \eta_0 \exp\left(\frac{f_{cor}x}{c}\right)\cos(\omega t - ky) \tag{3.60}$$

在离海岸较远 x 小于 0 的地方，水位变幅成指数衰减。此时波浪以一般浅水速度沿海岸传播；在北半球，海岸在波浪的右手边，在南半球，它们以反方向传播。振幅衰减的长度为 $c/|f_{cor}|$，该长度尺度在深海接近 2 000 km（水深为 4 km，f_{cor} 约为 1×10^{-4}），而在典型水深为 40 m 的浅海为 200 km（见图 3.4）。

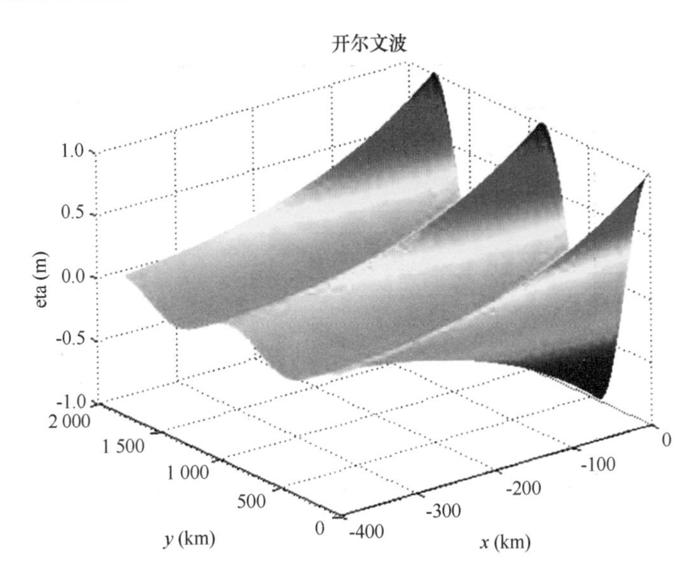

图3.4　在纬度51°，水深40 m，潮周期为12.5 h的开尔文波。

3.3.1.2　近岸区潮流结构

如果水流发生在沿岸一条相对较窄的条形区域（比如宽10 km），通过水位变幅的线性衰减，方程（3.60）可近似写为：

$$\eta = \eta_0\left(1 + \frac{f_{cor}x}{c}\right)\cos(\omega t - ky) \tag{3.61}$$

这符合以下假设，即沿岸压力梯度 $g\,\partial\eta/\partial y$ 不随离岸距的变化而变化。剔除这一复杂性后，现在我们可以加上摩擦因素，以便观察近岸区的潮流特征。

我们再次忽略速度的 u 分量，这样动量方程式最重要的项变为：

$$g\frac{\partial\eta}{\partial x} = f_{cor}v \tag{3.62}$$

$$\frac{\partial v}{\partial t} = -g\frac{\partial\eta}{\partial y} - \frac{\tau_{by}}{\rho h} \tag{3.63}$$

第一个方程将水位的离岸坡度与沿岸流产生的科氏力联系起来；第二个方程则描述了受近岸压力梯度驱动以及底部剪应力约束的沿岸流的动力学特征。如果我们现在考虑一个典型的海岸模型，在离岸方向为5 km的一个区域，假设沿岸速度为1 m/s，科氏力产生的离岸水位差接近$10^{-4} \times 1/9.81 \times 5\,000 = 0.05$ m。跟通常为1 m的潮振幅相比，这个数值非常小，也就是说，对于离岸程度有限的模型而言，我们可以假设在离岸方向上，沿岸压力梯度是不变的（见图3.5）。

如果我们知道剖面离岸边界的水位和沿岸水位梯度，就能解出给定离岸剖面的方程组。若想知道附近某处水位的分潮，这是相对容易的；我们可从验潮仪、现有的模型数据库或通过对区域模型中某些点进行调和分析获得这些数据。

现在假设我们已知分潮是如何沿着海岸进行传播的：

$$\eta = \hat{\eta}\cos(\omega t - ky) \tag{3.64}$$

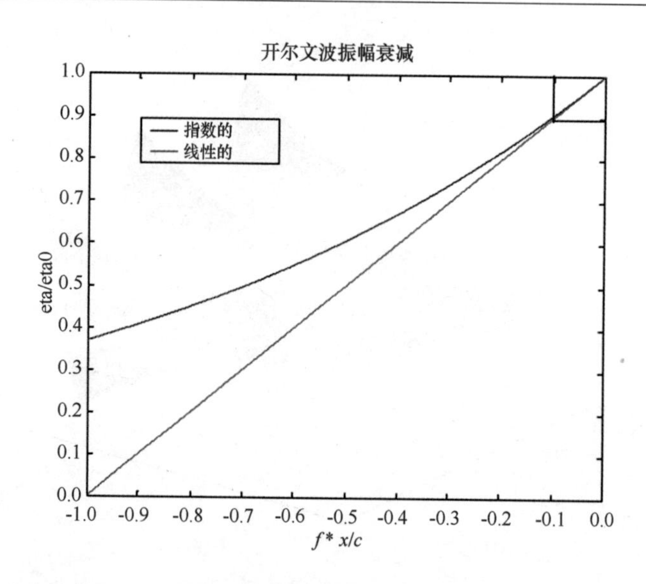

图 3.5 狭长海岸带内，开尔文波振幅衰减和线性衰减的对比（图中所示方框区）

$\hat{\eta}$ 是振幅，ω 是角频率，k 是沿岸波数。

如果我们再次线性化方程（3.52）中的底床剪应力，通过求解方程式（3.63），可得下式：

$$v = \frac{gk}{\omega}\frac{1}{1+(\frac{\lambda}{\omega h})^2}\hat{\eta}\cos(\omega t - ky) - \frac{gk}{\omega}\frac{\frac{\omega h}{\lambda}}{1+(\frac{\omega h}{\lambda})^2}\hat{\eta}\sin(\omega t - ky) \Rightarrow$$

$$v = \frac{gk\hat{\eta}}{\omega}\left[\frac{1}{1+\varphi^2}\cos(\omega t - ky) - \frac{\varphi}{1+\varphi^2}\sin(\omega t - ky)\right], \varphi = \frac{\lambda}{\omega h} \Rightarrow \tag{3.65}$$

$$v = \frac{1}{\sqrt{(1+\varphi^2)}}\frac{gk\hat{\eta}}{\omega}\{\cos[\omega t - ky + \arctan(\varphi)]\}$$

从这个解中可以清晰地看出，在深水中，当摩擦作用较小时，沿岸速度与水位同相，而在浅水区，惯性作用非常小，速度受到沿岸水位梯度和底部摩擦之间平衡的控制，因此与负水位梯度同相。

这种分析的另外一个明显结论是，沿岸速度与 k 成正比，或与沿岸潮波波长成反比。这解释了为什么在开阔海岸，潮波以每小时数百千米的速度沿海岸行进，而沿岸波长有数千千米，相比之下沿岸潮流速度非常小。在浅海中，如北海南部，潮波波长接近数百千米，因此根据当地的潮差和沿岸波长，沿岸流的速度在 0.5 ~ 2 m/s 之间。注意，我们不能在近岸模型中的当地水深基础上，估算沿岸潮波传播的速度：它遵循较深水潮波传播的方式。

为了举例说明潮汐导致的沿岸速度变化，我们画出了三个不同深度下水位的时间序列、水位梯度和沿岸速度的曲线图（图 3.6）。从中我们不难发现，在深水，速度几乎与水位同相，而在浅水中，速度与负水位梯度同相。

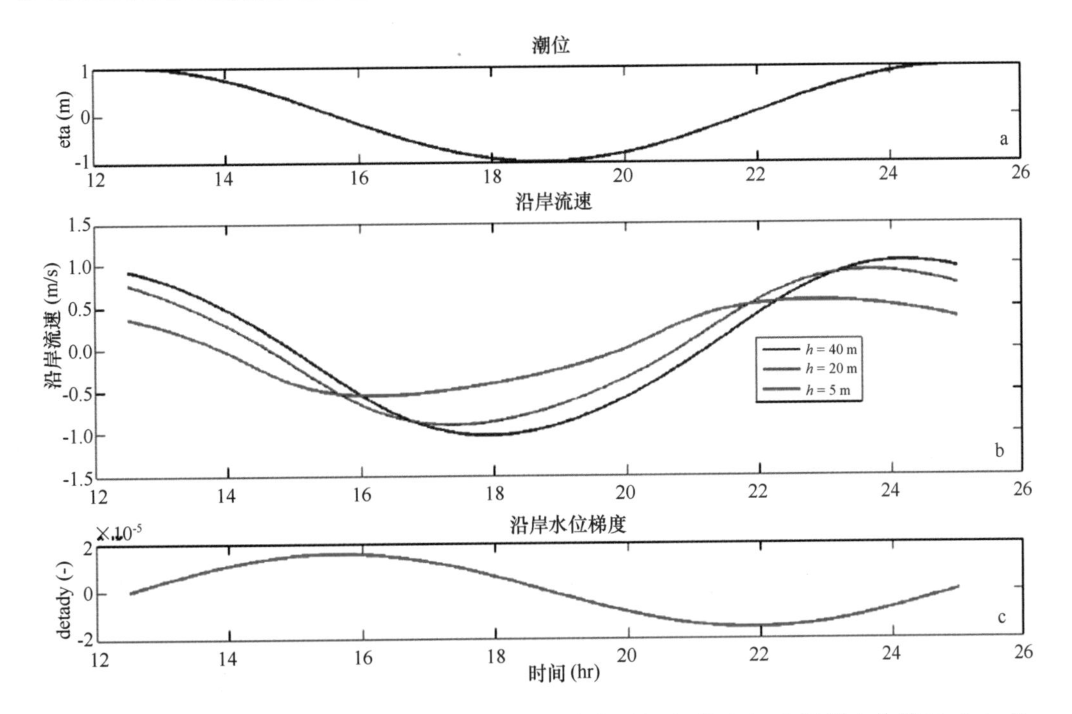

图3.6　不同深度沿岸潮流速度时间序列（b）与水位时间序列（a）和沿岸水位梯度（c）的对比。

3.3.2　向河口传播的潮流

首先，我们从最简单的情况开始，即均匀底质上沿 x 方向传播潮波。我们采用浅水方程的线性化方程：

$$\frac{\partial u}{\partial t} = -\frac{\lambda}{h}u - g\frac{\partial \eta}{\partial x} \tag{3.66}$$

$$\frac{\partial \eta}{\partial t} + h\frac{\partial u}{\partial x} = 0 \tag{3.67}$$

引入以下形式的解：

$$\eta = \hat{\eta}\cos(\omega t - kx)$$
$$u = \hat{u}_1\cos(\omega t - kx) + \hat{u}_2\sin(\omega t - kx) \tag{3.68}$$

我们得到：

$$\frac{\omega}{k} = c = \sqrt{gh}\frac{1}{\sqrt{1+\varphi^2}} \tag{3.69}$$

以及

$$u = \frac{c}{h}\hat{\eta} = \sqrt{\frac{g}{h}}\frac{1}{\sqrt{1+\varphi^2}}\hat{\eta}\cos(\omega t - kx) - \sqrt{\frac{g}{h}}\frac{\varphi}{\sqrt{1+\varphi^2}}\hat{\eta}\sin(\omega t - kx) \tag{3.70}$$

其中

$$\varphi = \frac{\lambda}{\omega h} \approx \frac{\pi/4C_f\hat{u}}{2\pi h/T} = \frac{C_f\hat{u}T}{8h} \tag{3.71}$$

这个结果与方程（3.65）的结果类似，只是现在波速由当地水深决定。无量纲摩擦系数 φ 在水深 10 m 时接近 1，这表明，摩擦在潮波传播至河口的过程中是一个重要因素。

3.3.3 共振

当潮汐传播进类似矩形的盆地（图 3.7）中时，它通常在最后反射出来，由此以（部分的）驻波形态发展。

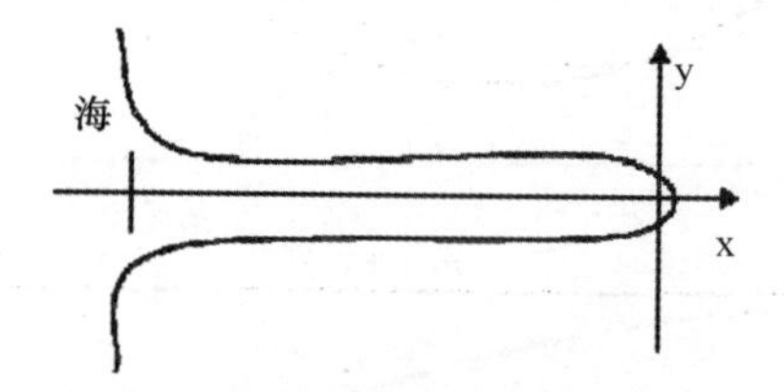

图 3.7 狭窄潮汐汊道示意图

我们可以想象两列沿相反方向传播的波，向海传播的波浪振幅为入射波的 r 倍。假设河口的向陆边界在右手边，侧在 x =0 处（图 3.7），可得到总高程 η：

$$\begin{aligned}\eta &= \hat{\eta}_{in}\cos(\omega t - kx) + r\hat{\eta}_{in}\cos(\omega t + kx) \\ &= 2r\hat{\eta}_{in}\cos(\omega t)\cos(kx) + (1-r)\hat{\eta}_{in}\cos(\omega t - kx)\end{aligned} \tag{3.72}$$

可以发现，反射波产生一个驻波形态，未被反射的部分则经河口传播。

图 3.8a 所示为一个驻波图样。总振幅是离岸距的函数，且以下面的方式变化：

$$\hat{\eta} = \hat{\eta}_{in}\sqrt{(1-r)^2 + 4r\cos^2(kx)} \tag{3.73}$$

从这个方程中，我们得出放大系数，最大振幅（向陆一侧）和向海端振幅的比率为：

$$\frac{\hat{\eta}_{land}}{\hat{\eta}_{sea}} = \frac{\sqrt{(1-r)^2 + 4r}}{\sqrt{(1-r)^2 + 4r\cos^2(2\pi X/L)}} \tag{3.74}$$

其中 X 是河口长度，L 是潮波波长，其关系如图 3.8b 所示。显然，当河口长度与潮波波长的比率为 $(2n-1)/4$（n 是任一整数）时，就会产生共振。

3.3.4 漏斗效应

当水道宽度或深度不断减小时，潮汐通道中的振幅将不断增大（图 3.9）。鉴于深度或宽度是逐渐变化的，反射可以忽略不计，我们可以假设潮汐能通量是沿着水道累积的：

$$\frac{\partial}{\partial x}(E_{tide}Bc) = \frac{\partial}{\partial x}\left(\frac{1}{2}\rho g\hat{\eta}^2 B\sqrt{gh}\right) = 0 \tag{3.75}$$

式中，B 是水道宽度；E_{tide} 是潮波能。由上式可知，当

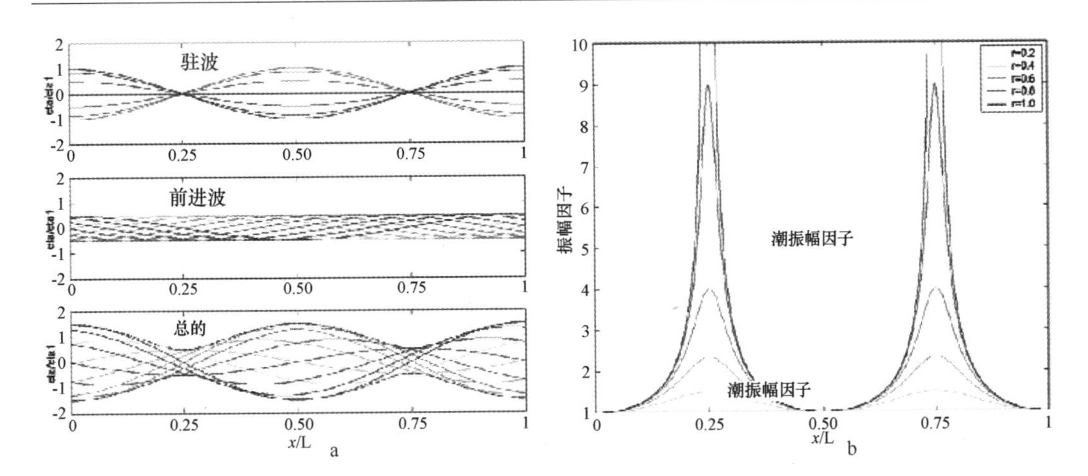

图 3.8　a：驻波和传播模式以及反射系数为 0.5 的总波面高程形式；在 1/12 周期间隔处画线。虚线是总潮汐高程的包络线。b：作为河口长度和反射系数函数的潮振幅放大率。

$$\hat{\eta} \propto B^{-1/2} h^{-1/4} \tag{3.76}$$

时，振幅增加。

显然，减少宽度比减少深度更易导致潮振幅的增加。

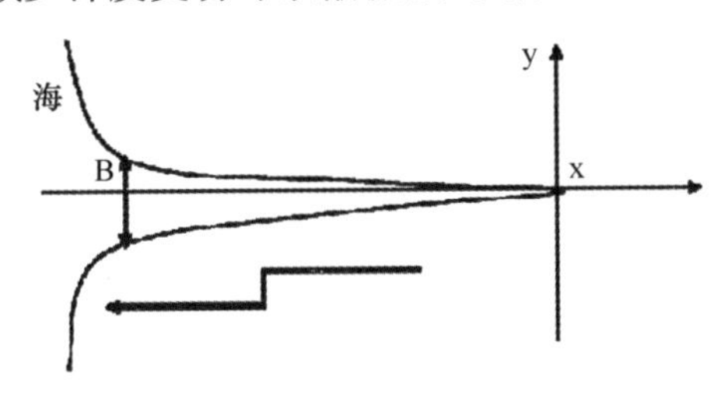

图 3.9　漏斗型潮汐汊道

3.3.5　短宽盆地

对于比潮波波长相对短的潮汐汊道（图 3.10），为了初步估算，我们可先假设，在面积为 A 的纳潮盆地内的水位按恒定方式上下变动，那么蓄满及排空盆地所需的流量是：

$$Q = Bhu = A \frac{\partial \eta_{inside}}{\partial t} \tag{3.77}$$

在狭窄的口门内，由于海底摩擦产生的水位梯度：

$$\frac{\lambda}{h} u = -g \frac{\partial \eta}{\partial x} \approx g \frac{\eta_{outside} - \eta_{inside}}{L_{gorge}} \tag{3.78}$$

为了简化，我们仍将海底摩擦线性化。将方程（3.77）和（3.78）联立，可得出：

$$\frac{\partial \eta_{inside}}{\partial t} = \frac{Bh^2}{A} \frac{g}{\lambda L_{gorge}} (\eta_{outside} - \eta_{inside}) \tag{3.79}$$

如果我们规定：

$$\eta_{outside} = \hat{\eta}_{outside}\cos(\omega t) \tag{3.80}$$

则得出下列解：

$$\eta_{inside} = \frac{1}{\sqrt{1+(\omega/\mu)^2}}\hat{\eta}_{out}\cos[\omega t - \arctan(\omega/\mu)]$$

$$\mu = \frac{Bh^2}{A}\frac{g}{\lambda L_{gorge}} \tag{3.81}$$

利用这个简单的方程，我们就能估计出，潮流在汉道内振幅减小了多少，以及汉道内外潮流的相位滞后是多大。

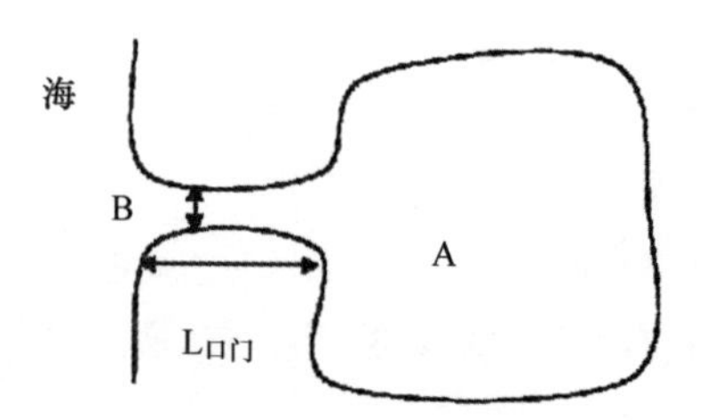

图 3.10　潟湖型汉道

3.3.6　建筑物周边潮流

在建筑物附近，比如港口防波堤，流态更加复杂。通过考察荷兰 Ijmuiden 港口附近的水流情况，我们将讨论一些具有的典型特征。这个港口在原本长条形连续海岸中伸出约 2.5 km，因此表现出此类港口许多典型特征。潮差约 2 m，潮流以大约 15 ~ 20 m/s 的速度向北传播。典型的峰值速度为 0.7 m/s，落潮峰值速度为 0.5 m/s，差异存在的原因是 M4 分量与 M2 分潮部分同相。

在图 3.11 中，仅绘制了涨急期间的潮流流态。下面我们讨论不同区域的特征：

3.3.6.1　辐合区

这个区域主要受平流项主导，水平紊流的影响相对较小。水流表现得更像是势流。根据前文，我们知道，通过绘制正交曲线网格、根据通过流管的流量以及从未扰动的上游区开始估算速度，可以初步估计出流态。

估算局部宽度 B 和深度 h 下的流管速度，可基于以下事实，即没有水通过流线，那么通过流管的通量 Q 是不变的。因此：

$$uhB = Q = u_0h_0B_0 \tag{3.82}$$

入口前水流的强烈束窄（图 3.11）连同局部增强的紊流，造成入口前出现冲刷坑，它的深度接近未受扰动时的水深。从方程（3.82）可知，这有益于降低速度，直至形成新的平衡。

3.3.6.2　港口入口处的涡旋

如图 3.11b 所示，对于港口这样的几何形态，涡旋通常由潮流驱动，并造成其内部水和沉积物的交换。决定其强度的控制项是平流和水平紊流弥散。后者主要受分离点之

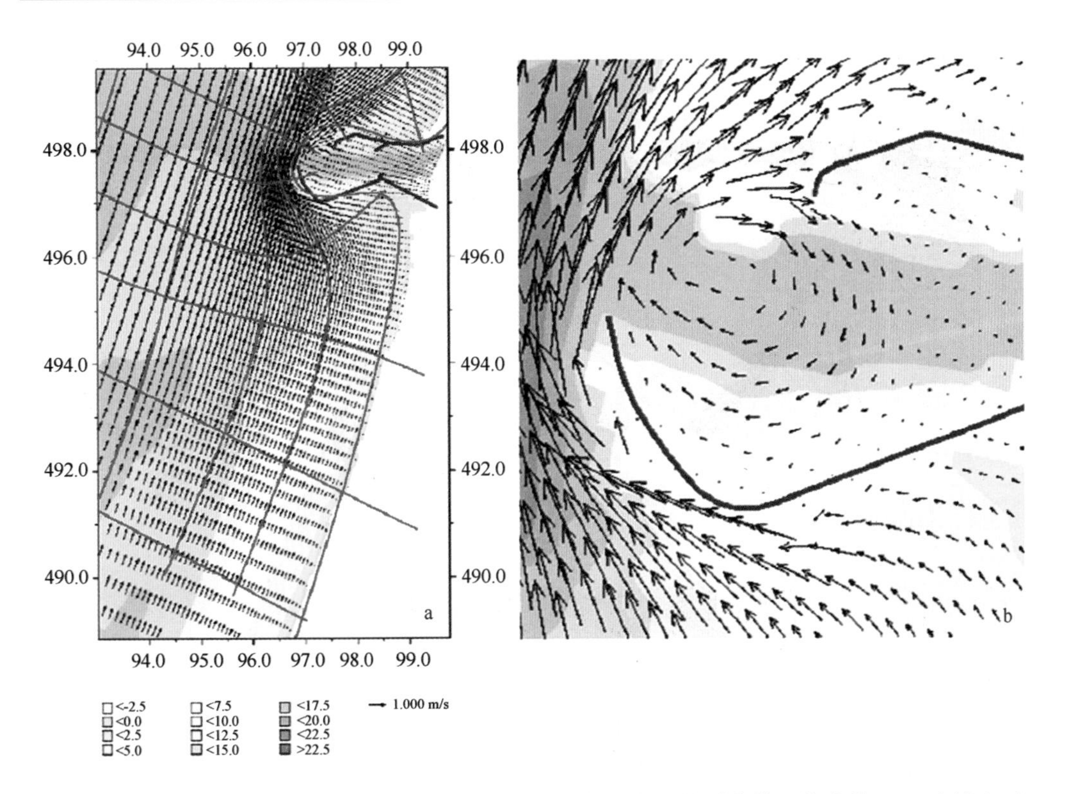

图3.11 a：Ijmuiden港口涨急时预测的流态和用红色线表示的覆盖其上的流管。b：在涨急时港口入口处涡旋示意图。（颜色代表深度，单位为m，离岸和沿岸距离单位为km）。

后强剪应力区所产生的紊流旋涡所主导。由于港池通常较深，海流速度较小，因此海底摩擦作用较小。

在水流弯曲剧烈的区域，垂向水流结构呈螺旋形而不是对数型，表层速度场有向外的分量，而近底速度有向内的分量。在环流中心，速度有向上的趋势以抵消这种不平衡。因为垂向速度接近泥沙沉降速度，因此，这可能是使得旋涡可以一定距离输沙的重要机制。

3.3.6.3 下游尾流区

分离点下游有一个紊流混合层，延伸距离可7倍于深度恒定、陡峭的下游防波堤长度；倾斜的剖面和弯曲的防波堤布局，可大大缩短这个距离。就Ijmuiden港口而言，目前防波堤北部长长的浅滩降低了速度梯度，通过折射，在防波堤长度几倍的范围内，使向岸流与潮流重新汇合。

3.3.7 实际汊道周边流态

为了说明潮汐汊道附近的流态，我们选择荷兰瓦登海Amelander Zeegat的一个天然汊道作为示例（图3.12）。汊道特征是许多地貌学和模型研究的对象。汊道有两个主要通道：西部的Westgat和东部的Borndiep（北为上）。当潮汐沿着海边从西部传播到东部时，在入口的西边产生最强的水位梯度和水流，这解释了为什么两个水道选择的方向都是朝向西北的。

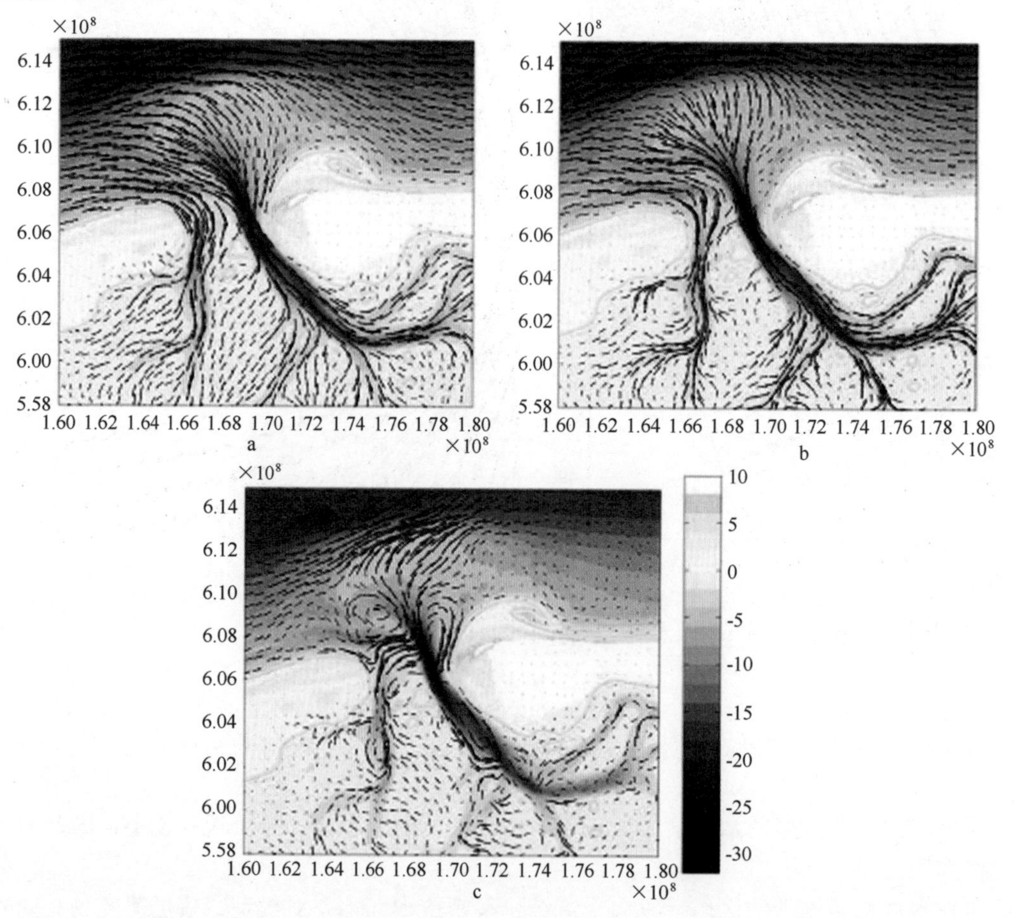

图 3.12　入口处流态。a：涨急流。箭头表示 0.5 h 后水流的轨迹。c：落急流。b：余流，箭头表示 3 小时后余流轨迹。右边彩图表示深度（单位 m）。

图 3.12a 中所示为涨急时的流态；曲线箭头顺着水流，表示从指定位置开始水流半小时内流过的距离。大洋中总水流方向朝东；在表层，我们能从各个方向看到水流流向入口处。水流速度集中在两个水道，但在每个入口狭道两边沿海岸方向也有很大的速率。入口内，我们能看到流向潮滩的涨潮流。

图 3.12b 中图显示的是落急时的流态。水从潮滩经水道向外流；水道中集中的水流向浅的落潮三角洲成扇形散开。入海后，水流方向发生逆转，转而向西。

整个潮周期中平均流速如图 3.12c 所示。现在我们看到入口附近被涨潮主导，而在主要水道中落潮为主导。同样，我们看到一系列潮汐平均的环流圈：Borndiep 向外的水流两侧方向相反的两个圈。落潮防堤处的向东余流可以此解释：（向东的）涨潮流被吸入入口，而向西的落潮流被落潮射流推出。在 Borndiep 和 Westgat 的侧面，有一个逆时针环流，可解释为北半球科氏力将水流推向右手边。在后面讨论风和波浪的典型效应，以及由此产生的泥沙输移类型和地貌变化时，我们再进一步讨论汊道的问题。

3.3.8　跨槽流态

本小节我们考察当以某一角度穿越沟槽或航道时，海流大小和方向的变化。这对于航行及水道沉积和迁移来说都是非常重要的。图 3.13 为此种情况下的水流原理图。

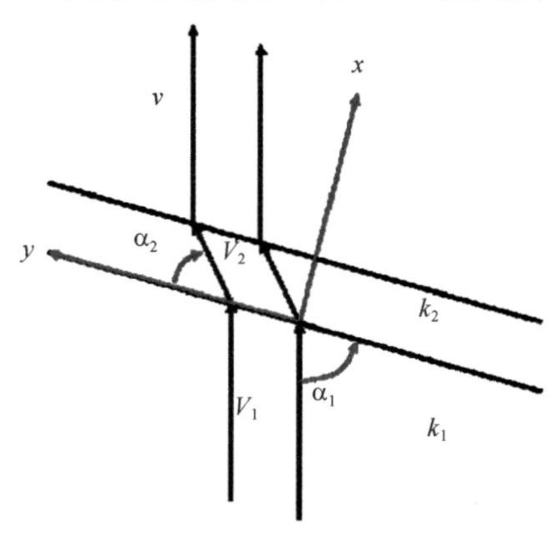

图 3.13　穿越水道的水流原理图

假设水道非常长，且水道内外深度一致，分别为 h_2 和 h_1 。我们还假设，沿水道方向水流是静止的、均匀的。我们使 x 轴垂直于水道方向，y 轴沿水道方向，则水道外速度分量为：

$$u_1 = V_1 \sin \alpha, \qquad v_1 = V_1 \cos \alpha \tag{3.83}$$

对于跨沟槽的水流分量，我们可从连续性方程中解出水深平均的海流分量 u_2 ：

$$\frac{\partial \eta}{\partial t} + \frac{\partial hu}{\partial x} + \frac{\partial hv}{\partial y} = 0 \Rightarrow hu = const \Rightarrow h_2 u_2 = h_1 u_1 \Rightarrow u_2 = \frac{h_1}{h_2} u_1 \tag{3.84}$$

因为我们考虑的是稳态下的解，因此这里的时间梯度是 0；又因为假设水道条件不变，因此梯度 y 也是 0。

对于沿水道的水流分量，我们认为水道方向的水位梯度在水道内外一定是相同的，否则跨水道的水位梯度将不一致。然后，我们根据沿通道动量平衡求解出水道内部沿水道的速度：

$$\frac{\partial v}{\partial t} + u\frac{\partial v}{\partial x} + v\frac{\partial v}{\partial y} + f_{cor} u = \frac{\partial}{\partial x} D_h \frac{\partial v}{\partial x} + \frac{\tau_{sy}}{\rho h} - \frac{\tau_{by}}{\rho h} - \frac{1}{\rho}\frac{\partial p_a}{\partial y} - g\frac{\partial \eta}{\partial y} + \frac{F_y}{\rho h} \tag{3.85}$$

平流和弥散项是非零的，因为跨水道时速度 v 有梯度，使得沿水道的水流逐渐适应水道深度。现在我们关注离水道有些距离的速度，此时上述作用减弱，我们需要考虑沿水道水位梯度与底部剪应力之间的平衡：

$$\frac{\tau_{by}}{\rho h} = -g\frac{\partial \eta}{\partial y} = -g i_y \tag{3.86}$$

沿水道的水位梯度可由下列公式计算：

$$|V_1|^2 = C^2 h_1 i_1 \Rightarrow i_1 = \frac{|V_1|^2}{C^2 h_1}$$

$$i_{y,2} = i_{y,1} = i_1\cos(\alpha_1) \tag{3.87}$$

用谢才摩擦定律，求解方程（3.87）得到：

$$\frac{g}{C^2h_2}|V_2|v_2 = \frac{g}{C^2h_2}v_2\sqrt{u_2^2+v_2^2} = gi_{y,2} \Rightarrow$$

$$\Rightarrow v_2^2(u_2^2+v_2^2) = C^4h_2^2i_{y,2}^2 \Rightarrow$$

$$\Rightarrow (v_2^2)^2 + u_2^2v_2^2 - C^4h_2^2i_{y,2}^2 = 0 \tag{3.88}$$

这是一个 v_2^2 二次方程式，现在所有其他项均已知，后面的求解就变得简单了：

$$v_2^2 = \frac{-u_2^2 \pm \sqrt{u_2^4+4C^4h_2^2i_{y,2}^2}}{2} \Rightarrow$$

$$v_2 = \sqrt{\frac{-u_2^2+\sqrt{u_2^4+4C^4h_2^2i_{y,2}^2}}{2}} \tag{3.89}$$

最后，水流与水道轴的夹角为：

$$\alpha_2 = \arctan\left(\frac{u_2}{v_2}\right) \tag{3.90}$$

图3.14所示为 $h_1=10$ m，$h_2=15$ m，$C=65$ $\mathrm{m^{1/2}/s}$，$V_1=1$ m/s 时，作为入射角函数的水道的流向角和水道内外速度比值的曲线。我们发现，海流沿水道轴方向折射，在上述情况下约为20°角。这一点可通过以下事实得到解释，即：水深增加则跨水道流速减小，而摩擦减小（或可以说是由于水深增加则沿水道流速增大）。至于水道内部流速大小，则是当流向垂直于水道时，它是减小的；而当流向与水道方向平行时，它是增加的。当然，这一点对水道沉积有重要影响。为了进一步阐明，我们引入一个 Matlab 程序 trench. m 来自动生成图3.14。

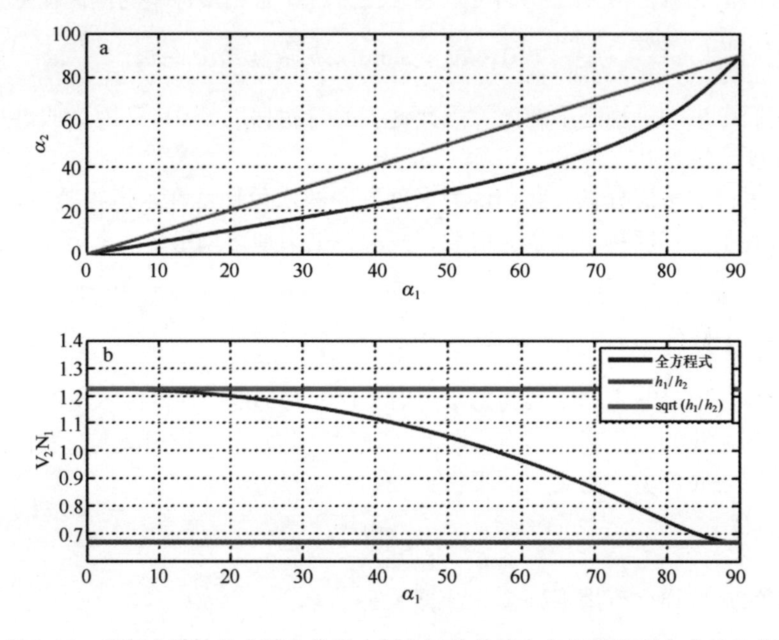

图3.14　基于水道轴的水道内作为入射角函数的流向角以及流速大小的比值

3.4　风生沿岸流和沿均匀海岸的增水

3.4.1　风生沿岸流

大致均匀海岸的风生沿岸流是由沿岸风的剪应力、底摩擦和惯性之间的平衡决定的：

$$\frac{\partial v}{\partial t}+u\frac{\partial v}{\partial x}+v\frac{\partial u}{\partial y}+fu=\frac{\partial}{\partial x}\left(D_h\frac{\partial v}{\partial x}\right)+\frac{\partial}{\partial y}\left(D_h\frac{\partial v}{\partial y}\right)+\frac{\tau_{\omega,y}}{\rho h}-\frac{\tau_{by}}{\rho h}-g\frac{\partial\eta}{\partial y}\tag{3.91}$$

由于风开始吹起时的平衡全部在惯性和风应力之间，而在以上两者达到平衡状态后，新的平衡仅在风应力和底摩擦之间，因此，我们可以根据下式很容易地估算沿岸平衡速度：

$$v_{\infty}=\sqrt{\frac{\tau_{\omega,y}}{\rho_{\omega}C_f}}\tag{3.92}$$

有趣的是，平衡状态的沿岸风生流速度并不依赖于水深。我们也可以为速度达到平衡状态的适应过程估算一个时间尺度：

$$T_{wind}=\frac{v_{\infty}}{\partial v/\partial t\,|_{t=0}}=h\sqrt{\frac{\rho_{\omega}}{\tau_{\omega,y}C_f}}\tag{3.93}$$

这个适应时间尺度与水深成正比，而与风速成反比。图3.15所示代表性例子中，风速为10 m/s、水深达到16 m，风生流从产生到完全热身好所需时间接近一天。如果风弱一些和（或）水更深一些，那么需要的时间会更长。

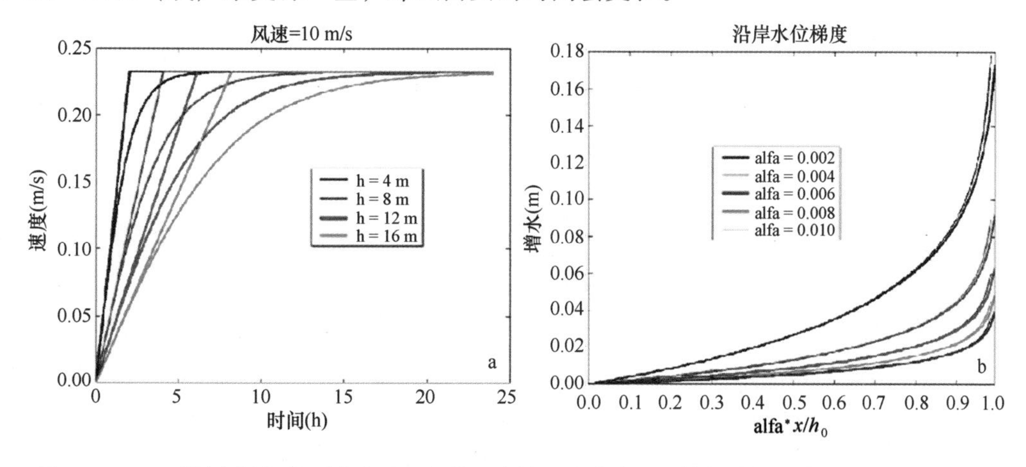

图3.15　a：不同水深条件下沿岸风生流的适应性，直线表示起始梯度和适应时间尺度。b：不同坡度和20 m/s风速条件下，作为无因次离岸距离函数的风致增水。粗线：数值结果；细线：解析近似值。

风应力大小可由下式得出：

$$\rho_a\,|\tau_{\omega}|=\rho_a C_d\,|W_{10}|^2\tag{3.94}$$

式中，ρ_a 是空气密度（≈1.25 kg/m^3），C_d 是风阻系数（≈0.002），W_{10}是水面之

上 10 m 处的风速。其中，给 C_d 赋值存在相当的不确定性，特别是当风速相对较低和较高时，因为当风速从 0 增大到 20 m/s 时，C_d 从约 0.001 增大到 0.002；当风速超过 30 m/s 时，C_d 会进一步增大到约为 0.003 的最大值（Powell et al.，2003；Donelan et al.，2004）。

3.4.2 风致增水

离岸增水由坡度项和离岸风应力主导：

$$\frac{\partial u}{\partial t} + u\frac{\partial u}{\partial x} + v\frac{\partial u}{\partial y} - f_v = \frac{\partial}{\partial x}D_h\frac{\partial u}{\partial x} + \frac{\partial}{\partial y}D_h\frac{\partial u}{\partial y} + \frac{\tau_{\omega,x}}{\rho h} - \frac{\tau_{bx}}{\rho h} - g\frac{\partial \eta}{\partial x} \tag{3.95}$$

对于水平底床，意味着坡度线性正比于风应力，而反比于水深。因此，在宽浅海域的风致增减水比在深海重要得多。对于水平底部，离岸距为 L 的两点之间水位差根据下式计算：

$$\Delta\eta = \frac{\tau_{\omega,x}}{\rho g h}L \tag{3.96}$$

对于深度可变的剖面，将水深大致相同的各断面增水贡献值相加，就得到了总增水。

至于平面倾斜海滩，如果忽略总水深增水的影响，我们可以借助一个简单的解析表达式来估算总增水。水深由下式给出：

$$h = h_0 - \alpha(x - x_0) \tag{3.97}$$

将（3.96）和（3.97）合并，我们得到：

$$\eta = -\frac{\tau_{\omega,x}}{\rho g \alpha}\ln\left(\alpha\frac{x - x_0}{h_0}\right) \tag{3.98}$$

将上式所得结果与考虑了水深增水影响的数值结果相比两者相差不大（图 3.15 中右图）。

3.5 波生沿岸流和均匀海岸上的增水

3.5.1 波生沿岸流

波浪以一定的角度靠近海岸时，其携带的动量通量或者“辐射应力”具有沿海岸方向的分量（方程 3.23）。当波浪破碎时，辐射应力消失，动量传递到沿岸流上。对于一个沿岸均匀的海滩，在 $x=0$ 时，有 $u=0$，$\partial/\partial y=0$，此时水深平均流速可表示为：

$$\frac{\partial v}{\partial t} + u\frac{\partial v}{\partial x} + v\frac{\partial u}{\partial y} + fu = \frac{\partial}{\partial x}D_h\frac{\partial v}{\partial x} + \frac{\partial}{\partial y}D_h\frac{\partial v}{\partial y} - g\frac{\partial \eta}{\partial y} + \frac{F_y}{\rho h} - \frac{\tau_{by}}{\rho h} \tag{3.99}$$

根据方程（3.23）得到的辐射应力梯度力是由波浪以及水流（方程 3.24 和 3.25）共同贡献的：

$$F_y = -\frac{\partial S_{xy}}{\partial x} = -\frac{\partial}{\partial x}\left\{\frac{C_g}{C}[E\cos(\alpha)\sin(\alpha)] + E_r\cos(\alpha)\sin(\alpha)\right\}$$

$$= -\frac{\partial}{\partial x}\left\{\frac{\sin(\alpha)}{C}\left[EC_g\cos(\alpha) + E_r C\cos(\alpha)\right]\right\}$$

$$= \left[EC_g\cos(\alpha) + E_r C\cos(\alpha)\right]\frac{\partial}{\partial x}\left[\frac{\sin(\alpha)}{C}\right]$$

$$-\frac{\sin(\alpha)}{C}\frac{\partial}{\partial x}\left[EC_g\cos(\alpha) + E_r C\cos(\alpha)\right] \quad (3.100)$$

根据斯奈尔定律，沿岸均匀情况下，右边第一项等于零；第二项正好等于波能耗散、水流能输入与耗散等项的总和，因此，梯度力简化为：

$$F_y = \frac{D_\omega + (-D_\omega + D_r)}{C}\sin(\alpha) = \frac{D_r}{C}\sin(\alpha) \quad (3.101)$$

这与方程（3.26）一致。对于坡度恒定海滩上的沿岸流，可以得到简化的紊流混合解析表达式（Longuet - Higgins，1970）。然而，对于更现实的剖面，需要用到 3.5.3 节中介绍的数值计算。

3.5.2　波致增水

沿岸均匀情况下，水深平均的离岸动量平衡式为：

$$\frac{\partial u}{\partial t} + u\frac{\partial u}{\partial x} + v\frac{\partial u}{\partial y} - fv = \frac{\partial}{\partial x}D_h\frac{\partial u}{\partial x} + \frac{\partial}{\partial y}D_h\frac{\partial u}{\partial y} - g\frac{\partial \eta}{\partial x} + \frac{F_y}{\rho h} - \frac{\tau_{bx}}{\rho h} \quad (3.102)$$

与：

$$F_x = -\frac{\partial S_{xx}}{\partial x} = -\frac{\partial}{\partial x}\left(\left\{\frac{C_g}{C}\left[1 + \cos^2(\theta)\right] - \frac{1}{2}\right\}E_\omega + \cos^2(\theta)E_r\right) \quad (3.103)$$

恒定状态下，这种平衡是由作用力和表面坡度项决定的。在破波带外，由于浅水作用导致辐射应力增加，这种平衡造成波浪减水；而在破波带内，波浪破碎导致辐射应力减小，这种平衡会造成波浪增水。与破波带内的波浪力相比，离岸底床剪应力和科氏力都很小，可以忽略不计。平面海滩上最大增水的快速估算方法，是使用辐射应力的浅水近似值法（忽略水流贡献）：

$$F_x = -\frac{\partial S_{xx}}{\partial x} \approx -\frac{\partial}{\partial x}\frac{3}{2}E_\omega = -\frac{3}{8}\rho g\gamma^2 h\frac{dh}{dx} \quad (3.104)$$

可得：

$$\eta_{max} = -\frac{3}{8}\gamma H_{br} \quad (3.105)$$

其中，波浪破碎开始阶段的波高 $H_{br} = \gamma h_b$，此处 h_b 为破碎处水深。

3.5.3　数值计算

为了求解方程（3.101）和（3.103）中的作用力，需要知道波能和水流能的离岸分布情况，这可以通过将波能平衡方程（2.19）与水流能平衡方程（2.31）联立进行数值计算而得到。

像许多海岸剖面模型一样，我们假设：与波浪通过破波带所需时间相比，波浪条件和水位随时间的变化缓慢，并且海流中惯性作用可以忽略不计。同时，我们也忽略波群时间尺度上波高的变化，仅考虑波浪的时间平均分布。均匀海岸的波能和水流能平衡方程可简化为：

$$\frac{\partial}{\partial x}[E_{\omega}C_{g}\cos(\theta_{m})] = -D_{\omega} \tag{3.106}$$

上式可通过改写为以下差分方程式进行数值计算求解：

$$\frac{E_{\omega,i}C_{g,i}\cos(\theta_{m,i}) - E_{\omega,i-1}C_{g,i-1}\cos(\theta_{m,i-1})}{\Delta x} = -\frac{D_{\omega,i} + D_{\omega,i-1}}{2} \Rightarrow$$

$$\Rightarrow E_{\omega,i} = \frac{E_{\omega,i-1}C_{g,i-1}\cos(\theta_{m,i-1}) - \frac{1}{2}(D_{\omega,i} + D_{\omega,i-1})\Delta x}{C_{g,i}\cos(\theta_{m,i})} \tag{3.107}$$

我们发现一点处的波能取决于前一点处的波能以及两点处的群速与波向。为了获得二阶精度解，我们取新旧点之间的平均耗散作为耗散，这意味着我们需要知道新点处的能量才能估算耗散。为了解决这一问题，我们首先估算新点处的波能耗散，它基于点 $i-1$ 的波能和点 i 的水深，然后重复计算方程（3.107），这就是所谓的预测校正式方法。同样的，我们可以求解简化的水滚能平衡方程：

$$\frac{\partial E_{r}c\cos\theta_{m}}{\partial x} = D_{\omega} - D_{r} \tag{3.108}$$

写成离散化形式为：

$$\frac{E_{r,i}C_{i}\cos(\theta_{m,i}) - E_{r,i-1}C_{i-1}\cos(\theta_{m,i-1})}{\Delta x} = \frac{D_{\omega,i} + D_{\omega,i-1}}{2} - \frac{D_{r,i} + D_{r,i-1}}{2} \Rightarrow$$

$$\Rightarrow E_{r,i} = \frac{E_{r,i-1}C_{i-1}\cos(\theta_{m,i-1}) + \frac{1}{2}(D_{\omega,i} + D_{\omega,i-1} - D_{r,i} - D_{r,i-1})\Delta x}{C_{i}\cos(\theta_{m,i})} \tag{3.109}$$

边界条件是已知的近海边界处波浪能（来自浮标或者大比例尺波浪模型）和水滚能，其中后者在破波带之外等于零。波速和群速仅取决于固定的波浪周期（通常是峰值周期）和水深。基于近海波向和波速，在已经当地波速的情况下，就可以利用斯奈尔定律（方程 2.23）计算得到波向。由于水深受到波致增水的影响，因此，有必要同时利用简化的离岸动量平衡方程（3.102）来求解。利用方程（3.103），这个方程可进行如下离散化：

$$\frac{\eta_{i} - \eta_{i-1}}{\Delta x} = \frac{2}{\rho g(h_{i-1} + h_{i})}\left[\frac{S_{xx,i} - S_{xx,i-1}}{\Delta x}\right] \Rightarrow$$

$$\eta_{i} = \eta_{i-1} - \frac{2}{\rho g(h_{i-1} + h_{i})}(S_{xx,i} - S_{xx,i-1}) \tag{3.110}$$

此外，点 i 处的解部分取决于利用同样的预测校正式方法进行迭代求解的点 i 的值。

在所附的 Matlab 函数 balance_ 1d. m 中，可以看到此方案是如何通过编程实现的。如果已知一组增加 x - 的值，或者底部水平 z_b 和波高、波向、波周期和水位等边界条件，或者校准系数 *gamma* 和 *beta* 以及边界水深 $h_{\min}$ 等条件，就可以用该函数进行计算求解。一旦知道了波浪力沿岸分量的离岸分布情况，我们就可以用方程（3.99）求解沿岸流速度。

在恒定不变（平衡）并且可以忽略水平黏度的情况下，我们可以简单地得到：

$$\tau_{by} = F_y \tag{3.111}$$

根据前面讨论的"底部剪应力"中的一个公式，我们必须认识到此处的底床剪应力是（未知的）沿岸速度和波致剪应力的函数。接下去的程序是：

- 计算波致剪应力；
- 由 *tauc* 和 *taum* 迭代求解与流相关的剪应力 *tauc*；
- 由 *tauc* 计算 v。

这一程序已通过所附 Matlab 函数 longshore_ current. m 和 soulsby. m 的验证。如果不想忽略水平黏度，我们可以采用另外的方法，即根据方程（3.99）求解非恒定问题。解决这个问题的一个简单方案如下：

$$\frac{v_i^{n+1} - v_i^n}{\Delta t} = \frac{(D_{h,i} + D_{h,i+1})(v_{i+1} - v_i) - (D_{h,i-1} + D_{h,i})(v_i - v_{i-1})}{2\Delta x^2} + \frac{F_{y,i}}{\rho h_i} - \frac{\tau_{by,i}}{\rho h_i} \Rightarrow$$

$$v_i^{n+1} = v_i^n + \Delta t\left[\frac{(D_{h,i} + D_{h,i+1})(v_{i+1} - v_i) - (D_{h,i-1} + D_{h,i})(v_i - v_{i-1})}{2\Delta x^2} + \frac{F_{y,i}}{\rho h_i} - \frac{\tau_{by,i}}{\rho h_i}\right] \tag{3.112}$$

需要注意的是，这一显式格式是条件稳定的，仅适用于满足库兰特判别准则的足够小的时间步长（见9.4节）。我们可以在给定的时间周期内或者没有收敛时，保持速度更新。解决这一方案的 Matlab 函数是所附的 longshore_ current_ t. m。

为了阐明作用力和沿岸流的离岸特征，我们以一条沿岸均匀剖面为例。该剖面坡度为1∶100，$x=0$ m 处的开始深度为20 m；在 $x=1\ 500$ m 处有一高斯沙坝，沙坝高是3 m，长约200 m。同时假设入射波高为2 m，峰值周期是7s，入射角是法向30°（按海图惯例是240°）。通过求解方程（3.99），所得结果如图3.16所示。水滚能的作用就像是一个缓冲器：当波浪破碎时，它们的动量首先传递给水滚，然后水滚通过作用在水面上的剪应力将动量传递给海流。在沿岸力分布方面，这是显而易见的：为了说明这点，我们也绘制了无水滚效应的作用力（图3.16中图c和图d）。水滚效应体现在降低了峰值，并在向陆方向上改变它，同时延迟了增水（Nairn et al.，1990）以及在波谷处增加明显的沿岸流（Reniers，Battjes，1997）（见图3.16中图e和图f）。

深度不变体积力 $\overrightarrow{F_w}$（方程3.27）的贡献可与总作用力 $\overrightarrow{F}$（方程3.23）和表面剪应力 $\overrightarrow{\tau_s}$（方程3.26）相比。这个例子说明，体积力的主要作用是在破波带外造成平均水位的减水（见图3.16c和图3.16e）。在破波带内，与表面剪应力分别导致增水和沿岸流相比，体积力对离岸作用力的贡献很小（图3.16c），而对沿岸作用力则毫无贡献（图3.16d）。

运用 Feddersen 等人（2000）的底部剪应力公式，Ruessink 等人（2001）研究发现，大致均匀的荷兰 Egmond 海滩与北卡罗来纳州 Duck 海滩的沿岸波生流表现出良好的一致性。他们应用的是方程（3.99）中的水深平均速度。在图3.16中的f图，我们比较了 Feddersen 等人（2000）的公式和一些由 Soulsby 等人（1993）参数化的公式。很明显，Feddersen 等人（2000）的公式计算结果，与那些应用于随机波、参数化的 Fredsoe（1984）模型非常类似。包含紊流混合常数 $v_c=0.5\ \mathrm{m^2/s}$，对沿岸流分布仅有中

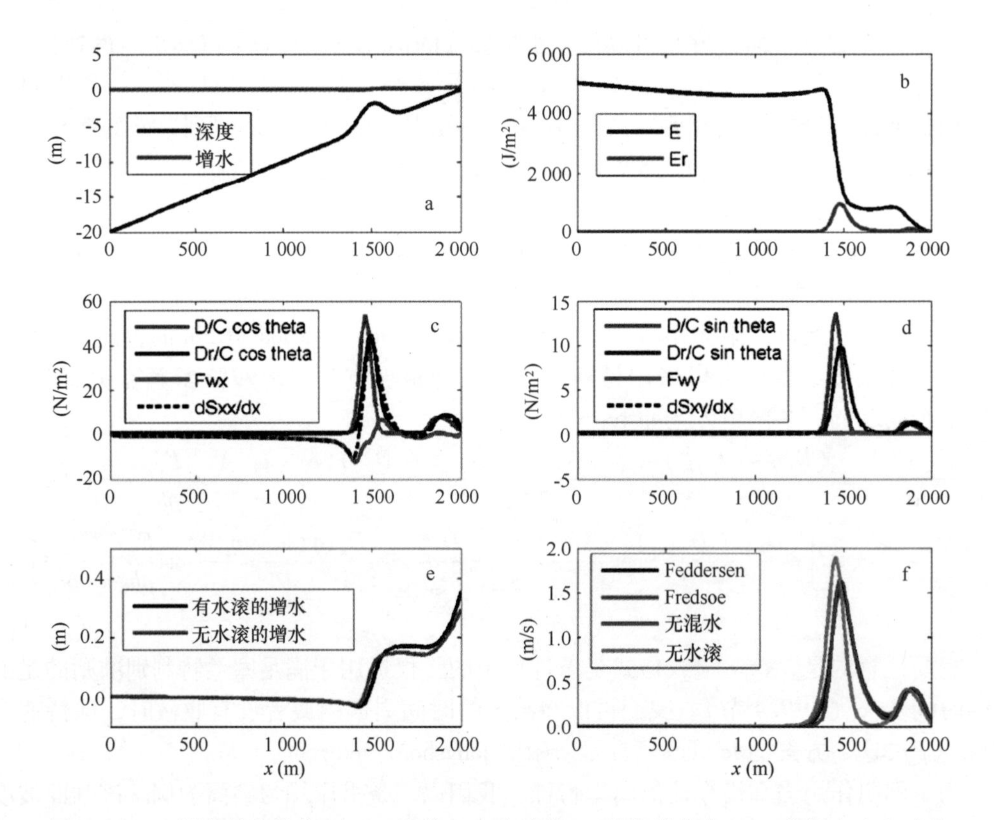

图 3.16 a：深度的离岸分布；b：波能 E 和水滚能 Er 的离岸分布；c：离岸方向上对作用力的贡献；d：沿岸方向上对作用力的贡献；e：波致增水；f：沿岸速度。

等影响，即：降低了峰值速度，增加了沙坝离岸侧的水流（图 3.16f）。

3.5.4 剪切不稳定性

本节我们研究波生沿岸流的时间平均特性。水平速度场的低频波谱存在与否，取决于波生沿岸流速的离岸分布。沿岸流的剪切不稳定性会导致振荡。速度场小扰动的发展牺牲了与沿岸流相关的潜在涡度。这一点的理论基础可见 Bowen，Holman（1989）。他们建立了一个沿岸流线性稳定方程，通过一个简化的测试（水平底部）证明，沿岸流的后剪切对剪切不稳定性的产生至关重要。强的后剪切使得沿岸流不稳定，产生广泛的小扰动。对此，Dodd，Thornton（1993）与 Putrevu，Svendsen（1992）已用更实际的沿岸流速和底部剖面进行了验证。之后，Falques 等（1994）的研究也表明，沿岸流流速最大处的离岸距 X_b 对沿岸不稳定性的产生非常重要。X_b 的增加导致更广泛的不稳定波数。

剪切不稳定性的产生极易受弥散效应存在的影响。Putrevu，Svendsen（1992）与 Dodd，Thornton（1993）的研究表明，如果底摩擦导致的耗散增加，可能的不稳定模式数和它们相应的增长率也会降低。Falques 等（1994）研究了底摩擦和涡黏系数对波生沿岸流的耦合效应，结果表明，涡黏系数和底摩擦导致类似的阻尼，相比于底摩擦，涡黏系数在减小不稳定波数范围方面更强。

现在，我们考虑沙坝剖面上沿岸流剪切不稳定性产生的可能性，如图3.16所示。考虑到不稳定性的发展，无紊流混合情况下，随时间变化的动量方程如下：

$$\frac{\partial u}{\partial t}+u\frac{\partial u}{\partial x}+v\frac{\partial u}{\partial y}-fv=\frac{\partial}{\partial x}D_h\frac{\partial u}{\partial x}+\frac{\partial}{\partial y}D_h\frac{\partial u}{\partial y}-g\frac{\partial \eta}{\partial y}+\frac{F_x}{\rho h}-\frac{\tau_{bx}}{\rho h} \tag{3.113}$$

$$\frac{\partial v}{\partial t}+u\frac{\partial v}{\partial x}+v\frac{\partial u}{\partial y}+fu=\frac{\partial}{\partial x}D_h\frac{\partial v}{\partial x}+\frac{\partial}{\partial y}D_h\frac{\partial v}{\partial y}-g\frac{\partial \eta}{\partial y}+\frac{F_y}{\rho h}-\frac{\tau_{by}}{\rho h} \tag{3.114}$$

不存在剪切不稳定性的基本情况是由沿岸流速剖面 $V(x)$ 和增水 $\eta(x)$ 给定的，如图3.16所示。接下来，引入剪切不稳定性扰动：

$$e^{ik(y-ct)}\left[u'(x),v'(x),\eta'(x)\right] \tag{3.115}$$

为替代平均运动的动量平衡方程（3.113）和（3.114），我们得到了与基本情况相对应的剪切不稳定性的动量平衡方程：

$$ik(V-c)u'+g\frac{\partial \eta'}{\partial x}=\frac{\tau'_{x,b}}{\rho h} \tag{3.116}$$

$$u'\frac{dV}{dx}+ik(V-c)v'+ikg\eta'=-\frac{\tau'_{y,b}}{\rho h} \tag{3.117}$$

对应的剪切不稳定性连续方程由下式给出：

$$\frac{\partial hu'}{\partial x}+ikhv'+ik(V-c)\eta'=0 \tag{3.118}$$

引入流函数：

$$u'=-\frac{1}{h}\frac{\partial \psi}{\partial y}$$

$$v'=\frac{1}{h}\frac{\partial \psi}{\partial x} \tag{3.119}$$

之后，这些方程可合并为一个方程（Dodd et al.，2000）：

$$\left(v-c-\frac{i\mu}{kh}\right)\left(\frac{\partial^2\psi}{\partial x^2}-\frac{1}{h}\frac{\mathrm{d}h}{\mathrm{d}x}\frac{\partial \psi}{\partial x}-k^2\psi\right)=h\frac{\mathrm{d}}{\mathrm{d}x}\left(\frac{1}{h}\frac{\mathrm{d}V}{\mathrm{d}x}\right)\psi \tag{3.120}$$

在此，底摩擦可被线性化为：

$$\vec{\tau}_b=\rho hV\vec{u}' \tag{3.121}$$

如果已知沿岸流速度和底摩擦，应用这个方程就可以求得沿岸波数的范围（计算增长率和弥散关系的对应 Matlab 代码包含在 shearinstab. m 中）。由此可得每个波数流函数 ψ 和相应（复数）相速度 c 的解。如果相速度的虚数部分是正（负）的，剪切不稳定性将增强（减弱）：

$$u'e^{ik(y-ct)}=-\frac{1}{h}\frac{\partial \psi}{\partial y}e^{iky}e^{-ikct}=-\frac{1}{h}\frac{\partial \psi}{\partial y}e^{iky}e^{-i\omega_r t}e^{\omega_i t} \tag{3.122}$$

$$v'e^{ik(y-ct)}=\frac{1}{h}\frac{\partial \psi}{\partial x}e^{iky}e^{-ikct}=\frac{1}{h}\frac{\partial \psi}{\partial x}e^{iky}e^{-i\omega_r t}e^{\omega_i t} \tag{3.123}$$

其中角频率虚数部分 ω_i 对应于增长率。增长率是沿岸波数的函数，如图3.17a所示。从图中可见，最快成长模式（FGM）在 $k\approx 0.0018\ \mathrm{m}^{-1}$ 处，这对应于约550 m的波

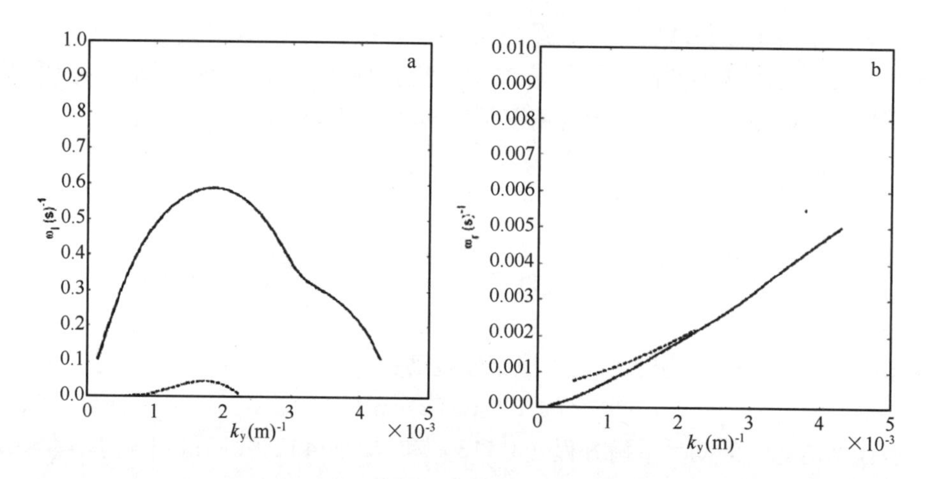

图 3. 17　a：图 3. 16 的图 f 中所示沿岸流速度剖面在没有底摩擦（实线）和有底摩擦（虚线）条件下，剪切不稳定性的预测增长率。b：没有底摩擦（实线）与有底摩擦（虚线）条件下相应的弥散关系。

长。加入底摩擦 $\mu=0.01$ 后，增长率明显降低，不稳定模式的范围也减小（见图 3. 17a 中实线与虚线的对比）。由角频率的实数部分 ω_t 可得剪切不稳定性弥散关系，结果显示为一个大致固定的沿岸传播速度，$\mathrm{Re}\{c\}=\mathrm{Re}\{\omega/k\}$，大小约等于 1 m/s，这对应于沙坝上的平均沿岸流速（图 3. 16 中 f 图）。

将 FGM 的速度场进行叠加，由最大增长率与（任意）振幅为 200 m^3/s 的流函数解法可得，平稳沿岸流显示流的蜿蜒长度尺度在 550 m，这与剪切不稳定性的存在相关（见图 3. 18）。

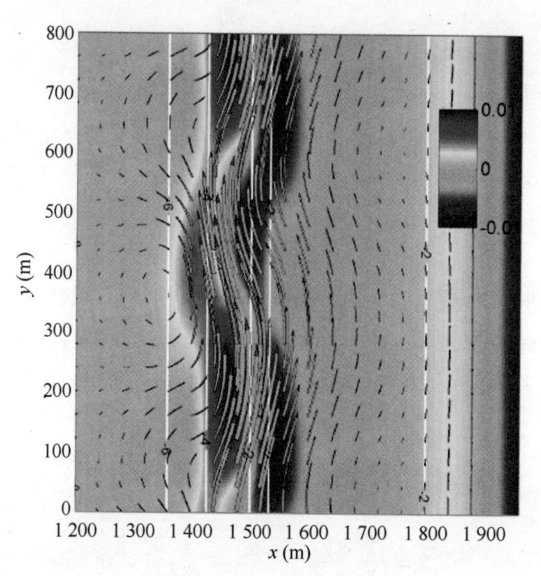

图 3. 18　平均沿岸流速度剖面上 FGM 剪切不稳定性速度模式的叠加，这导致沿岸流蜿蜒而流。箭头对应于 100s 时间内质点总的运动轨迹。相应涡度由色阶给出，单位：s^{-1}。

注意，线性稳定性分析仅对极小振幅的剪切不稳定性有效，即：起始条件。对于有限振幅值，更详细的分析和和数值分析是通过应用弱非线性（Dodd，Thornton，1992）和全非线性建模（如：Nadaoka，Yagi，1993；Deigaard et al.，1994；Falques et al.，1994；Allen et al.，1996；Özkan－Haller，Kirby，1999；Slinn et al.，1998）来描述波生沿岸流中剪切不稳定性的发展的。这些研究的一个重要发现是：剪切不稳定性引起平均动量的离岸混合，导致更平滑的平均沿岸流速度剖面，从而影响泥沙输移（Deigarrd et al.，1994）。同时，对于低阻尼，不稳定性因沿岸流产生的涡流而表现出混沌性，这导致强烈的离岸流（Slinn et al.，1998），并给游泳者带来潜在的危险性（Dalrymple et al.，2011）。对沿岸流不稳定性中剪切不稳定性的综述请见Dodd等（2000），包括现场观测（Oltman－Shay et al.，1989）和室内实验（Reniers et al.，1997）。

3.6 波群驱动的运动

3.6.1 前言

在前面对波生沿岸流的描述中，波浪力被假定在时间上是恒定的。正如第2章所示，入射波场的频率和定向传播造成波群的出现。反之会导致波浪力在波群时空尺度上的调节。这种调节促成了长波和破波带涡旋，其中前者也被称为长重力波运动或低频运动（LFs），后者也被称为群波破碎产生的极低频运动。

长重力波的周期介于25～250 s之间，对海岸动力地貌有显著作用。Roelvink & Stive（1989）发现，对地貌的重要性体现在波群及其内在长重力波的耦合作用导致优先的泥沙输移方向（见4.4.4节）。其他重要的是波浪爬高（van Gent，2001）、海丘侵蚀（van Thiel de Vries et al.，2008；Roelvink et al.，2009）与越浪（McCall et al.，2010）。

波群破碎产生的涡旋运动时间相当长，在4～30 min之间，它们对海岸流体动力与地貌动力的潜在影响仍处于探索之中。Reniers等（2004a）数值研究发现，破波带内的VLFs引发了裂流水道地貌的准韵律演化（见10.5节）。显而易见，波群破碎能在平面海滩和裂流水道发育的海滩上产生短暂的裂流（Fowler，Dalrymple，1990；Reniers et al.，2004a；Johnson，Pattiaratchi，2006；Reniers et al.，2007；Long，Özkan－Haller，2009），它强烈地影响着破波带物质的混合（Spydell，Feddersen，2009；Brown et al.，2009），并能将这些物质带出破波带（Reniers et al.，2009；Reniers et al.，2010b）。

Munk（1949）与Tucker（1952）对波群尺度上与波面高程有关的长重力波进行了首次观测。后者观察到在有负时间滞后时，有明显的正相关；而在零时间滞后时，有较小的负相关性。Biesel（1952）的研究表明，束缚长重力波在以短波群的群速传播时，有一个180°的相位滞后，由此解释了零时间滞后时负相关性的原因。而对于负时间滞后时明显正相关的原因，Longuet－Higgins，Stewart（1962）与Longuet－Higgins，Stewart（1964）给出了一个可能的解释，束缚长重力波受到短波动量空间变化的非线性作用，在以浅水波群向岸传播时，振幅剧烈增加。然后，这些束缚长重力波在破碎时得以释放，随后在海岸线反射回深水，经过较弱的逆浅水作用成为自由长重力波。由于自由长重力波的折射作用更强，因此，并不是所有反射过的长重力波都向深水传播，一些会被折射回海岸并再次发生反射（Herbers et al.，1995）。反射回深水的长重力波称为漏波，而被俘获的称为边缘波（Ursell，1952）。

相比于长重力波的现场观测和了解开始于 Tang，Dalrymple（1989），VLFs 的研究已滞后。这可从 VLFs 的波面高程标记最小这一事实得到部分解释，即：压力传感器或测波仪无法发现它们。此外，与剪切不稳定性（见 3.5.4 节）和波浪破碎引起的涡旋的频繁共存和潜在相互作用掩盖了 VLF 对成群入射波的响应（Haller et al.，1999）。最近一个将现场观测与数值建模结合起来的研究显示，VLFs 就像长重力波一样，在破波带是普遍存在的（MacMahan et al.，2010b）。

3.6.2 波群引起的束缚长波

波场随机性特征表现为波群出现（见 2.7 节）和波浪动量相应变化，从而产生束缚长波，这可以通过考虑由一列双色波组成的波群在水平底床上传播来说明，其中双色波包含振幅相同但频率不同的两列法向入射波：

$$\eta_s(x,t) = a\sin(\omega_1 t - k_1 x) + a\sin(\omega_2 t - k_2 x) \tag{3.124}$$

上式还可写作一个缓慢变化的波群振幅的急剧波动，A：

$$\eta_s(x,t) = 2a\cos\left(\frac{\Delta\omega}{2}t - \frac{\Delta k}{2}x\right)\sin\left(\frac{\sum\omega}{2}t - \frac{\sum k}{2}x\right) = A(x,t)\sin\left(\frac{\sum\omega}{2}t - \frac{\sum k}{2}x\right) \tag{3.125}$$

其中，平均角频率和波数由下式计算：

$$\omega_m = \frac{\sum\omega}{2} = \frac{\omega_1 + \omega_2}{2}, \quad k_m = \frac{\sum k}{2} = \frac{k_1 + k_2}{2} \tag{3.126}$$

角频率和波数的差值分别为：

$$\Delta\omega = \omega_2 - \omega_1, \quad \Delta k = k_2 - k_1 \tag{3.127}$$

接下来我们研究因波群出现而导致的长波响应。首先，我们考虑无底摩擦条件下沿岸均匀海岸线性化短波平均的离岸动量方程：

$$\frac{\partial u}{\partial t} = -g\frac{\partial \eta}{\partial x} - \frac{1}{\rho h}\frac{\partial S_{xx}}{\partial x} \tag{3.128}$$

式中，辐射应力由下式计算：

$$S_{xx} = \frac{1}{2}\rho g A^2(x,t)(2n - 0.5) = \rho g a^2[1 + cos(\Delta\omega t - \Delta kx)](2n - 0.5) \tag{3.129}$$

其中需要用到方程（3.24），n 是群速与相位速度的比值。因此，辐射应力包含一个平均值，而以群速传播的调谐由下式计算：

$$c_g = \frac{\Delta_\omega}{\Delta_k}\bigg|_{(lim\Delta k,\Delta\omega\to 0)} = \frac{d\omega}{dk}$$

运用连续性将水平底床上的速度与波面高程联系起来：

$$\frac{\partial^2 u}{\partial x\partial t} = -\frac{1}{h}\frac{\partial^2 \eta}{\partial t^2} \tag{3.130}$$

将方程（3.128）中的 x 轴导数代入方程（3.130），得到水平底床的长度方程：

$$-\frac{\partial^2 \eta}{\partial t^2} + gh\frac{\partial^2 \eta}{\partial x^2} = (\frac{-1}{\rho}\frac{\partial^2 S_{xx}}{\partial x^2}) \tag{3.131}$$

为束缚长波引入 $\Delta\omega$ 和 Δk 周期解：

$$\eta = \hat{\eta}_b \cos(\Delta\omega t - \Delta k x) \tag{3.132}$$

将上式代入方程（3.131），得到：

$$(\Delta\omega^2 - gh\Delta k^2)\hat{\eta}_b \cos(\Delta\omega t - \Delta k x) = \Delta k^2 g a^2 (2n - 0.5)\cos(\Delta\omega t - \Delta k x) \tag{3.133}$$

由此得到束缚长波表面高程振幅（Longuet - Higgins，Stewart，1962）：

$$\hat{\eta}_b = \frac{\Delta k^2 g a^2 (2n - 0.5)}{(\Delta\omega^2 - gh\Delta k^2)} = \frac{-ga^2(2n - 0.5)}{(gh - \frac{\Delta\omega^2}{\Delta k^2})} = \frac{-ga^2(2n - 0.5)}{(gh - c_g^2)} \tag{3.134}$$

相应束缚长波速度振幅由连续性得到：

$$\hat{\eta}_b = \frac{\Delta\omega}{\Delta k}\frac{\hat{\eta}_b}{h} \tag{3.135}$$

长波与群波以一定的群速传播，束缚长波波谷与一组高短波一致，即：与波群信号成180°异相。从方程（3.134）可以明显看出，当群速 c_g 接近自由长波波速 $\sqrt{gh}$时，束缚长波振幅随着水深的减小而增大。在浅水，对水深的这种依赖性可以通过把群速表达为下式来探究（Battjes et al.，2004）：

$$c_g^2 = gh[1 - (k_m h)^2 + o(k_m h)^4], 且 k_m h \ll 1 \tag{3.136}$$

把上式代入方程（3.134），则有：

$$\hat{\eta}_{t,b} = \frac{-(2n - \frac{1}{2})ga^2}{gh(k_m h)^2} \tag{3.137}$$

对于浅水，弥散关系式为：

$$\omega_m^2 \approx g k_m \tan k_m h \approx g k_m^2 h \tag{3.138}$$

将上式代入方程（3.137），可得：

$$\hat{\eta}_{t,b} = \frac{-\left(\frac{3}{2}\right)ga^2}{\omega_m^2 h^2} \tag{3.139}$$

短波振幅深度依赖性是由（浅水）波能平衡（无耗散）决定的：

$$\frac{\mathrm{d}c_g a^2}{\mathrm{d}x} \approx \frac{\mathrm{d}\sqrt{gh}a^2}{\mathrm{d}x} = 0 \Rightarrow a^2(x) = a_0^2 h^{-\frac{1}{2}} \tag{3.140}$$

式中，a_0 代表浅水中某参数点处的短波振幅。由此，对于仅作为深度函数的束缚长波振幅，我们有以下表达式（Longuet - Higgins，Stewart，1962）：

$$\hat{\eta}_{l,b} \approx -\frac{3}{2} g a_0^2 \omega_m^{-2} h^{-\frac{5}{2}} \tag{3.141}$$

正如 Longuet - Higgins，Stewart（1962）指出的，这个公式仅适用于破波带外稍微倾斜的底床（即：波能平衡没有考虑波浪破碎）。在底部向上倾斜的情况下，浅水波群和束缚长波之间的相位滞后减小，并发生从短波到束缚长波的能量传递（van Dongeren，1997；Janssen et al.，2003）。当坡度不断增大时，能量传递被限制（Longuet－Higgins，Stewart，1964），利用方程（3.134）求平衡解不再有效。Battjes 等（2004）和 van Dongeren 等（2007）为此建立了一个相对坡度：

$$\beta_H = \frac{\mathrm{d}h/\mathrm{d}x}{\Delta k h_b} < 0.1 \tag{3.142}$$

这样，用方程（3.134）求平衡解就依然适用了（h_b 为短波破碎处的深度）。当坡度不断增大时，动量方程中应加入可估计更低受约束长重力波波高的附加项。注意，在近岸全部长重力波变化中，束缚长波仅贡献了30%，其余的与后面将要讨论的自由漏波和边缘波有关（Herbers et al.，1995）。这可以通过以下事实得到部分解释，即：一旦束缚长波在破波带被释放，它符合非强制性波能平衡方程（3.140）与弱深度依赖性 $h^{-\frac{1}{2}}$。结果，中间水深的自由长重力波能量往往决定着受约束长重力波的能量（如：Herbers et al.，1994），但不包括海滩坡度足够缓时发生的由非线性相互作用（Henderson et al.，2004；Thomson et al.，2006）和破碎导致的长波能量耗散的情况（van Dongeren et al.，2007）。

3.6.3 漏波和陷波

束缚长波与波群从深水向海岸线传播时，底床坡度的影响是永远不能忽视的。下面，我们进一步放宽条件来讨论这个问题，允许两列入射波为斜向入射。短波表面高程由下式计算：

$$\eta_s(x,y,t) = \mathrm{Re}\left[a_1 \exp i\left(\omega_1 t - \int k_{1,x} dx - k_{1,y} y\right) + a_2 \exp i\left(\omega_2 t - \int k_{2,x} dx - k_{2,y} y\right)\right] \tag{3.143}$$

其中波振幅 a_i 受浅水作用和波浪破碎的支配，可由波能方程式2.19计算得到。组合后的波面高程又可表示为一个缓慢变化的波振幅 A 的急剧振荡：

$$\eta_s(x,y,t) = Re\left[A(x,y,t)\exp i\left(\frac{\sum \omega}{2} t - \frac{\int \sum k_x dx}{2} - \frac{\sum k_y}{2} y\right)\right] \tag{3.144}$$

相应的波能为：

$$E(x,y,t) = Re\left[\frac{1}{2}\rho g A^2(x,y,t)\right] = \bar{E} + Re\,[\hat{E}\exp i(\Delta\omega t - \Delta k_y y)] \tag{3.145}$$

平均波能由下式计算：

$$\bar{E} = \frac{1}{2}\rho g(a_1^2 + a_2^2) \tag{3.146}$$

能量调谐为：

$$\hat{E} = \rho g a_1 a_2 \exp i\left(-\int \Delta k_x \mathrm{d}x\right) \tag{3.147}$$

可用于构建辐射应力：

$$S_{xx} = (n + n\cos^2\theta - 0.5)E = \bar{S}_{xx} + \mathrm{Re}\,[\hat{S}_{xx}\exp i(\Delta\omega t - \Delta k_y y)]$$

$$S_{xy} = (n\cos\theta\sin\theta)E = \bar{S}_{xy} + \mathrm{Re}\,[\hat{S}_{xy}\exp i(\Delta\omega t - \Delta k_y y)]$$

$$S_{yy} = (n + n\sin^2\theta - 0.5)E = \bar{S}_{yy} + \mathrm{Re}\,[\hat{S}_{yy}\exp i(\Delta\omega t - \Delta k_y y)] \tag{3.148}$$

其中波角 θ 对应于两个短波分量组成的平均波角。现在，波浪力可全部由辐射应力梯度来表示：

$$-F_x = \frac{\partial S_{xx}}{\partial x} + \frac{\partial S_{yx}}{\partial y}$$

$$-F_y = \frac{\partial S_{yy}}{\partial y} + \frac{\partial S_{xy}}{\partial x} \tag{3.149}$$

由此，波浪力包含一个均值部分和一个随时间变化的部分，其中前者负责平均的增水/减水（见3.5.2节）和沿岸流（见3.5.1节），后者与引发束缚长波的波群调谐密切相关，并且与波群传播同步。

对于此处所考虑的倾斜入射短波情况，束缚长波方向由下式计算得到：

$$\theta_b = \arctan\left(\frac{\Delta k_y}{\Delta k_x}\right) \tag{3.150}$$

它一般与引发束缚长波的两个短波分量的平均波向不同。对于沿岸均匀海滩，沿岸波数是恒定的，离岸波数可用线性弥散关系式进行估算：

$$\Delta k_x(x) = \int_{x_0}^{x}(k_{x,2} - k_{x,1})\,\mathrm{d}x = \int_{x_0}^{x}(k_2\cos\theta_2 - k_1\cos\theta_1)\,\mathrm{d}x \tag{3.151}$$

其中两列短波各自的入射角由斯奈尔定律（方程2.23）得到。波浪破碎时，波群调谐消失，束缚长波得以释放，短波衰减而且（部分）在海岸线被反射并以自由长重力波向深水传播（Battjes et al.，2004；van Dongeren et al.，2007）。这说明退去的自由长波方向可由下式计算：

$$\theta_f = \arctan\left(\frac{\Delta k_y}{k_{f,x}}\right) \tag{3.152}$$

其中离岸波数由（长波）弥散关系式计算得到：

$$k_{f,x} = \sqrt{\frac{\omega^2}{gh} - \Delta k_y^2} \tag{3.153}$$

举例来说，对于两列短波入射分量，在波频率分别为0.11 Hz和0.09 Hz、对应入射角分别为24.5°和15°、水深15 m的条件下，计算传入的束缚波和返回的自由长波之间的入射角，所得结果如图3.19a中所示，可见自由长重力波的折射作用明显更强，在这种情况下导致返回的自由长波被俘获（计算长波折射的Matlab代码包含在refraclong.m中）。

转折点由下式计算：

$$k_{f,x} = \sqrt{\frac{\omega^2}{gh} - \Delta k_y^2} = 90° \tag{3.154}$$

将方程（3.153）代入上式，得到：

$$h_{turning} = \frac{\Delta\omega^2}{g\Delta k_y^2} \tag{3.155}$$

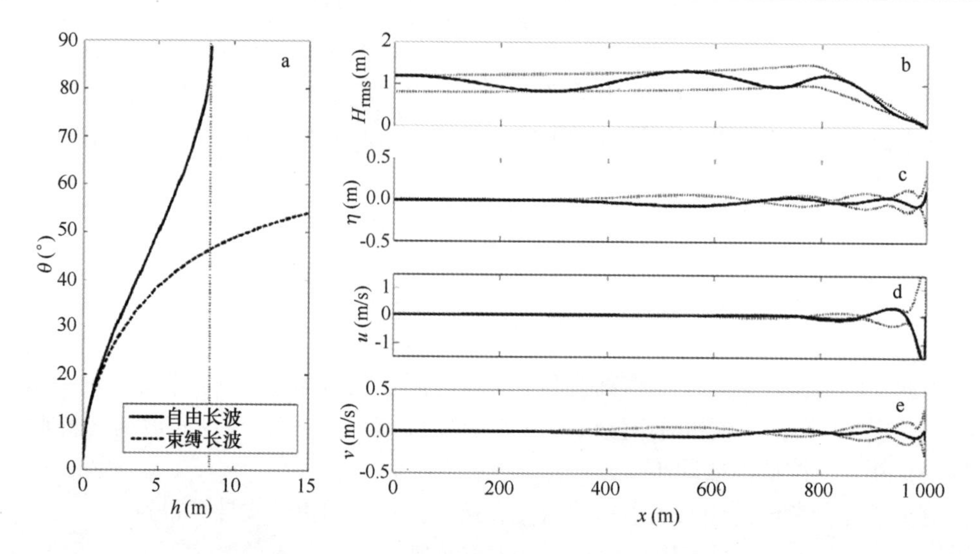

图 3.19　a：对于底床坡度为 0.015 的沿岸均匀剖面，破波带内束缚长波（虚线）释放后返回自由长波（实线）的折射俘获。转折点以点线标示。b：为近岸边界处频率分别为 $f_1=0.09$ Hz 和 $f_2=0.11$ Hz、入射角分别为 $\theta_1=15°$ 和 $\theta_2=24.5°$ 的两列短波分量进行波高调谐的快照和包络线。c：对应长波表面高程，离岸速度（d）和沿岸速度（e）。

由此可见，由于自由长重力波较强的折射作用，并不是所有反射过的长重力波都向深水传播，而是部分被折射回海岸并再次发生反射（Herbers et al.，1995）。反射回深水的长重力波称为漏波，而被俘获的称为边缘波（Ursell，1952）。当短波作用力符合边缘波弥散关系时，就会发生共振，接下来将讨论这部分内容。

3.6.4　边缘波共振

为了求解长波表面高程，现在的动量方程必须包括短波作用力和长重力波响应的沿岸变化：

$$\frac{\partial u}{\partial t}+u\frac{\partial u}{\partial x}+v\frac{\partial u}{\partial y}-\frac{\partial}{\partial x}D_h\frac{\partial u}{\partial x}-\frac{\partial}{\partial y}D_h\frac{\partial u}{\partial y}-fv+g\frac{\partial \eta}{\partial x}=\frac{F_x}{\rho h}-\frac{\tau_{bx}}{\rho h} \tag{3.156}$$

$$\frac{\partial v}{\partial t}+u\frac{\partial v}{\partial x}+v\frac{\partial u}{\partial y}-\frac{\partial}{\partial x}D_h\frac{\partial v}{\partial x}-\frac{\partial}{\partial y}D_h\frac{\partial v}{\partial y}+fv+g\frac{\partial \eta}{\partial y}=\frac{F_y}{\rho h}-\frac{\tau_{by}}{\rho h} \tag{3.157}$$

联立连续性方程：

$$\frac{\partial \eta}{\partial t}+\frac{\partial hu}{\partial x}+h\frac{\partial v}{\partial y}=0 \tag{3.158}$$

得到线性化长波方程（如：Mei，Benmoussa，1984）：

$$\frac{-1}{g}\frac{\partial^2 \eta}{\partial t^2}+h\frac{\partial^2 \eta}{\partial x^2}+\frac{dh}{dx}\frac{\partial \eta}{\partial x}+h\frac{\partial^2 \eta}{\partial y^2}=\frac{1}{\rho g}\left(\frac{\partial F_x}{\partial x}+\frac{\partial F_y}{\partial y}\right) \tag{3.159}$$

与已知方程（3.149）的右边。接下来，我们为表面高程引入周期解：

$$\eta=\mathrm{Re}\left[\hat{\eta}\exp i(\Delta\omega t-\Delta k_y y)\right] \tag{3.160}$$

其中，复数值 $\hat{\eta}$ 代表离岸变化振幅和长波相。代入长波方程，得：

$$\frac{\partial^2 \hat{\eta}}{\partial x^2} + \frac{1}{h}\frac{dh}{dx}\frac{d\hat{\eta}}{dx} + \left(\frac{\Delta\omega^2}{gh} - \Delta k_y^2 - \frac{i\Delta\omega\mu}{gh}\right)\hat{\eta} = \frac{1}{\rho gh}\left(\frac{d^2\hat{S}_{xx}}{dx^2} - i\Delta k_y\frac{d\hat{S}_{xy}}{dx} + \Delta k_y^2\hat{S}_{yy}\right) \tag{3.161}$$

式中加入了线性底摩擦项（Reniers et al.，2002）：

$$\mu = C_f\tilde{u}_{rms} \tag{3.162}$$

式中，C_f 为摩擦系数，u_{rms}为与短波相关的平均近底轨道速度。

Schaffer（1993）得到了一个坡度不变、与大陆架相连剖面的方程解析解。对于任意底部的剖面，这个受迫长波方程可以数值求解，适用于海岸线的零流量边界条件和传入束缚长波与除去自由长波混合的近海［详细内容见 Reniers 等（2002）］。对应速度可从代入长波表面高程的动量方程得到：

$$\hat{u} = \frac{-g\dfrac{\mathrm{d}\hat{\eta}}{\mathrm{d}x} - \hat{F}_x}{i\Delta\omega + \mu} \tag{3.163}$$

$$\hat{v} = \frac{ig\Delta k_y\hat{\eta} - \hat{F}_y}{i\Delta\omega + \mu} \tag{3.164}$$

下面举例说明计算长波对两列入射短波的响应，两列波的波频率分别为 0.11 Hz 和 0.09 Hz、波振幅分别为 0.1 m 和 0.5 m，入射角分别为 25°和 15°、水深 15 m，所得结果如图 3.19b 所示（计算双色短波变换和相应长波表面高程与速度的 Matlab 代码包含在 infragravity1d.m 中）。由于短波浅水作用，波能调谐呈现递减的离岸长度尺度。在破波带内，调谐随着短波破碎而消失（图 3.19b），结果长波作用力停止，束缚长波得以释放。在转折点以外，长波运动主要与（小的）渐进的束缚长波有关（c）。在转折点以内，可以观察到与俘获的长波一致的离岸伫立的长重力波，这可以从长重力波表面高程和速度包络线的反节点推断出来（图 3.19c－e）。

波能快照（图 3.20a）显示，波长约 450 m 的沿岸波能调谐，与两列短波分量之间的沿岸波数差值 $\Delta k_y = 0.038$（rad/m）相对应。同时，能量调谐入射角比入射波的平均角（与图 3.19 一致）明显大许多，即：束缚长波的入射角比驱动它的两列短波分量的更大。在转折点外边，与离岸伫立长波相关的长波表面高程显著增大，并以棋盘状沿岸移动（图 3.20b）。

现在考虑边缘波，即：被海岸俘获的自由长波（Eckart，1951），方程（3.161）的非受迫解由下面的关系方程计算：

$$\omega_e^2 = (2n_e + 1)gk_{y,e}\tan\beta_s \tag{3.165}$$

式中，n_e 是边缘波模数，β_s 是底床坡度，边缘波表面高程由下式可得（Eckart，1951）：

$$\hat{\eta} = \exp(-k_{y,e}x)L_n(2k_{y,e}x) \tag{3.166}$$

其中 L_n 是拉盖尔多项式。以沿岸边缘波数为固定值 0.02（rad/m）的边缘波在模式 0～2 之间变化时的表面高程为例，如图 3.21 所示。由图可知，对于固定的沿岸边缘波数，离岸范围随模数的增大而增大，此处模数相当于零交叉点数。

在波群作用力符合边缘波弥散方程的情况下，长重力波响应表现为共振，同时导致

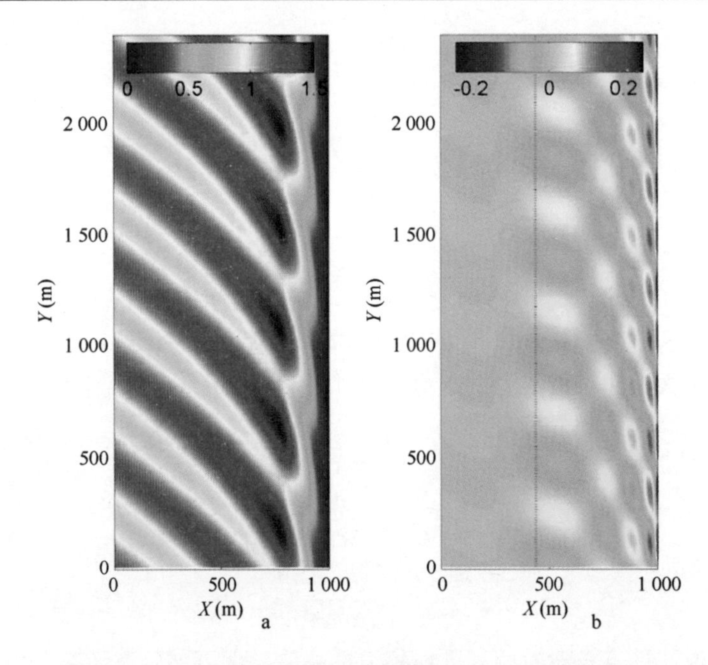

图 3.20 a：由彩条指示的被调谐波高快照，单位为 m。b：由彩条指示的相应表面高程，单位为 m。黑色虚线表示被俘获长波的转折点。

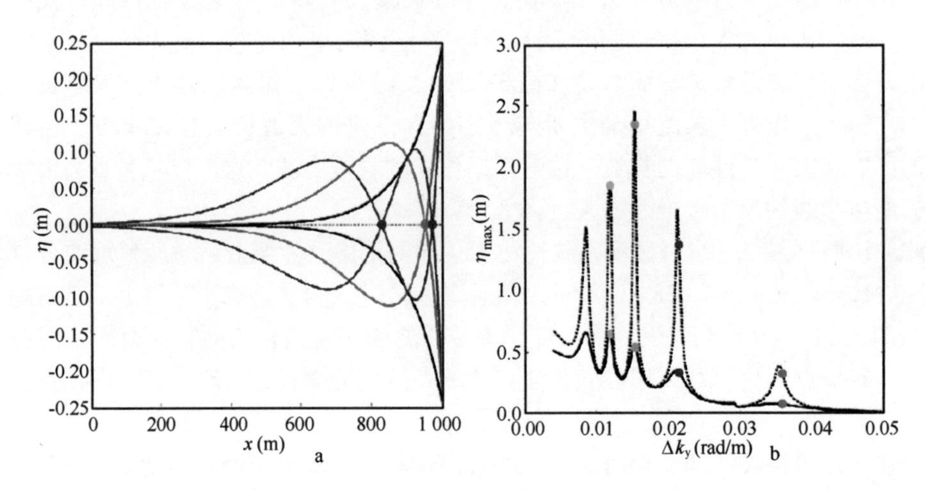

图 3.21 a：利用方程（3.166）计算的沿岸边缘波数为 0.02（rad/m）的边缘波在零模式（黑线）、第一模式（红线）和第二模式（蓝线）之间变化时的表面高程包络线。b：两列短波分量之间的波角差值不断增大时，利用方程（3.161）计算的海岸线处的最大表面高程，底摩擦系数分别为 0.01（虚线）与 0.005（实线）。基于边缘波弥散关系方程（3.165）的预期共振边缘波频率如图中点所示。

大振幅边缘波。这一点可以通过应用模型来绘制海岸线处最大表面高程（长重力波沿岸波数的函数）来研究，我们保持第一个短波分量的入射角在 15°，第二个短波分量的入射角从 15°逐步增大到 70°。长重力波响应的峰值与 Eckart（1951）给出的理论上的边缘波频率一致。这适用于小阻尼 $C_f = 0.001$ 和较大阻尼 $C_f = 0.005$ 的情况。需要注意的是响应很狭窄。这表示波群作用力肯定会获得共振响应。后者不可能发生在波浪条件连续变化导致更平滑长重力波响应的地方（如：Huntley et al.，1984；Oltman - Shay et al.，1989）。

通过考虑全频谱范围内各个方向频率分量的所有可能的相互作用，双色法可用于预测所有长重力波对定向传播短波的响应，并且在长重力波波候预测方面也相当好用（Reniers et al.，2002；Reniers et al.，2010b；MacMahan et al.，2010b）。

3.6.5 极低频运动

接下来，我们将使用相同模型来研究极低频（VLF）运动。让我们再考虑一下由两列入射波组成的双色波列，入射波频率分别为0.099 Hz 和0.101 Hz、振幅分别为0.1 m 和0.5 m、入射角度分别为12.5°和 - 12.25°，结果产生了一个沿岸缓慢传播的由转瞬即逝的裂流组成的环流图（见图3.22）。沿岸传播速度由下式决定：

$$c_{y,vlf} = \frac{\Delta\omega}{\Delta k_y} \tag{3.167}$$

当前情况下约为 - 0.4m/s。值得注意的是，VLF 运动仅发生在波浪破碎的地方，即：破波带内。

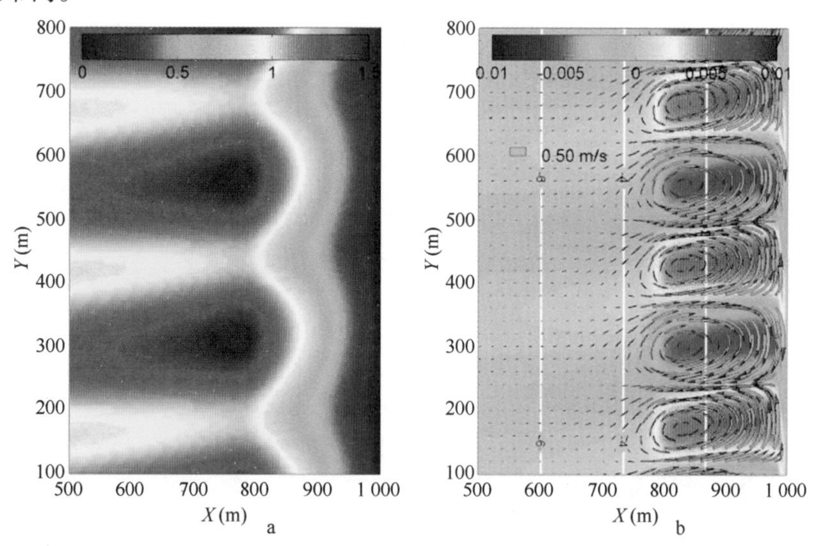

图3.22 a：由彩条指示的被调谐波高快照，单位为 m。b：由彩条指示的相应涡度场（单位：S^{-1}），它是300 s 的运输速度矢量叠加而成的，显示为包含转瞬即逝裂流的水平环流，并以 - 0.4 m/s 的速度沿岸传播。速度大小对应于箭头宽度（见左边速度比例尺）。

破波带内由波群引发的 VLF 速度响应已在实验室（Fowler，Dalrymple，1990）和现场（MacMahan et al.，2010b）得到证实（图3.23）。在现场，方向频率入射波场的存在允许更广泛的不同短波分量之间的相互作用，这造成了一个 VLFs 的能谱，尽管在

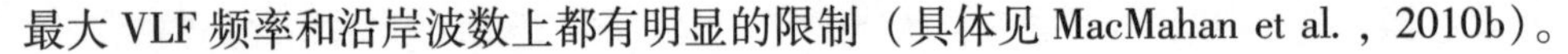

最大 VLF 频率和沿岸波数上都有明显的限制（具体见 MacMahan et al.，2010b）。

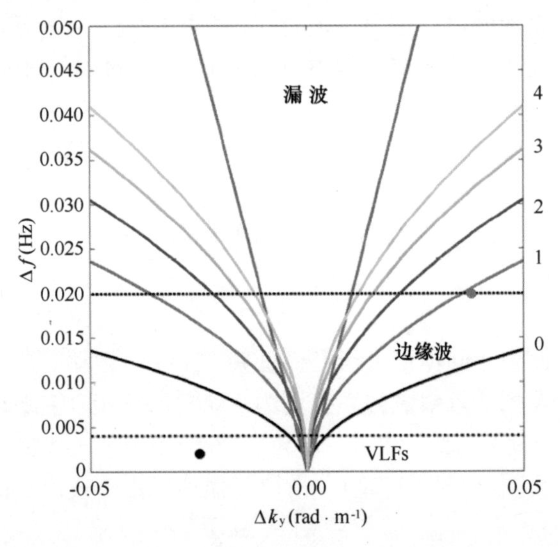

图 3.23　沿岸均匀水深条件下，由品红线包围的漏波状况和不引人注目的边缘波分散曲线（与右边的模数相对应）所组成的 $f-k_y$ 分布，其中坡度为 0.015，离岸水深为 15 m。VLF 位于 0.004 Hz 频率线以下（点划线）。$\Delta f=0.02$ Hz 时，沿岸边缘波共振数位于虚线与边缘波曲线的交点处（见图 3.21b）。可为陷波计算（见图 3.20 红点）与 VLF 计算（见图 3.22 黑点）确定位置。

VLFs 存在于 $f-k_y$ 谱的涡旋区，可定义为：

$$k_y < \frac{\omega}{\sqrt{gh}} \tag{3.168}$$

边缘波也以不引人注目的弯曲分散脊线存在于由零模式边缘波以及漏波和涡旋运动之间的边界所围成的区域内。鉴于 VLF 速度响应强烈依赖于频率差［在方程（3.163）的分母中］这一事实，小（大）的频率差对应于强（弱）的响应，它们的能量被限制在频率小于 0.004Hz（MacMahan et al.，2010b）。

为了计算任意水深 VLFs 的产生与包括波群间潜在的非线性相互作用产生的 VLFs，需要一个基于非线性浅水方程的更综合的模型，这部分内容将在 10.5 节讨论。

3.7　海流的垂向结构

在这节，我们将简要讨论沿岸潮生流、风生流与波生流的垂向结构。为简单起见，假设垂向结构不是很依赖于惯性项，由此我们只考虑（准）平稳情况。同时，在考虑大面积的无扰动流、而非海岸建筑物或其他扰动物附近海流时，假设平流项和扩散项可以忽略不计。

3.7.1　潮（或坡度）生流剖面

在潮生流或仅由水位坡度驱动海流情况下，水平动量平衡（取沿岸或 y 轴方向）

中的相关项如下所示：

$$u\frac{\partial v}{\partial x}+v\frac{\partial v}{\partial y}+\omega\frac{\partial v}{\partial z}+f_{cor}u=\frac{\partial}{\partial x}(v_h\frac{\partial v}{\partial x})+\frac{\partial}{\partial z}(v_v\frac{\partial v}{\partial z})-\frac{1}{\rho}\frac{\partial p}{\partial y}+\frac{\omega_y}{\rho} \tag{3.169}$$

利用静压假设，可得：

$$\frac{\partial}{\partial z}\left(v_v\frac{\partial v}{\partial z}\right)=g\frac{\partial\eta}{\partial y} \tag{3.170}$$

鉴于 $g\frac{\theta_\eta}{\theta_y}$ 不是 z 的函数，上式可改写为：

$$v_v\frac{\partial v}{\partial z}=-g\frac{\partial\eta}{\partial y}z \tag{3.171}$$

左边项等于剪应力除以密度，这说明剪应力从表层的零（因为此处没有作用力）至底部的 $\rho gh\frac{\theta_\eta}{\theta_y}$ 有一个线性分布。涡黏系数的典型垂向剖面是抛物线形：

$$v_v=-\kappa v_* z\frac{(h+z)}{h} \tag{3.172}$$

式中，κ 是卡曼常数，剪切速度为：

$$v_*=\sqrt{\frac{\tau}{\rho}}=\sqrt{gh\frac{\partial\eta}{\partial y}}\Rightarrow\frac{\partial\eta}{\partial y}=\frac{v_*^2}{gh} \tag{3.173}$$

将方程（3.172）与（3.173）代入（3.171），得到：

$$\frac{\partial v}{\partial z}=g\frac{\partial\eta}{\partial y}\frac{h}{\kappa v_*(h+z)}=\frac{v_*}{\kappa}\frac{1}{(h+z)} \tag{3.174}$$

然后对方程（3.174）中的 z 积分，得：

$$v=\frac{v_*}{\kappa}\ln(h+z)+C \tag{3.175}$$

通常假设在 $z=-h+z_0$ 时，v=0，我们得到对数速度分布：

$$v=\frac{v_*}{\kappa}\ln(h+z)-\frac{v_*}{\kappa}\ln(h+z_0)=\frac{v_*}{\kappa}\ln\frac{h+z}{z_0} \tag{3.176}$$

根据方程（3.176）计算的对数速度剖面如图3.24所示，其中，水深5 m，底床糙率 k_s 为0.01，深度平均速度为0.7 m/s（计算垂向剖面示例的Matlab程序是vertprotide.m）。后者通常用于计算剪切速度，且与沿岸坡度有关［方程（3.173）］。

3.7.2 风生流剖面

在缺少其他驱动机制和强水平梯度时，控制风生流垂向剖面的方程如下：

$$\frac{\partial u}{\partial t}+u\frac{\partial u}{\partial x}+v\frac{\partial u}{\partial y}+\omega\frac{\partial u}{\partial z}-f_{cor}u=\frac{\partial}{\partial y}(v_h\frac{\partial u}{\partial x})+\frac{\partial}{\partial z}(v_v\frac{\partial u}{\partial z})-g\frac{\partial\eta}{\partial x}$$

$$\frac{\partial v}{\partial t}+u\frac{\partial v}{\partial x}+v\frac{\partial v}{\partial y}+\omega\frac{\partial v}{\partial z}+f_{cor}u=\frac{\partial}{\partial x}(v_h\frac{\partial v}{\partial x})+\frac{\partial}{\partial z}(v_v\frac{\partial v}{\partial z})-g\frac{\partial\eta}{\partial y} \tag{3.177}$$

在开阔的大洋，如果额外假设水流恒定、水面水平并且垂向黏度不变，那么将导致产生著名的埃克曼螺旋线。这一点可以通过复数记法很容易地得到，此处：

$$s=u+iv \tag{3.178}$$

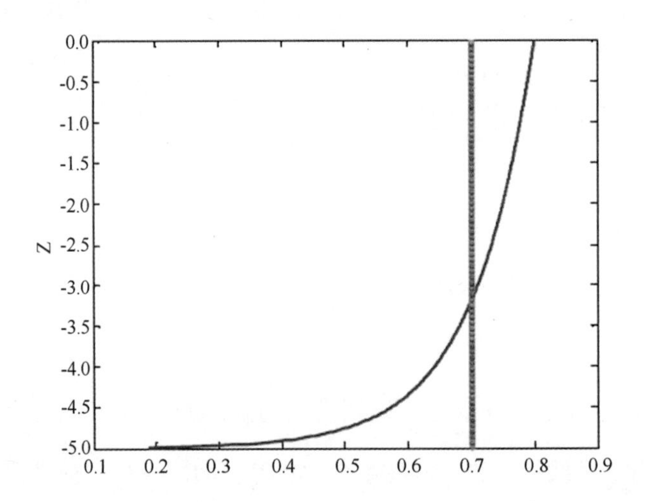

图 3.24 计算所得深度平均速度为 0.7 m/s 的垂向速度剖面图

换句话说，我们规定速度 s 为复数变量、u 是实数部分、v 是虚数部分。这样做的好处是我们可以把以上两个公式合而为一以便于求解：

$$f_{cor}s = v_t \frac{\partial^2 s}{\partial z^2} \tag{3.179}$$

解的形式为：

$$s = s_0 \exp\left[(a + bi)z\right] \tag{3.180}$$

将上式代入方程（3.179），得：

$$a = b = \frac{1}{\delta}, \delta = \sqrt{\frac{2v_t}{f_{cor}}} \tag{3.181}$$

其中边界条件为：

$$\rho v_t \frac{\partial s}{\partial z} = \tau \tag{3.182}$$

注意，剪应力也是一个复数，x 分量是实数部分，y 分量是虚数部分。我们发现埃克曼螺旋线的解是：

$$s = \frac{\tau\delta}{\rho v_t(1 + i)} \exp\left[(1 + i)\frac{z}{\delta}\right] \tag{3.183}$$

图 3.25 是利用方程（3.183）计算所得速度分布的示例，其中，沿岸风应力为 1 Pa，水深 120 m（求解速度分布并生成图的 Matlab 函数是 vertprowind. m）。

图 3.25 所示，红箭头指示风的剪应力方向，紫红色箭头代表风速分布。在北半球，科氏力使得速度方向向右偏转。在假设为深水、恒定黏度、无封闭边界时，偏转角达 45°。这些假设是理想状况，一般很难碰到，即使是在开阔的大洋，偏转角一般也不会超过 20°（如：Madsen，1978）。

沿海水深一般较浅，我们通常对 20 m 以浅的区域更感兴趣，在有封闭海岸边界时，情况将完全不同。水面不能被假定为水平的，而是在离岸（x 轴）方向有明显坡度。若保留科氏力项，我们是不可能得到解析解的，但是，我们可以毫不费力地评价沿海浅水

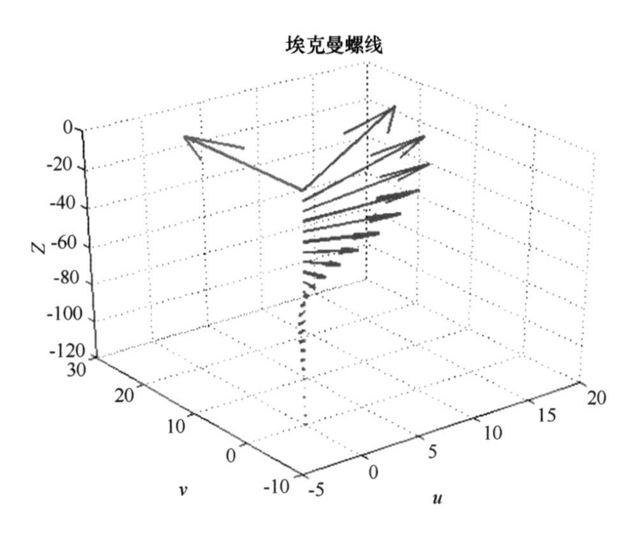

图 3.25　在北纬 51°、水深 120 m、紊流的涡黏系数保持0.02 m^2/s 不变、沿岸风应力为 1 Pa 等条件下，计算所得垂向速度分布图。

区风生流剖面中科氏力项的重要性。对于与 y 轴成一直线的封闭海岸，我们仍旧假设沿岸坡度为零，但是离岸坡度必须是这样的，即：深度平均离岸流速度变为零。考虑到我们所研究的垂向剖面与海岸之间存在一个距离 L 以及剖面和海岸之间的深度和坡度保持不变，我们可以这么做。求解方程为：

$$
\begin{aligned}
\frac{\partial u}{\partial t} &= f_{cor}v + \frac{\partial}{\partial z}(v_v \frac{\partial u}{\partial t}) - g\frac{\partial \eta}{\partial x} \\
\frac{\partial v}{\partial t} &= -f_{cor}u + \frac{\partial}{\partial z}(v_v \frac{\partial v}{\partial z}) \\
\frac{\partial \eta}{\partial t} &= \frac{2h}{L}\int_{-h}^{0} u\mathrm{d}z \\
\frac{\partial \eta}{\partial x} &= \frac{\eta}{L}
\end{aligned}
\tag{3.184}
$$

我们使用一个与前面章节中类似的抛物线形黏度剖面。尽管这些方程不是非常有效，但在数值求解时会收敛于恒定值，由此可以用于评价沿岸的科氏力作用。举例说明，我们考虑以下条件下的速度剖面：风剪应力为 1 Pa，大致相当于风速为 20 m/s，水深 20 m，风向与海岸方向的法向分别成 90°和 45°，如图 3.26 所示。

由图可见，仅在纯粹的沿岸风情况下，受到科氏力作用的离岸速度与没有受科氏力作用的明显不同，但差异很小，只有约 1 cm/s。科氏力对沿岸速度的作用在两种情况下都可以忽略不计。这为沿岸浅水区风生流剖面提供了相对简单的解析解，正如我们将在后面的章节中所见到的。

3.7.3　风生沿岸流剖面

在恒定不变、纯粹的风生沿岸流情况下，不存在沿岸压力梯度，所以，除了垂向剪

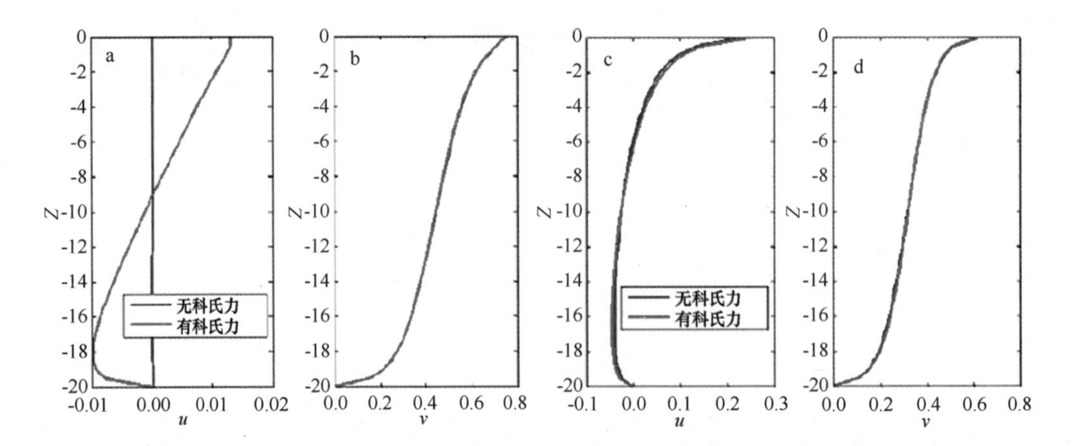

图 3.26 在水深 20 m、风速 20 m/s 的条件下，计算所得有无科氏力作用的离岸和沿岸速度剖面图。a、b：风向平行于海岸。c、d：风向与海岸方向的法向成 45°。

应力梯度，所有项都趋向于零：

$$\frac{\partial v}{\partial t} + u\frac{\partial v}{\partial x} + v\frac{\partial v}{\partial y} + \omega\frac{\partial v}{\partial z} + f_{cor}u = \frac{\partial}{\partial x}(v_h\frac{\partial v}{\partial x}) + \frac{\partial}{\partial z}(v_v\frac{\partial v}{\partial z}) - \frac{1}{\rho}\frac{\partial p}{\partial \partial y} + \frac{\omega_y}{\rho} \quad (3.185)$$

可以写为：

$$\frac{\partial}{\partial z}v_v\frac{\partial v}{\partial z} = 0 \Rightarrow v_v\frac{\partial v}{\partial z} = \frac{\tau_{wy}}{\rho} \Rightarrow \frac{\partial v}{\partial z} = \frac{\tau_{wy}}{\rho v_v} \quad (3.186)$$

从顶部到底部，垂向剪应力均匀分布。尽管垂向黏度分布可能不同于纯粹坡生流的，但使用更复杂的模型模拟后表明，它在很大程度上依然是抛物线型分布，主要是因为水面和水底的长度尺度都减小为零。因此，为方便起见，我们将保持与方程（3.172）相同的垂向黏度分布。那么，结果为：

$$\frac{\partial v}{\partial z} = -\frac{\tau_{wy}}{\rho v_* \kappa z\frac{(h+z)}{h}} = \frac{\tau_{wy}}{\rho v_* \kappa}\frac{(h+z-z)}{z(h+z)} = -\frac{\tau_{wy}}{\rho v_* \kappa}(\frac{1}{z} - \frac{1}{h+z}) \quad (3.187)$$

求积分后，得到：

$$v = \frac{\tau_{wy}}{\rho v_* \kappa}\ln(\frac{h+z}{z}) + C \quad (3.188)$$

再次假设在 $z = -h + z_0$ 时，$v = 0$，我们得到另一个对数速度分布：

$$v = \frac{\tau_{wy}}{\rho v_* \kappa}\ln(\frac{h+z}{z}) - \frac{v_*}{\kappa}\ln(\frac{z_0}{z_0 - h})$$

$$= \frac{\tau_{wy}}{\rho v_* \kappa}\ln(\frac{h+z}{z}\frac{z_0 - h}{z_0}) \quad (3.189)$$

3.7.4 风生离岸流剖面

离岸方向上，在风应力的离岸分量、底床剪应力与离岸坡度等各项之间存在一个平衡。除了这些项以外，科氏力的贡献对大陆架海流是很重要的，因为它引发了大范围的上升流和下降流，但是在沿岸浅水区，重要性相对较弱。如果坚持使用前三个力，我们将会面对底床剪应力到现在还未知的难题，因为它是（仍未知的）近底速度的函数。我们需要一个额外的条件来解决这个问题，即：深度平均离岸速度为零。另一个新增的问题就是，既然底床剪应力还不知道，我们也依然不知道垂向黏度。在此，我们假设，黏度剖面有相同的抛物线形状，并且代表性剪切速度由风剪应力所决定。

现在，我们得到如下离岸风生流剖面。我们从垂向剪应力分布开始：

$$\tau_{xz} = \tau_{\omega x} + \frac{\tau_{\omega x} - \tau_{bx}}{hz} \tag{3.190}$$

这只是简单地说明，底床剪应力（仍未知）与离岸风剪应力分量之间的剪应力呈线性变化。既然：

$$v_v \frac{\partial u}{\partial z} = \frac{\tau_{xz}}{\rho} \tag{3.191}$$

我们可以将方程（3.172）的抛物线黏度分布写成：

$$\begin{aligned}\frac{\partial u}{\partial z} &= \frac{\tau_{xz}}{\rho v_v} = -\frac{\tau_{xz}}{\rho\kappa v_* z\dfrac{(h+z)}{h}} = -\frac{\tau_{xz}}{\rho\kappa v_*}\frac{h}{z(h+z)} \\ &= -\frac{\tau_{xz}}{\rho\kappa v_*}\frac{(h+z-z)}{z(h+z)} = -\frac{\tau_{xz}}{\rho\kappa v_*}\left(\frac{1}{z} - \frac{1}{h+z}\right) \\ &= -\frac{1}{\rho\kappa v_*}\left(\frac{\tau_{\omega x}}{z} - \frac{\tau_{\omega x}}{h+z} + \frac{\tau_{\omega x} - \tau_{bx}}{h+z}\right) = -\frac{1}{\rho\kappa v_*}\left(\frac{\tau_{\omega x}}{z} - \frac{\tau_{bx}}{h+z}\right)\end{aligned} \tag{3.192}$$

这个表达式包含两项分母中有 z 的，积分后结果是一个对数函数的组合式：

$$u = -\frac{1}{\rho\kappa v_*}\left[\tau_{\omega x}\text{In}z - \tau_{bx}\text{In}(h+z) + C\right] \tag{3.193}$$

考虑底边界条件，在 $z=-h+z_0$ 时，$u=0$，我们发现：

$$u = -\frac{1}{\rho\kappa v_*}\left[\tau_{\omega x}\text{In}\left(\frac{z}{z_0-h}\right) - \tau_{bx}\text{In}\left(\frac{h+z}{z_0}\right)\right] \tag{3.194}$$

在这个表达式中，底床剪应力仍然未知。我们可以从离岸方向深度积分速度必定是0这一条件入手来解决这个问题。对方程（3.194）积分后，我们得到：

$$\begin{aligned}&\frac{1}{h}\int_{-h+z_0}^{0} u\mathrm{d}z = -\frac{1}{\rho\kappa v_*}\left[\tau_{\omega x}\text{In}\left(\frac{z}{z_0-h}\right) - \tau_{bx}\text{In}\left(\frac{h+z}{z_0}\right)\right] = \\ &-\frac{1}{\rho\kappa v_{*h}}\left[\tau_{\omega x}\left(\frac{\dfrac{z}{z_0-h}\text{In}\dfrac{z}{z_0-h} - \dfrac{z}{z_0-h}}{\dfrac{1}{z_0-h}}\right) - \tau_{bx}\left(\frac{\dfrac{h+z}{z_0}\text{In}\dfrac{h+z}{z_0} - \dfrac{z}{z_0}}{\dfrac{1}{z_0}}\right)\right]_{-h+z_0}^{0} = \\ &-\frac{1}{\rho\kappa v_{*h}}\left[\tau_{\omega x}\left(z\text{In}\frac{z}{z_0-h} - z\right) - \tau_{bx}\left((h+z)\text{In}\frac{h+z}{z_0} - z\right)\right]_{-h+z_0}^{0} = \\ &-\frac{1}{\rho\kappa v_{*h}}\left(-\tau_{bx}\left[(h)\text{In}\frac{h}{z_0}\right] - \{\tau_{\omega x}[-(z_0-h)] - \tau_{bx}[-(z_0-h)]\}\right) = \\ &-\frac{1}{\rho\kappa v_{*h}}\left[\tau_{bx}\left(1 - \text{In}\frac{h}{z_0} - \frac{z_0}{h}\right) - \tau_{\omega x}\left(1 - \frac{z_0}{h}\right)\right] \approx -\frac{1}{\rho\kappa v_{*h}}\left[\tau_{bx}\left(1 - \text{In}\frac{h}{z_0}\right) - \tau_{\omega x}\right]\end{aligned} \tag{3.195}$$

并且设定结果等于0，我们得到：

$$\tau_{bx} \simeq \frac{\tau_{\omega x}}{1 - \ln \frac{h}{z_0}} \tag{3.196}$$

这个非常简单的表达式可以帮助我们根据方程（3.192）求解离岸风生流垂向分布。

v_*值代表由沿岸流和离岸流引起的剪切速度。一个合理的近似解是由总的风剪应力决定的：

$$v_* = \sqrt{\frac{|\tau_\omega|}{\rho}} = \sqrt{\frac{\sqrt{\tau_{\omega x}^2 + \tau_{\omega y}^2}}{\rho}} \tag{3.197}$$

有了这个近似解，我们可以直接求解任意风应力矢量的沿岸速度剖面［根据方程（3.189）］和离岸速度剖面［根据方程（3.194）］，利用方程（3.196）也可得到底床剪应力的离岸分量。

上述计算过程可通过图3.27所示例子来说明，其中风剪应力与海岸法向呈45°，水深5 m，底床糙率 k_s 为0.05（Matlab代码计算程序包含在vertprowindoblique.m中）。除了计算所得垂向速度，我们也绘制了利用深度平均方法获得的平均速度图。主要差别位于剖面的上部，即：在相同底床剪应力条件下，风生流的剪应力比坡度流的高很多。就深度平均流而言，这种差别相当小。

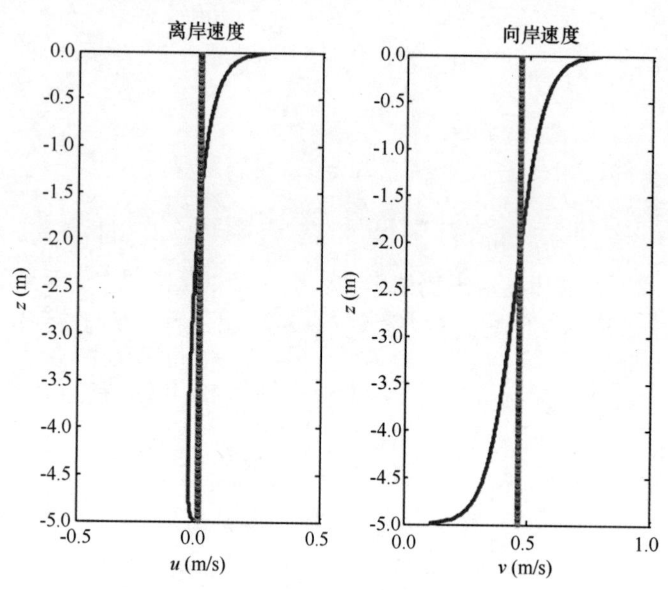

图3.27　向岸风与海岸法向成45°情况下计算的风生速度剖面。

3.7.5　波生流剖面

3.7.5.1　传统欧拉方法

对于一个非常合理的近似解，可采用与风生流一样的步骤来计算波生流剖面。作用力包括水流和深度不变的贡献，其中前者作用就像表面应力，后者仅仅修改了波浪增减水。沿岸作用力可由水流耗散计算得到：

$$\tau_{sy} = \frac{D_r}{C}\sin(\nu) \tag{3.198}$$

然后根据方程（3.189）就得到了沿岸波生流剖面。为了得到一个好的近似解，离岸作用力由下式计算：

$$\tau_{sx} = \frac{D_r}{C}\cos(\nu) \tag{3.199}$$

另外一点是波浪引起的质量通量，现在的离岸质量平衡中必须考虑进去。深度平均离岸流速由向岸质量通量来平衡，由此可得方程（3.196）的修正方程：

$$-\frac{1}{\rho\kappa v_*}\left[\tau_{bx}\left(1 - \mathrm{In}\frac{h}{z_0}\right) - \tau_{\omega x}\right] + u_{stokes} = 0\Rightarrow$$

$$\Rightarrow\tau_{bx} = \frac{\tau_{\omega x} + \rho\kappa v_* u_{stokes}}{\left(1 - \mathrm{In}\frac{h}{z_0}\right)} \tag{3.200}$$

我们可以用方程（3.194）的结果来获得离岸波生流剖面。可以预期，这一简单方法也适用于破波带。

到现在为止，我们忽略了边界层水流的作用（Longuet - Higgins，1953），这可能会导致在破波带以外近底层产生轻微的向岸速度。Reniers et al.（2004b）提出了一个垂向剖面模型，并与来自北卡罗来纳州 Duck 的现场实测数据进行了详细比较。在这个模型中，边界层水流通过包含一个改进了剪切应力分布的近底层来说明。同样，紊流黏度剖面也被修正，以备发生风生流或波生流时增加近表面黏度。在描绘观察到的沿岸与离岸方向的速度剖面方面，他们的模型已经表现出了相当的技巧，当然，这仍然可以解析求解。

3.7.5.2 通用拉格朗日平均方法

上述“欧拉”方法的一个缺点是不能把斯托克斯漂移的垂向分布考虑进去，而仅仅考虑了深度积分的斯托克斯漂移，即总质量通量。基于通用拉格朗日平均（GLM）理论，Walstra et al.（2000）在一个三维流模型中运用了一个更简单的方法，并表明在破波带内外都可以给出好的结果。在这种方法中，我们从 GLM 速度方面考虑质量和动量平衡：

$$u_L = u_E + u_{stokes} \tag{3.201}$$

在封闭海岸边界情况下，深度平均 GLM 速度为零。现在，根据 Phillips（1977），斯托克斯速度允许有垂向分布：

$$u_{stokes} = \frac{1}{2}\left(\frac{\pi H_{rms}}{L}\right)^2 C\frac{\cosh[2k(z+h)]}{[\sinh(kh)]^2}\cos(\theta) \tag{3.202}$$

在沿岸均匀情况下，水平动量平衡简化为：

$$\nu_v\frac{\partial u_L}{\partial z} = \frac{\tau_{xz}}{\rho} \tag{3.203}$$

在底部，欧拉速度一定等于0，因此，GLM 速度必定等于底部的斯托克斯漂移。从这一条件可得垂向分布如下：

$$u_L = -\frac{1}{\rho\kappa v_*}\left(\tau_{\omega x}\ln\frac{z}{z_0 - h} - \tau_{bx}\ln\frac{h + z}{z_0}\right) + u_{stokes,z=-h} \tag{3.204}$$

现在，我们可以通过强制深度平均 GLM 速度为零来计算未知的底部剪应力：

$$-\frac{1}{\rho\kappa v_*}\left[\tau_{bx}\left(1 - \ln\frac{h}{z_0}\right) - \tau_{\omega x}\right] + u_{stokes,z=-h} = 0 \Rightarrow$$

$$\tau_{bx} = \frac{\tau_{\omega x} + \rho\kappa v_*(u_{stokes,z=-h})}{(1 - \ln\frac{h}{z_0})} \tag{3.205}$$

将底床剪应力代入方程（3.204），我们就得到了 GLM 速度的垂向分布。欧拉速度可通过方程（3.201）得到，换句话说，就是从 GLM 速度分布中减去斯托克斯漂移分布。如此一来，将产生一个与用欧拉方法得到的完全不同的分布，特别是对波高与水深比更小的情况。

根据欧拉方法和 GLM 方法计算的离岸与沿岸速度分布如图 3.28 所示，给定波高 H_{rms} = 1 m，水深分别为 3 m 和 9 m（计算速度并生成图 3.28 的 Matlab 代码包含在 returnflow. m 中）。浅水情况下，两种方法得到的结果非常近似；但是在深水，结果明显不同，GLM 方法导致破波带外常见的“反斯托克斯”分布（Monismith et al.，2007；Lentz et al.，2008）。

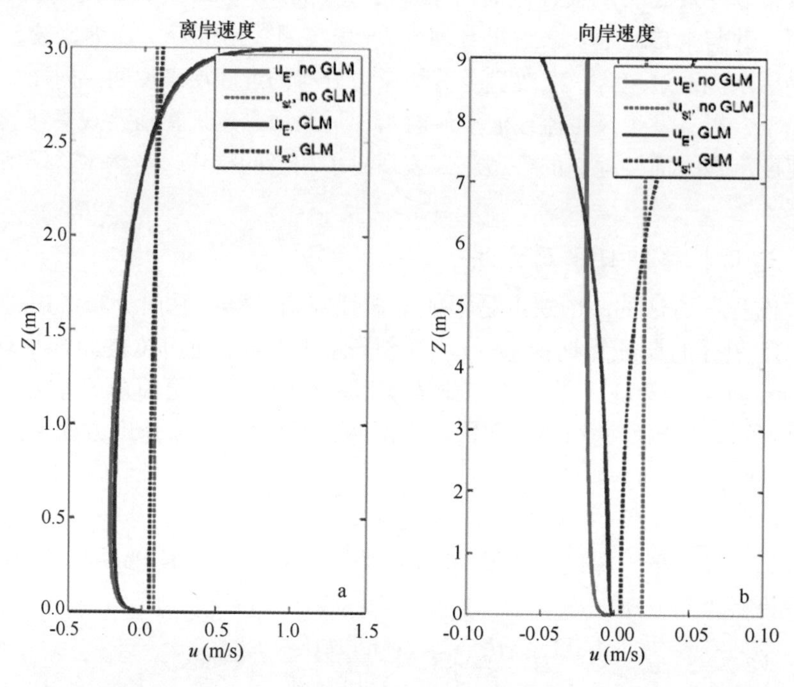

图 3.28　波高均方根为 1 m 的法向入射波分别在 3 m 与 9 m 水深条件时的波生流流速垂向分布。

3.8　非均匀海岸三维波生流

接下来将给出一个可变水深条件下三维水流的例子。Delft3D 中已做过这些计算（Lesser et al.，2004；Walstra et al.，2000），其中所用的窄带波能量方程［方程（2.19）］：

$$\frac{\partial E_\omega}{\partial t}+\frac{\partial}{\partial x}[E_\omega c_g\cos(\theta_m)]+\frac{\partial}{\partial y}[E_\omega c_g\sin(\theta_m)]=-D_\omega-D_f$$

与水滚能方程［方程（2.31）］：

$$\frac{\mathrm{d}E_r}{\mathrm{d}t}=\frac{\partial E_r}{\partial t}+\frac{\partial E_r c\cos\theta_m}{\partial x}+\frac{\partial E_r c\sin\theta_m}{\partial y}=D_\omega-D_r$$

用于计算波浪破碎相关的表面应力［方程（3.26）］

$$\tau_{sx}=\frac{D_r}{c}\cos\theta_m$$

$$\tau_{sy}=\frac{D_r}{c}\sin\theta_m$$

与相应体积力［方程（3.27）］：

$$-F_{\omega,x}=\left(\frac{\partial S_{xx}}{\partial x}+\frac{\partial S_{yx}}{\partial y}\right)+\tau_{s,x}$$

$$-F_{\omega,y}=\left(\frac{\partial S_{yy}}{\partial y}+\frac{\partial S_{xy}}{\partial x}\right)+\tau_{s,y}$$

式中辐射应力由方程（3.24）与（3.25）计算得到。下面的短波平均非线性三维浅水方程［方程（3.17）］：

$$\frac{\partial u}{\partial t}+u\frac{\partial u}{\partial x}+v\frac{\partial u}{\partial y}+\omega\frac{\partial u}{\partial z}-f_{cor}v=$$

$$\frac{\partial}{\partial x}\left(\nu_h\frac{\partial u}{\partial x}\right)+\frac{\partial}{\partial y}\left(\nu_h\frac{\partial u}{\partial y}\right)+\frac{\partial}{\partial z}\left(\nu_v\frac{\partial u}{\partial z}\right)-\frac{1}{\rho}\frac{\partial p}{\partial x}+\frac{F_{\omega,x}}{\rho h}$$

$$\frac{\partial v}{\partial t}+u\frac{\partial v}{\partial x}+v\frac{\partial v}{\partial y}+\omega\frac{\partial v}{\partial z}+f_{cor}u=$$

$$\frac{\partial}{\partial x}\left(\nu_h\frac{\partial v}{\partial x}\right)+\frac{\partial}{\partial y}\left(\nu_h\frac{\partial v}{\partial y}\right)+\frac{\partial}{\partial z}\left(\nu_v\frac{\partial v}{\partial z}\right)-\frac{1}{\rho}\frac{\partial p}{\partial y}+\frac{F_{\omega,x}}{\rho h}$$

$$\frac{\partial Uh}{\partial x}+\frac{\partial Vh}{\partial x}+\frac{\partial\eta}{\partial t}=0$$

$$p=p_a+\int_z^\eta\rho g\mathrm{d}z$$

$$\frac{\partial u}{\partial x}+\frac{\partial v}{\partial y}+\frac{\partial\omega}{\partial z}=0$$

与 $\vec{u}$ 都包含斯托克斯漂移，用于解决由 Fredsoe（1984）或 Soulsby et al.（1993）参数化定义的底摩擦以及从 $k-\varepsilon$ 模型计算的紊流涡黏系数，其中该模型包含由波浪破碎产生的紊流（Walstra et al.，2000）。

模型以波群分解模式运行，随时间变化的入射波能量是用第2.7节所述的单一累加随机相位模型方法得到的。在此，我们提出三维流场的时间平均结果，即：对许多波群平均。垂直网格间距由总水深的10%增量组成（包括潮位、平均减水/增水与长重力波高）。模型计算域为沿岸长约1 km、向海宽700 m，可见，边界远离此处提到的中心区域。离岸网格间距在离15 m岸至破波带内约5 m之间变化，而沿岸方向网格间距为固定的10 m。间距选择的原则是：

- 充分代表地形特征；
- 解决与波群相关的波与流体运动。

底摩擦系数 n（曼宁系数）、破波系数与水流耗散系数等分别设为0.02、0.45与0.1。关于建模的更多细节请见Reniers等（2009）。

此地地形特征全年呈现被裂流水道切割的与岸相连的浅滩（MacMahan et al., 2005），即：横向沙坝系统（Wright, Short, 1984）。裂流水道间距约125 m（图3.29a）。波浪破碎绝大部分发生更浅的浅滩，导致浅滩上波高较小而裂流水道中波浪较高。相对于裂流水道中的波浪，在3 m等深线附近的波浪浅水变形更明显。在值固定不变时，将预计波高与现场测量仪器观测到的相比较，结果显示能力达到0.85，即在这个位置上有85%的方差。在破波带外，与波变换相关的体积力表现为波群导致的持久离岸作用力。在破波带内，体积力比较小，并且主要与将水推向浅滩中心的波高沿岸变化相关。

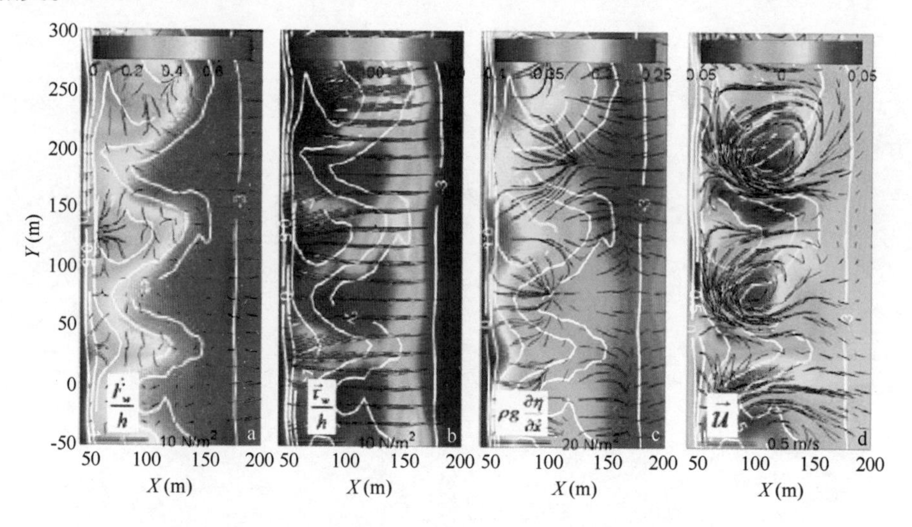

图3.29 a：波高均方根（用彩条表示，单位：m）与箭头指示的相应体积力。b：相应水滚能（用彩条表示，单位：J/m²）与箭头指示的波浪破碎相关的表面剪应力。c：平均水位（用彩条表示，单位：m）与箭头指示的相关压力梯度。d：波浪和压力梯度力共同作用导致的涡度（用彩条表示，单位：s^{-1}）、表面欧拉速度（品红色箭头）与近底欧拉速度（蓝绿色箭头）。箭头粗细对应于每张图下部所示比例尺的大小。等深线用白线表示，单位：m。

波浪在较浅的浅滩辐聚，而在较深的裂流水道发散，所以波浪变换可以清楚地反映出水下地形。由于波浪破碎主要发生在浅滩，因此浅滩边上的水滚能最高（图3.29b）。相应的表面应力与入射波方向成一直接，也说明波能在浅滩辐聚（图3.29b）。与波浪破碎相关的剪应力部分［方程（3.26）］明显主导了破波带内的体积力，再次将水推向以浅滩为中心的海岸（比较图3.29a、b）。

结果，考虑到裂流水道的位置，破波带内的平均水位在浅滩壅高。这导致了压力梯度，并把水从浅滩推向较深的裂流水道（见图3.29c），从而产生强涡旋环流（见图3.29d）。在破波带以外，与减水有关的压力梯度抵消了浅水波引起的波浪力，因而没有假流动存在。与裂流水道相反，破波带外增加的波高与导致波流相互作用的离岸定向流的存在相符（见2.9节）。

水流的垂向变化被限制在破波带内，但在破波带的外缘地带还是很显著的，因为此处的近底流一般比表层流更偏向离岸方向（图3.29d）。由此可以预料到，这将导致对悬移质搬运和推移质搬运的显著不同。

对比图3.30中的两张图可以发现，GLM流速和欧拉平均流速非常相似。破波带外部流速的放大图显示，欧拉流场（图3.30中a）往往有更强的离岸速度。沿岸速度并没有受到很大影响（正如斯托克斯漂移仅对主要向岸波向起作用），结果，与欧拉速度相比，GLM速度（图3.30b）表现出更强的旋转（即：半径更小）和有时相反的流向。这一点对漂浮物输运以及破波带与内陆架之间的物质交换都有重要影响（Reniers et al.，2009）。

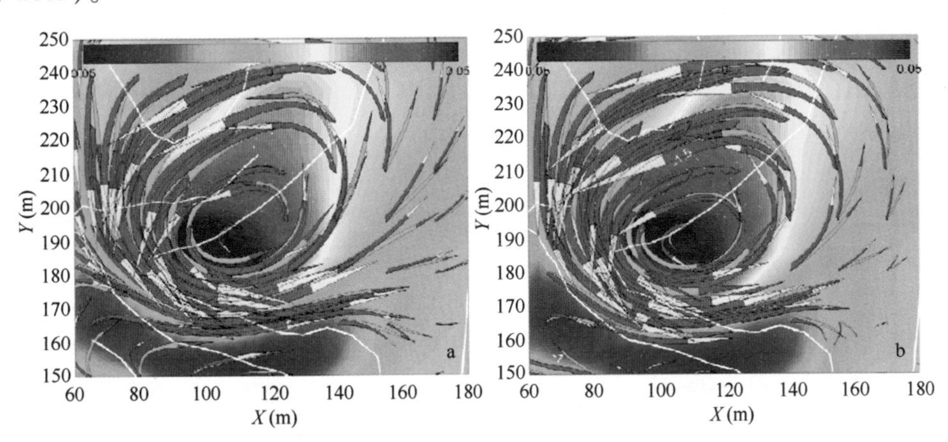

图3.30　a：涡度（用彩条表示，单位：s^{-1}）、表面欧拉速度（品红色箭头）与近底欧拉速度（蓝绿色箭头）的放大图。箭头粗细对应于图3.29d中下部所示比例尺的大小。等深线用白线表示，单位：m。b：GLM流场，其余与左图相同。

需要注意的是，将时间平均预测的表面流速与GPS漂流浮标推断的平均速度（MacMahan et al.，2010a）进行比较后，发现两者在平均表面流速和流向上的相似性较好，相似度都达到了O（0.6）。考虑到地形方面一些小误差的潜在影响（Plant et al.，2009），这样的匹配性已相当不错。

第 4 章　泥沙输移

4.1　前言

泥沙输移是波流与地貌演变之间联系的必要纽带。它是流速和往复运动的非线性函数，泥沙特性如粒径、密度、小范围底床特征等常常被归入参数“底床糙率”中。典型输移可细分为推移质输移与悬移质输移，其中前者仅仅发生在底床上，并且对当地条件的反馈几乎是即时的；后者由水流运动输送，并且需要时间或空间来挟带或沉淀。

泥沙输移的复杂性是令人难以置信的，单是研究一个特定方面，比如说，波纹基床上的横向输移或者片流层中的颗粒与颗粒之间的相互作用，就很容易花费一个人一生的时间。为了揭示泥沙输移规律进而构建可实际应用的公式，人们已经开展了大量工作，并且还将继续进行下去。对地貌学家来说，最主要的挑战在于应用尽可能多的知识，并且在我们转入地貌部分之前，没有因为考虑到我们必须弄清楚每个细节而陷入困境。即使以现在所了解的知识，我们也可以构建有用的地貌模型，因为有一些一般趋势是固定不变的，并且会导致明确的地貌影响：

（1）沙往往分布于近底流方向上；

（2）如果水流增大，输移增加指数大于 1；

（3）倾斜底床上的输移往往改行下坡；

（4）往复运动能搅起更多泥沙，因此会增加输沙量；

（5）在浅水区，波浪运动以各种方式变得不对称，这导致在波浪传播方向或其相反方向上产生一个净输移项。

在这一章，我们将描述应用于动力地貌建模的输沙模型的一般结构，并讨论各种输移机制。由于有关输移模型细节方面的书很多，如：Van Rijn（1993），Nielsen（1992），Fredsoe；Deigaard（1992），所以，本书在此不做详述。

4.2　悬沙输移

悬沙输移不同于推移质输移，因为它对潮流或波浪变化的反馈不是直接地，而是通过浓度场变化间接实现的。加速流中的含沙量一般低于平衡含沙量，这是由紊流弥散挟带泥沙并向上输移造成的，而平衡含沙量只有在恒定、均匀条件下才能达到。当水流减速或者波浪减少时，悬沙多于水流自身所能挟带的量，部分泥沙就会沉淀。因此，在得到我们感兴趣的输沙量之前，必须首先解决含沙量三维分布问题。

4.2.1　泥沙三维对流扩散方程

悬沙分布可由三维对流扩散方程计算得到：

$$\frac{\partial c}{\partial t}+u\frac{\partial c}{\partial x}+v\frac{\partial c}{\partial y}+(\omega-\omega_s)\frac{\partial c}{\partial z}-\frac{\partial}{\partial z}\left(\varepsilon_s\frac{\mathrm{d}c}{\mathrm{d}z}\right)-\frac{\partial}{\partial x}\left(\varepsilon_h\frac{\partial c}{\partial z}\right)-\frac{\partial}{\partial y}\left(\varepsilon_h\frac{\mathrm{d}c}{\mathrm{d}y}\right)=0 \quad (4.1)$$

式中，c 为含沙量，ω_s 为沉降速度，ε_s 为垂向弥散系数，ε_h 为水平弥散系数。此方程适用于各种时间和空间尺度，从复杂的内连界层模型和涡流分解波纹导致的输移到缓慢变化的潮生流、风生流或浪生流导致的输移。水平和垂向弥散系数必须反映显式数值方法无法解决的过程，并且当考虑的时空尺度更大时，两个系数也趋于更高。例如，在波纹底床上输移的非常复杂的模型中，由波纹遮挡的每个漩涡被分解开，并且输移由对流项控制；扩散项仅仅起很小的作用。如果我们采用一个更粗的方法，即用平均糙率代表波纹，那么由漩涡导致的净对流输移可表示为梯度型扩散通量。

4.2.1.1　底部边界条件

砂质底床附近，含沙量可迅速反应底床剪应力，计算近底含沙量的公式已有很多，如：Zyserman，Johnson（2002）与 Van Rijn（1984）。指定高度的参考含沙量既与粒径有关，也与底床糙率有关。正如 Lesser et al.（2004）所描述的，底床和水流之间的泥沙通量可近似为：

$$S_z=-\varepsilon_s\frac{\partial c}{\partial z}-\omega_s c \quad (4.2)$$

其中的含沙量梯度可近似为：

$$\frac{\partial c}{\partial z}\approx\frac{c(z_{ref}+\Delta z)-c_{ref}}{\Delta z} \quad (4.3)$$

当剪应力增大时，参考含沙量 c_{ref} 也增大；这将导致一个偏负的含沙量梯度，由此产生一个从底床进入水柱的正的泥沙通量；当剪应力减小时，沉降通量项将占据主导。

4.2.1.2　断面泥沙输移

对对流项和弥散项进行垂向积分可得到通过一个断面的水平泥沙通量：

$$S_{sus,x}=\int_{-h}^{\eta}cu\mathrm{d}z+\int_{-h}^{\eta}\varepsilon_h\frac{\partial c}{\partial x}\mathrm{d}z$$

$$S_{sus,y}=\int_{-h}^{\eta}cv\mathrm{d}z+\int_{-h}^{\eta}\varepsilon_h\frac{\partial c}{\partial y}\mathrm{d}z \quad (4.4)$$

注意，含沙量和速度都是随着深度和时间变化的，并且平均后仍有重要的净贡献，比如，在波浪输移情况下，我们可以把速度和含沙量分解为时间平均部分和波动部分。由此，我们得到：

$$\int_t\int_{-h}^{\eta}cu\mathrm{d}z\mathrm{d}t=\int_{-h}^{0}\bar{c}\,\bar{u}_L\mathrm{d}z+\int_t\int_{-h}^{\eta}\tilde{c}\tilde{u}\mathrm{d}z\mathrm{d}t$$

$$\int_t\int_{-h}^{\eta}cv\mathrm{d}z\mathrm{d}t=\int_{-h}^{0}\bar{c}\,\bar{v}_L\mathrm{d}z+\int_t\int_{-h}^{\eta}\tilde{c}\tilde{v}\mathrm{d}z\mathrm{d}t \quad (4.5)$$

很明显，我们有了一个平均含沙量项和波动项的贡献，其中前者是由拉格朗日平均速度输移的；后者是非零的，因为含沙量和速度时间序列是相互关联的。我们将在波偏态和非对称性一节（见4.4.1节）中进一步讨论这个问题。

4.2.1.3 平衡悬沙输移

在水深、泥沙特性和水流缓慢变化的情况下，可假设泥沙输移与水流平衡。在这样的准均质条件下，考虑泥沙输移如何取决于水流和泥沙特性，已经是非常有益的一般趋势。我们从通用的对流扩散方程就可以得到此种情况下的含沙量剖面：

$$\frac{\partial c}{\partial t}+u\frac{\partial c}{\partial x}+v\frac{\partial c}{\partial y}+(\omega-\omega_s)\frac{\partial c}{\partial z}-\frac{\partial}{\partial z}\left(\varepsilon_s\frac{dc}{dz}\right)-\frac{\partial}{\partial x}\left(\varepsilon_h\frac{\partial c}{\partial z}\right)-\frac{\partial}{\partial y}\left(\varepsilon_h\frac{dc}{dy}\right)=0 \quad (4.6)$$

忽略所有的非固定项和非均匀项，此方程可简化为：

$$\omega_s c+\varepsilon_s\frac{\partial c}{\partial z}=0 \quad (4.7)$$

通解为：

$$c(z)=c_a\exp\left[-\int_a^z\frac{\omega_s}{\varepsilon_s}dz\right] \quad (4.8)$$

如果我们假设沉降速度在z方向上保持不变，那么含沙量剖面形状与弥散系数分布有关。当弥散系数不变时，我们得到一个简单的对数分布：

$$c(z)=c_a\exp\left[-\frac{\omega_s}{\varepsilon_s}z\right] \quad (4.9)$$

对于垂向抛物线分布，我们得到著名的劳斯剖面：

$$c(z)=c_a\left(\frac{z+h}{z}\frac{a-h}{a}\right)^{-\frac{\omega_s}{\kappa u_*}} \quad (4.10)$$

细颗粒泥沙的弥散系数与紊流黏度很接近，但不相等；通常因子β_v用于代表弥散系数和紊流黏度的比值。它可能取决于沉降速度和水流条件。求解这一因子的各种经验公式已有很多，如：Van Rijn（1993）或van de Graaff（1988）。

在波流混合情况下，弥散系数的经验分布也已经有很多。Van Rijn（1993）给出了一个抛物线不变分布，即：在波浪边界层内弥散系数保持不变，而在边界层上呈抛物线分布。

在复杂的三维模型中，弥散系数是双方程紊流模型的产物，比如应用于Delft3D中的$k-\varepsilon$模型（Lesser et al.，2004）。在这种情况下，对于底部和表层由波浪引起的紊流必须加入适当的“源与汇”项，正如Walstra et al.（2000）所给出的。

4.2.2 泥沙二维对流扩散方程

在一些实际应用中，水平变化比垂向非均匀性更重要，并且深度平均方法更合理。在此情况下，我们应用深度平均对流扩散方程：

$$\frac{\partial h\bar{c}}{\partial t}+\bar{u}\frac{\partial h\bar{c}}{\partial t}+\bar{v}\frac{\partial h\bar{c}}{\partial y}-\frac{\partial}{\partial x}\left(\varepsilon_h\frac{\partial h\bar{c}}{\partial x}\right)-\frac{\partial}{\partial y}\left(\varepsilon_h\frac{\partial h\bar{c}}{\partial y}\right)=S \quad (4.11)$$

源/汇项S代表底交换，这一点必须认真考虑。Galappatti，Vreugdenhil（1985）得到了源项表达式：

$$S = \frac{h(\bar{c}_{eq} - \bar{c})}{T_s} \tag{4.12}$$

式中，$\bar{c}_{eq}$是平衡深度平均含沙量，T_s 是典型时间尺度，可表示为：

$$T_s = T_{sd}\frac{h}{\omega_s} \tag{4.13}$$

无量纲因子 T_{sd}取决于剪切速度与沉降速度的比值，在只有流的情况下可以估算得到，比如根据 Wang（1992）。对于波流相互作用与非恒定情况，Reniers et al.（2004a）基于大比例尺波流水槽实验中含沙量对短波通量变化响应的有限观测，建议 T_{sd}的简单定值约为 0.1。在此，我们建议使用一个更基于物理学但仍然比较简单的方法。先从观察 Hjelmfelt，Lenau（1970）中的解析解开始，失衡剖面往往围绕近底含沙量进行旋转。我们可以通过沉降速度乘以因子 α 来表示这一点，并且当 α 大于 1 时，降低含沙量；当 α 小于 1 时，增加含沙量。当垂向弥散系数是常数时，正如方程（4.9），我们可以把深度平均含沙量与参考含沙量联系起来，如下式：

$$\bar{c} = \frac{1}{h}\int_{-h}^{0} c\mathrm{d}z = \frac{c_a}{h}\int_{-h}^{0}\exp\left[-\frac{\alpha\omega}{\varepsilon_s}(z+h)\right]\mathrm{d}z - \frac{\varepsilon_s}{\alpha\omega}\frac{c_a}{h}\left\{\exp\left[-\frac{\alpha\omega}{\varepsilon_s}(z+h)\right]\right\}_{-h}^{0}$$

$$\approx \frac{\varepsilon_s}{\alpha\omega_s}\frac{c_a}{h} \approx \frac{1}{\alpha}\bar{c}_{eq} \Rightarrow$$

$$\alpha \approx \frac{\bar{c}_{eq}}{\bar{c}} \tag{4.14}$$

尽管不能像前面的劳斯剖面一样对含沙量进行积分，但是通过数值积分，我们发现可以大致使用相同的关系把深度平均含沙量和平衡深度平均含沙量联系起来。据此，我们就可以通过遵循上扩散通量与下扩散通量相平衡的规律来估算源/汇项 S：

$$\varepsilon_s\frac{\partial c}{\partial z} + \alpha\omega_s c_a = 0 \Rightarrow \varepsilon_s\frac{\partial c}{\partial z} + \omega_s c_a + (\alpha - 1)\omega_s c_a = 0 \Rightarrow$$

$$S_c = -\varepsilon_s\frac{\partial c}{\partial z} - \omega_s c_a = (\alpha - 1)\omega_s c_a = \left(\frac{\bar{c}_{eq}}{\bar{c}} - 1\right)\omega_s c_a \tag{4.15}$$

其中，$\bar{c}_{eq}$是 c_a 通过劳斯剖面的函数，它的大小取决于沉降速度和剪切速度的比值以及底层厚度 a 和水深 h。当 c_a 趋向于 0 时，沉积作用一定会继续；此时，wc_a 项被 $w\bar{c}$ 所取代。当泥沙从干净的底床被挟带输移时，初始含沙量设为 $\bar{c} = c_a a/h$。经过这些修正后的源项公式变为：

$$S_c = \left[\frac{\bar{c}_{eq}}{\max(\bar{c}, c_a a/h)} - 1\right]\omega_s \max(c_a, \bar{c}) \tag{4.16}$$

图 4.1 所示例子，说明了深度平均含沙量是如何适应不同初始条件达到平衡含沙量的。显然，从 0 或者低含沙量开始的适应比从高含沙量开始的更快；在第一种情况下，有紊流造成的很强的向上通量，而在第二种情况下，沉积作用受制于沉降速度。

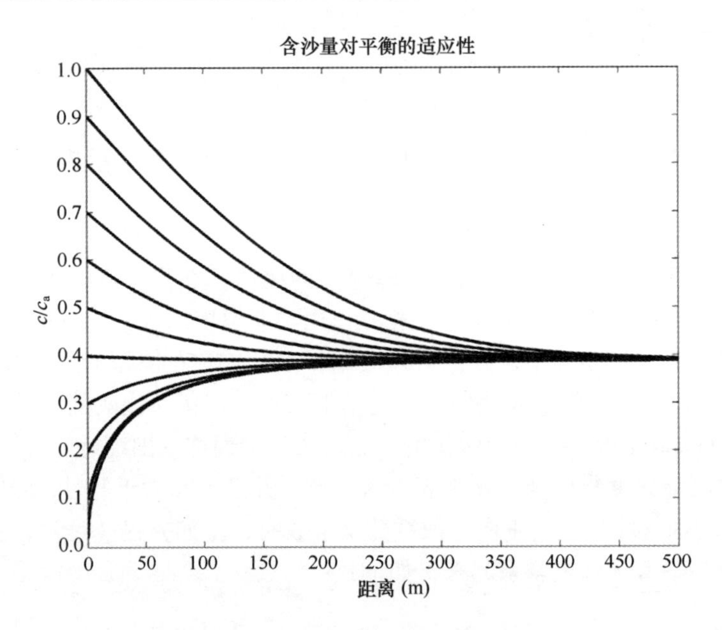

图 4.1　深度平均含沙量对平衡的适应性，$u=2$ m/s；$c=65$ $m^{1/2}/s$；$w_s=0.01$ m/s；$a=0.1$ m，$h=5$ m。

4.3　推移质和总输沙量输沙公式

4.3.1　只有海流作用

推移质输沙发生于底床之上的薄层内，可以认为是对当地水流条件的直接反应。绝大部分推移质输沙公式都包含如下概念：

- 水流作用在泥沙颗粒上的底床剪应力。它常常以无量纲形式被表示为希尔兹参数：

$$\theta = \frac{\tau}{\rho g \Delta D_{50}} \tag{4.17}$$

式中，τ 是底床剪应力，ρ 是水密度，g 是重力加速度，$\Delta = (\rho_s - \rho)/\rho$ 是相对泥沙密度，D_{50}是中值粒径。无量纲剪应力反映了上举力和重力之间的平衡，其中上举力与剪应力和颗粒表面成正比，重力与相对密度、重力加速度和颗粒体积成正比。

- 运动起始阶段的临界剪应力或临界希尔兹参数。
- 近底水流方向上的推移质输沙，是希尔兹参数（减去临界希尔兹参数）某次方的函数。
- 水流方向和横向上的底床坡度效应。
- 对于有波纹的底床，底床剪应力常常被分为形态阻力（由于波纹）和表面摩擦力（直接作用于泥沙颗粒上面），推移质输沙通常被视为只是表面摩擦力的函数。

推移质/总输沙量输移公式的一般形式如下：

$$S_b \sim \sqrt{\Delta g D_{50}^3}\theta^{b/2}(m\theta - n\theta_{cr})^{c/2}\left(1 - \alpha\frac{\partial_{zb}}{\partial s}\right) \tag{4.18}$$

此公式涵盖了许多推移质输沙公式，如 Meyer－Peter，Muller（1948）（$c=3$，$b=0$），Van Rijn（1984）（$b=0$，$c=3-4$）。系数 m 代表波纹效率因子，其大小取决于表面摩擦力与形态阻力的比值；n 可代表均粒泥沙中隐藏和暴露的因子。

4.3.2　波流相互作用

在只有海流作用的情况下，泥沙输移的计算已很困难，是高度经验性且不准确的，如果再加上波浪作用，那么情况就变得更加糟糕了。波流相互作用情况下，需要修正底床剪应力、底床波纹、泥沙流动性和输沙的近底流等。

通过修正无量纲的剪应力，努力让仅有海流作用下的推移质输沙公式适用于波流相互作用的情况（如 van de Graaff，van Overeem，1979）之后，大多数研究人员已诉诸直接建立适合于他们所能掌握的尽可能多数据的公式。最近的例子，如：Ribberink（1998），Soulsby（1997），Gonzalez－Rodriguez，Madsen（2007）et al.。由于 Soulsby（1997）的建模比较简单，而且与 Van Rijn（1993）给出的全表达式有非常相似的作用，因此，在我们大部分的示例模型中将使用这一公式。

在后面的一些例子里，我们将使用所谓的 Soulsby－van Rijn 公式（Soulsby，1997），因为它有若干令人感兴趣的特征：

- 它是一个非常简单的表达式；
- 它易于实施；
- 它与 Van Rijn 的全公式相当接近；
- 它分别考虑了推移质和悬移质；
- 它有波流相互作用；
- 它有临界速度；
- 它有底床坡度效应。

Soulsby（1997）发现了一个适合 van Rijn1993 模型数值结果的方程形式，由此发展了这个公式。此方程形式如下：

$$\begin{aligned} S_{bx} &= A_{cal}A_{sb}u\xi \\ S_{by} &= A_{cal}A_{sb}u\xi \\ S_{sx} &= A_{cal}A_{ss}v\xi \\ S_{by} &= A_{cal}A_{ss}v\xi \end{aligned} \tag{4.19}$$

式中，A_{cal}是用户自定义的校准系数，A_{sb}是一个推移质倍数因子：

$$A_{sb} = 0.05h\left(\frac{D_{50}/h}{\Delta g D_{50}}\right)^{1.2} \tag{4.20}$$

A_{ss}是悬移质倍数因子：

$$A_{sb} = 0.012D_{50}\frac{D_*^{-0.6}}{(\Delta g D_{50})^{1.2}} \tag{4.21}$$

无量纲的粒径 D_* 由下式计算得到：

$$D_* = \left[\frac{g\Delta}{v^2}\right]^{1/3} D_{50} \tag{4.22}$$

式中 v 是运动黏度。ξ 是一个通用倍数因子，它决定着输沙关系式的幂和波流的相对作用，并且包含一个临界速度：

$$\xi = \left(\sqrt{u^2 + v^2 + \frac{0.018}{C_f}U_{rms}^2} - U_{cr}\right)^{2.4} \tag{4.23}$$

此处：

$$C_f = \left[\frac{\kappa}{\ln(h/z_0) - 1}\right]^2 \tag{4.24}$$

并且：

$$U_{cr} = \begin{cases} 0.19D_{50}^{0.1}\log_{10}(4h/D_{90}), D_{50} \leqslant 0.5 \text{ mm} \\ 8.8D_{50}^{0.6}\log_{10}(4h/D_{90}), 0.5 \leqslant D_{50} \leqslant 2 \text{ mm} \end{cases} \tag{4.25}$$

均方根轨道速度 U_{rms} 可由方程 2.28 计算得到。

4.4 波浪输沙

波浪对向岸输沙和离岸输沙都有贡献。波浪驱动的向岸输移是风暴潮引起的剧烈侵蚀后海滩恢复、将沙子带回岸边的主要机制。它是夏季观测到的典型海滩剖面相对较陡的主因，也是解释中等波浪条件期间沙坝向岸迁移的必要条件。对波浪向岸输沙的主要贡献，与入射波的非线性波形、波浪边界层内由波浪引起的水流以及斯托克斯漂移密不可分。波浪离岸输沙主要与补偿流有关，它可以补偿向岸的定向斯托克斯漂移与波群和伴生（束缚）长波之间的相位耦合。下面将讨论这些机制，以显示其包含在海岸建模中的意义和方法。

4.4.1 波偏态和非对称性

正如波浪建模一章所讨论的，在浅水区，波浪破碎之前，束缚的更高次与更低次谐波都是由三波相互作用产生的。高次谐波在开始阶段与产生它们的主波同相，它们的存在导致波峰更尖、波谷更平（Stokes，1847）。Elgar，Guza（1985）提供了一个代替相应轨道速度的相对简单方式：

$$u_\infty(t) = \mathrm{Re}\left\{A_{rms}\omega\sum_{m=0}^{N}\frac{1}{2^m}\exp i[(m+1)\omega t + m\Phi]\right\} \tag{4.26}$$

其中 A_{rms} 与实测近底自由流速度有关，通过方程：

$$A_{rms} = \sigma(u_\infty)\frac{\sqrt{2}}{\omega_p}\frac{1}{\sqrt{1 + \sum_{m=1}^{m=N}\left(\frac{1}{2^m}\right)^2}} \tag{4.27}$$

将速度信号解析中的方差与所观测到的进行匹配。当 $T_p = 8$ s、$\sigma(u_\infty) = 0.5$ m/s、$N = 10$ 与 $\varphi = 0$ 时，即所有谐波同相，根据方程（4.26）计算得到的信号，是一个与斯托克斯相像的波信号（图 4.2a）。当相移为定值 90°时，就会得到一个锯齿状波形（图 4.2b）

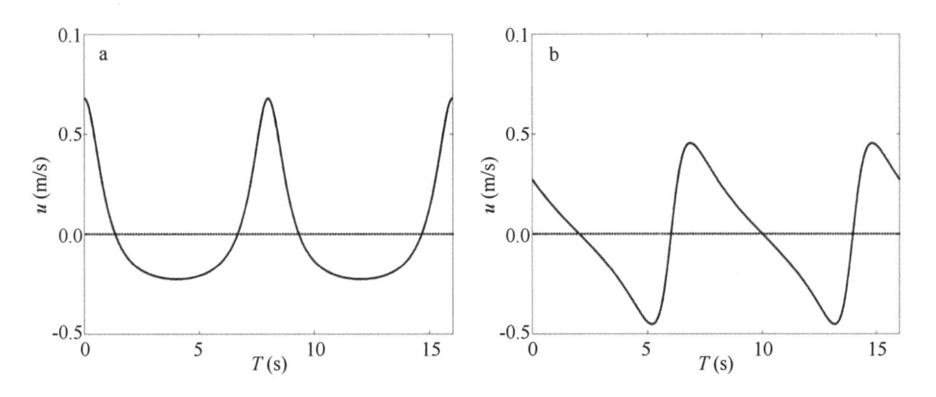

图4.2　a：当 $T_p = 8$ s，σ （u_∞） $= 0.5$ m/s，$N = 10$，$\varphi = 0$，根据方程（4.26）计算得到的与斯托克斯相像的自由流速度。b：当 $\varphi = 90°$时，得到的相似但为锯齿状的自由流速度。

在波浪边界层内，底床泥沙运动是近底速度的函数，但是速度一般只在波浪边界层外才能测得。因此，边界层外自由流速度必须转换成近底速度。这涉及信号和相移的衰减。给定近底速度，就可以计算剪应力；或者给定相应的希尔兹参数，就可以计算泥沙扰动。忽略波浪边界层内的相移，计算底床剪应力的通用表达式为：

$$\tau(t) = \rho C_f |u_\infty(t)| u_\infty(t) \tag{4.28}$$

如果剪应力超过了临界剪应力，泥沙就会进入悬浮状态，随后被水流带走。当不存在平均流量时，近底输沙与速度成比例：

$$S_{sk} = K_s u^3 \tag{4.29}$$

其中 K_s 是校准系数。三阶速度矩与波偏态密切相关：

$$S_k = \frac{\langle u^3 \rangle}{\sigma^3(u)} \tag{4.30}$$

因此，取决于波形，这会导致波浪传播方向上的净波浪平均输沙，对于斯托克斯波会有最大值（即：最大偏态），但对锯齿形波而言，则可以忽略不计（见图4.3）。这通常会在沙坝的离岸端产生最大的向岸输移，在沙坝上面产生最小输移。接下来，将会看到包括相移在内的动力变化。

先从锯齿状自由流速度信号开始（图4.3b），设定相移为定值30°（正数对应于波浪边界层内的前导速度信号），则波浪边界层内的近底速度响应（忽略衰减）为：

$$u_b(t) = \mathrm{Re}\left\{A_{rms}\omega \sum_{m=0}^{N} \frac{1}{2^m} \exp i[(m+1)\omega t + m\Phi + \varphi_\tau]\right\} \tag{4.31}$$

引入恒定相移可以把锯齿状速度信号变换成偏斜/不对称混合速度信号（图4.3b），进而导致在波浪破碎的地方产生正输沙。这种从锯齿状速度信号到更加偏斜信号的变换已得到 Henderson et al.（2004）的证明，他们在使用复杂数值模型计算不规则波条件下的输沙时，观测到边界层内近底频率相关的相移。他们的重要发现之一是近恒定相移导致从锯齿状波到部分偏斜近底速度剖面的变换。这也能解释在 Duck 94 观测到的沙坝的向岸运动（Gallagher et al.，1996）。由于揭示了频率相关的相移，因此他们的发现与

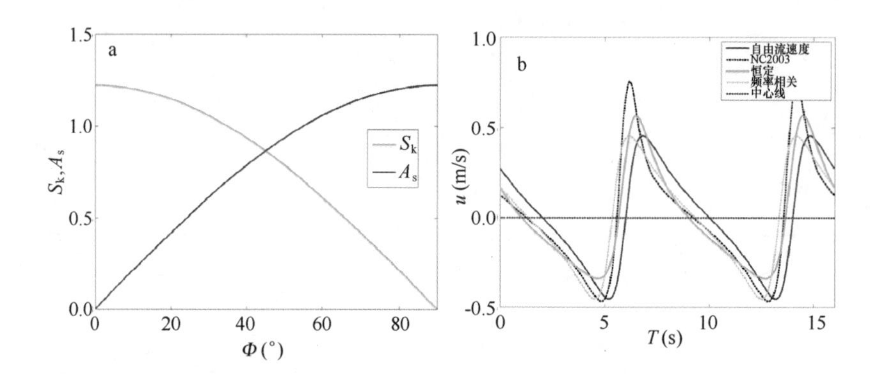

图4.3 a：根据方程（4.30）与（4.36）分别计算得到的速度偏态与非对称性，它们都是方程（4.26）中相移的函数。b：近底速度响应，分别对应于恒定相移（绿线）、频率相关相移（蓝绿虚线）、Nielsen，Callaghan（2003）（黑虚线）与作为参考的相应自由流速度（蓝线）。

现有计算波浪边界层内流速的解析近似解并不完全一致［见 Mei（1989）中 8.7.1 节］。

事实上，如果我们根据下式引入频率相关相移：

$$u_b(t) = \mathrm{Re}\left\{A_{rms}\omega\sum_{m=0}^{N}\frac{1}{2^m}\exp i[(m+1)\omega t + m\Phi + (m+1)\varphi_\tau]\right\} \tag{4.32}$$

我们得到一个与自由流速度完全相同的时间滞后的锯齿状速度剖面（见图4.3b），而后根据方程（4.30）得到的净输沙可再次忽略不计。

在波浪边界层以外，速度加速度主要与压力梯度相关：

$$\frac{\partial u}{\partial t} + u\frac{\partial u}{\partial x} + v\frac{\partial u}{\partial y} + \omega\frac{\partial u}{\partial z} - f_{cor}v = \frac{\partial}{\partial y}\left(v_h\frac{\partial u}{\partial y}\right) + \frac{\partial}{\partial z}\left(v_v\frac{\partial u}{\partial z}\right) - \frac{1}{\rho}\frac{\partial p}{\partial x} \tag{4.33}$$

因为在波浪边界层以外，科氏力项和黏滞项可忽略不计，因此，可以假设非线性项很小并且可以忽略不计，结果我们发现在水流加速度和水平压力梯度之间存在一个平衡。已有研究表明，这些波致压力梯度可导致输沙以塞式流动（Madsen，1975；Sleath，1999；Foster et al.，2006）和粗颗粒输移（Drake，Calantoni，2001；Terrile et al.，2006）的方式进行。Hoefel，Elgar（2003）借用流体加速度作为替代，含蓄地解释了压力梯度的贡献（注意：有时压力梯度可能显著偏离流体加速度）（van Thiel de Vries et al.，2008）。他们的方法是借此假设相移实际上是由方程（4.32）所描述的频率相关的形式，即自由流速度的形状保存变换到底床，正如他们使用自由流加速度来计算压力梯度诱发的输移（Hoefel，Elgar，2003）：

$$S_{as} = K_a\left\{\frac{\langle a_\infty^3\rangle}{\sigma^3(a_\infty)} - \mathrm{sgn}[\langle a_\infty^3\rangle]a_{crit}\right\} \tag{4.34}$$

并可写成波浪非对称性的函数：

$$S_{as} = K_a\{\sigma^3(a)A_s - \mathrm{sgn}[\langle a_\infty^3\rangle]a_{crit}\} \tag{4.35}$$

其中：

$$A_s = \frac{\langle a_\infty^3\rangle}{\sigma^3(a)} \tag{4.36}$$

因此，在这种情况下，波浪平均输沙再次成为了波形的函数，但是现在斜波时是零输沙，而锯齿状波形时是最大输沙（图4.3a）。

Nielsen（1992）给出了一个波形相关输沙的替代贡献，他提出不对称波浪条件下的前进波波峰处的边界层厚度比波谷处的薄，这将导致波峰处剪应力更高。这一效应已通过把加速度纳入剪应力公式而包含其中（Nielsen，Callaghan，2003）：

$$\tau = \rho c_f \left[u_\infty \cos \varphi_\tau + \frac{1}{\omega_p} \frac{\partial u_\infty}{\partial t} \sin \varphi_\tau \right]^2 \tag{4.37}$$

注意：考虑到自由流速度信号是由仅涉及径向峰值频率的简化变换导致的，相应近底速度信号不仅形状不同（见图4.3b），而且方差增大（Terrible et al.，2009）。

所以，包含相移，即不是频率相关就是频率无关，决定了偏斜/不对称波情况下具有（最大）底床剪应力，并且需要压力梯度的明确贡献以解释中等条件下沙坝的向岸运动。由于缺乏动态底床上波浪边界层内存在流速的直接证据，从这一点看表达式是最合适的。

需要注意的是，由于含沙量与波流动力都具有垂向结构，因此，还存在额外的复杂性，上面介绍的定量分析仅仅适用于平坦底床上的近底响应。在存在波纹或细颗粒泥沙时，这种垂向变化导致输沙方向实际上可能与波浪方向相反（如：Ribberink，Chen，1993；Janssen et al.，1998）。其结果是，各种波形相关的输移贡献需要有一个校准系数（见7.2节）。

同样需要注意的是，在上面介绍的解析表达式中，高次谐波的振幅并不依赖于当地条件，而实际上取决于当地波高、波周期、水深和波生成条件（如：Eldeberky，Battjes，1995；Beji，Battjes，1993）。通过波内建模可以较好地预测可变地形上的非线性振幅与相位的演变［如Dingemans（1997）与其中的参考文献］（图4.4）。

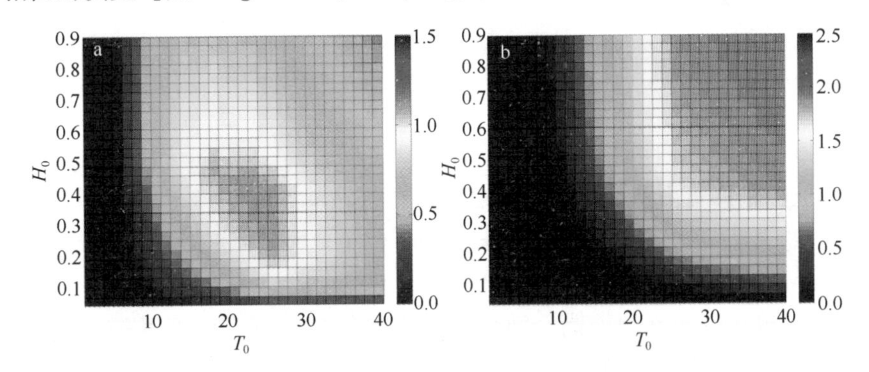

图4.4　结合作为归一化波高和波周期函数［方程（4.39）］的实证相移［方程（4.38）］，采用流函数理论计算得到的近底速度偏态。右图：类似的相应不对称性。

如果没有波内演变模型，可以采用van Thiel de Vries（2009）概述的方法，即：用流函数理论计算较高频率的权重（如：Rienecker，Fenton，1981），用经验公式估算相位（如：Ruessink，van Rijn，2011）：

$$\Phi = \frac{\pi}{2} - \frac{\pi}{2}\tanh(0.64/U_r^{0.60}) \tag{4.38}$$

其中厄塞尔数 $U_r = \frac{3}{8}\frac{kH}{(kh)^3}$。对大范围的波浪条件进行计算时，定义无量纲波高和无量纲波周期为：

$$H_0 = \frac{H}{h}, T_0 = T\sqrt{\frac{g}{h}} \tag{4.39}$$

相应的近底速度偏态与不对称性可制成图表（图 4.5）。给定当地波高、波周期和水深，就可以很容易地得到 S_k 与 A_s。以单沙坝型海岸上峰值周期为 8s 的法向入射波为例进行说明，波浪变换由波能平衡方程（2.19）计算得到（图 4.5a）。

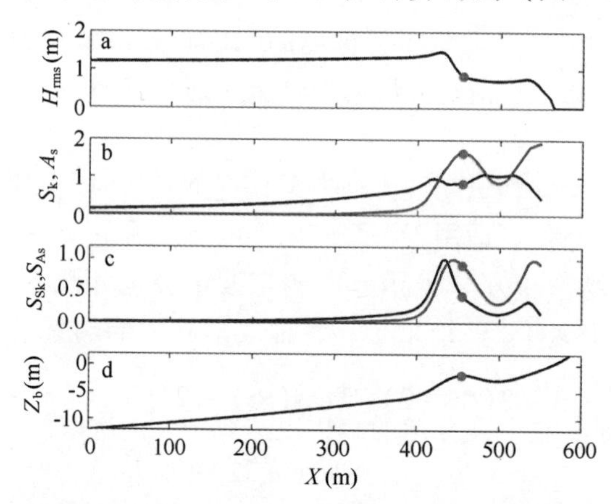

图 4.5　a：横向波高分布。b：从图表数据（见图 4.4）得到的相应 S_k（蓝线）与 A_s（红线）。c：偏态（蓝线）与不对称性相关（红线）的输沙（由它们各个最大值归一化）。d：单沙坝底部剖面和用绿点标示的坝顶位置

给定速度偏态与不对称性，与偏态［方程（4.29）］和不对称性［方程（4.35）］相关的相应波内输移可由下面两个方程分别求得（图 4.5）：

$$S_{sk} = K_s\langle u^3\rangle = K_s S_k \sigma^3(u) = K_s S_k u_{rms}^3 \tag{4.40}$$

$$S_{as} = K_a[\sigma(a)A_s - \mathrm{sgn}(A_s)a_{crit}] \cong K_a[\omega_p u_{rms} A_s - \mathrm{sgn}(A_s)a_{crit}] \tag{4.41}$$

其中 u_{rms} 可在已知当地波高、波周期和水深等条件下利用线性波理论计算得到。结果与 Elgar et al.（1997）的发现相符，即：波偏态与相应输沙的最大值位于近岸的沙坝顶端（图 4.5b、c 图），而不对称性和相应输沙的最大值则是位于沙坝顶端附近位置。

4.4.2　斯托克斯漂移

正如在 3.2.3 节中所讨论的，波浪的存在也会导致波浪传播方向上的质量通量。所有表面漂浮物与水中的悬浮物一样，都受到斯托克斯漂移的影响。但是，它强烈地信赖于被输移颗粒的惯性。惯性小的悬浮颗粒遵循往复运动（如悬浮细颗粒），并被波浪诱

发的斯托克斯漂移所输移。粗颗粒泥沙更易受到重力的影响，（完全）不遵循水质点路径，更靠近底床，因此很少受到斯托克斯漂移的影响。斯托克斯漂移对向岸输沙率的贡献很重要，与波偏态导致的输沙具有类似的重要性（Henderson et al.，2004；Ruessink et al.，2007）。

4.4.3　稳流

正如前面所介绍的，由底摩擦引起的边界层内波能的耗散会导致在波浪传播方向上产生一个净作用力（Longuet－Higgins，1953）。这使得在波浪传播方向上存在一个波浪平均稳流，下面通过考虑水平底床上调和单向波在 x 方向上的传播进行说明。在这种情形下，横向波浪平均动量方程简化为：

$$\frac{\partial\bar{u}}{\partial t}+\bar{u}\frac{\partial\bar{u}}{\partial x}+\bar{v}\frac{\partial\bar{u}}{\partial y}+\bar{\omega}\frac{\partial\bar{u}}{\partial z}-f_{cor}\bar{v}=\frac{\partial}{\partial x}v_h\frac{\partial\bar{u}}{\partial x}+\frac{\partial}{\partial y}v_h\frac{\partial\bar{u}}{\partial y}+\frac{\partial}{\partial z}v_v\frac{\partial\bar{u}}{\partial z}-\frac{1}{\rho}\frac{\partial\bar{p}}{\partial x}+\frac{\omega_x}{\rho} \tag{4.42}$$

其中：

$$\frac{\omega_x}{\rho}=\frac{\partial\langle u\omega\rangle}{\partial z} \tag{4.43}$$

当涡黏系数恒定时，时间平均波浪雷诺应力可由方程（3.33）计算得到。对方程（4.42）进行垂向积分就得到了近底稳流（Longuet－Higgins，1953）：

$$\bar{u}(z)=\frac{\omega^2a^2k}{4\sinh^2kh}[3-2(\beta z+2)e^{-\beta z}\cos(\beta z)-2(\beta z-1)e^{-\beta z}\sin(\beta z)+e^{-2\beta z}] \tag{4.44}$$

由于涡黏系数在任何地方都是定值，因此，尽管作用力被局限于波浪边界层，稳流在内部流中也存在（图 4.6）。而基于时间和水深变化的涡黏系数公式请见 Trowbridge 和 Madsen（1984）。

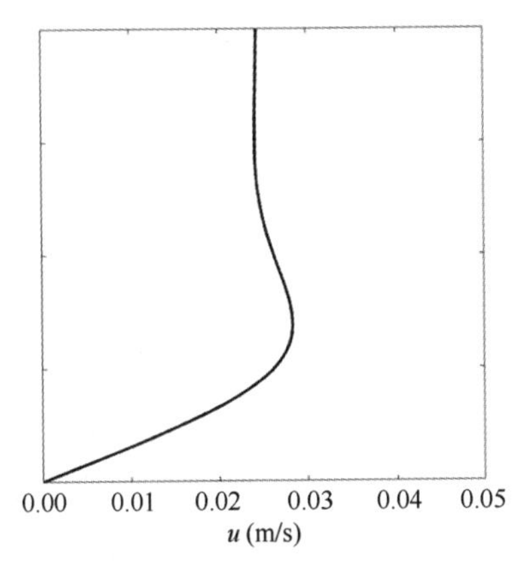

图 4.6　由方程（4.44）计算得到的振幅 $a=0.4$ m、$T=6$ s、水深 5 m 处的规则波平均稳流速度

近底悬浮物受到斯托克斯漂移和欧拉边界层稳流的双重影响。尽管相应的速度很小，但是在较长的持续时间内，波浪方向上的持续通量会导致显著输移潜力（如：

Ruessink et al.，2007）。注意，鉴于波浪是在沙滩斜坡上开始破碎，由摩擦引起的波浪边界层内的波浪力被更大的压力梯度驱动的补偿流抵消（见4.5节）。因此，稳流仅与非破碎波浪有关。

4.4.4 波群引起的束缚长波

波场中的随机性特征体现在波群的存在上（2.7和3.6节）。为了求得与波群引起的长波相关的输沙，我们考虑一个在单沙坝剖面离岸边界处 H_{rms} 为1 m、T_p 为6 s的法向入射波波场（图4.7a）。波浪变换还是由波能平衡方程（2.19）计算得到。来自Sand（1982）的参数化就允许用一个简单①的方法来计算相应（受约束）长波响应：

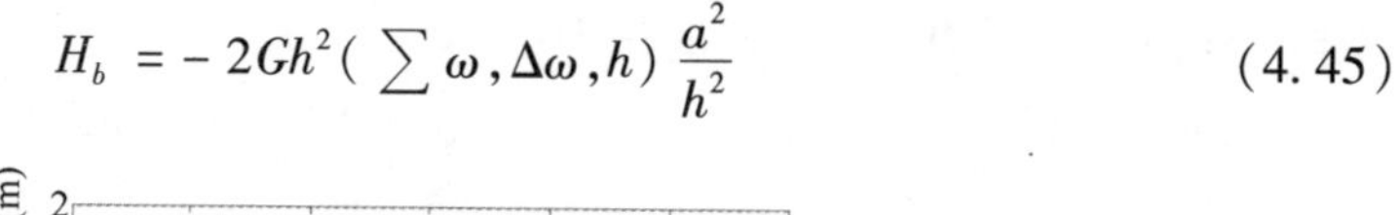

$$H_b = -2Gh^2(\sum\omega, \Delta\omega, h)\frac{a^2}{h^2} \tag{4.45}$$

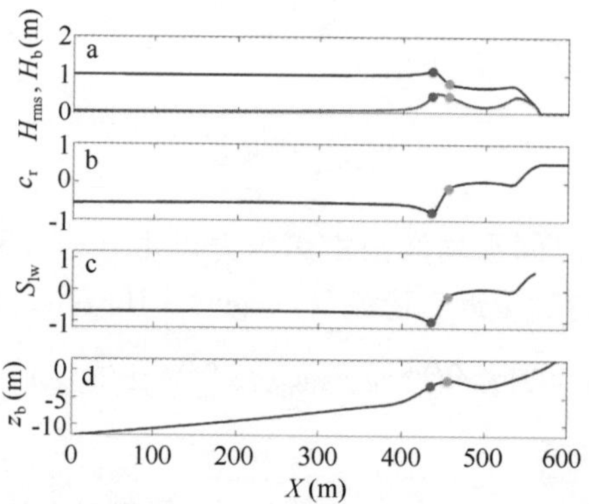

图4.7 a：峰值周期为6s的法向入射波的横向均方根波高分布（蓝线）与由方程（4.45）求得的相应长波响应。b：自方程（4.47）得到的相应相关系数 c_r。c：按最大绝对值标定的 S_{lw}。d：单沙坝底部剖面与坝顶位置（绿点）以及最大入射波高位置（红点）。

其中传递函数 Gh^2 根据Sand（1982）求得，a^2 代表由两列频率不同但振幅相同的入射波组成的短波方差，可由下式计算得到（Roelvink，Stive，1989）：

$$\frac{1}{8}H_{rms}^2(x) = a^2(x) + \frac{1}{8}H_b^2(x) \tag{4.46}$$

式中，H_{rms} 代表入射波与长重力波的组合波高。注意，对于浅水波，如果没有约束，H_b 将大得不切实际。设置频率差为峰值频率的1/5、频率总和为峰值频率的两倍，束缚长波波高可由方程（4.45）和（4.46）计算得到。求得的束缚长重力波波高显示在波浪破碎前迅速增大。注意，尽管求得的长重力波方差可能与观测值非常符合，但是正如Roelvink，Stive（1989）所展示的，它不一定是必然②的入射波群。为了解释这一点，基于Roelvink，Stive（1989）的研究结果，可用下面的经验函数来估算由波群和长

① 更复杂的方法在3.6节和10.5节中讨论。

② 意味着波群和长波之间存在180°的相移。

波之间的相位滞后 φ 所表示的相位耦合：

$$\phi = \pi c_r = \pi\left(0.5 - 0.9\frac{H^2_{rms,x}}{H^2_{rms,0}}\right) \tag{4.47}$$

一旦求得长波振幅和相位滞后，就可以构建横向任意点处的瞬时表面高程（图 4.8a）：

$$\eta = \eta_s + \eta_l = a(x)\cos(\omega_1 t) + a(x)\cos(\omega_2 t) + 0.5H_b(x)\cos(\Delta\omega t + c_r\pi) \tag{4.48}$$

其中单个径向频率由下式求得：

$$\omega_1 = \omega_p - \frac{\Delta\omega}{2}$$

$$\omega_2 = \omega_p + \frac{\Delta\omega}{2} \tag{4.49}$$

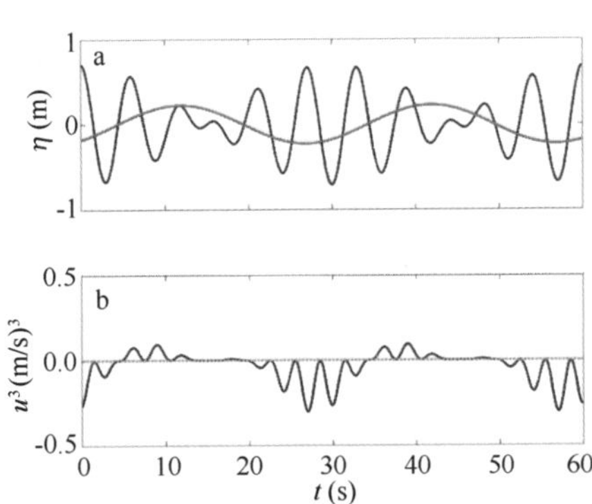

图 4.8　a：H_{rms}最大处双色波表面高程（蓝线）和相应长波（红线）。b：入射波和长波组合的近底速度信号的相应瞬时第三阶矩（蓝线）。

为了计算与长波相关的输沙，我们考虑由入射波和长波组合的波浪运动所组成的相应速度信号：

$$u(x,t) = u_s(x) + u_l(x) = \hat{u}_1(x)\cos(\omega_1 t) + \hat{u}_2(x)\cos(\omega_2 t) + \hat{u}_b(x)\cos[\Delta\omega t + c_r(x)\pi] \tag{4.50}$$

其中近底入射速度振幅根据线性波理论计算。考虑到立方速度矩是一个替代参数，束缚长波净输沙贡献（波群平均）正比于：

$$S_{l\omega} = \langle u^3 \rangle \tag{4.51}$$

鉴于波群内的高波比低波搅动更多的泥沙（图 4.8b），净输沙方向（波群平均）离岸时，c_r 小于 0；向岸时，c_r 大于 0。结果，净输沙通常是离岸方向的，并且在沙坝顶端最大，而向岸输沙仅在靠近海岸线时才出现（图 4.7）。假设已知横向相耦合的长波输沙分布和下部剖面，效果一般是沙坝的离岸迁移和衰减（Roelvink，1993）。

需要注意的是，自由长波对输沙也有贡献，但是，因为自由长波与入射波并不耦合，因此没有优先的净输沙方向，这种输沙行为或多或少是作为扩散算子限制沙坝生长

(Roelvink, 1993; Reniers et al., 2004a)。对自由长波而言，包含长波底部边界层的流动的确会导致净输沙（Holman, Bowen, 1982），但是在量级上一般小于束缚长波输沙。

4.5 补偿流

破波带内由于波浪破碎导致的向岸质量输移需要反向离岸以维持质量平衡。这一点可以通过室内窄波浪水槽很容易地想象到，水槽地形上没有沿岸变化，波相关质量通量仅能在垂向上得到补偿（水平方向上的质量通量补偿将在下一节中讨论）。这一质量通量补偿导致破波带内的速度分布呈近似抛物线，水柱的低端有最大离岸速度，表层的则较小或者甚至向岸（见3.7.4节）。

在破波带以外，最大离岸方向速度一般接近表层（Lentz et al., 2008）。这些类型的分布在实验室（Roelvink, Reniers, 1995）和现场（如：Garcez Faria et al., 2000; Reniers et al., 2004b）都已观测到。

高能条件下，与平均补偿流相关的输沙对造成沙丘侵蚀的总输沙的贡献最显著(Steetzel, 1993; van Thiel de Vries et al., 2008)。风暴潮期间，它在沙坝形成过程中所起的作用与图4.9所示类似，根据实测平均含沙量分布与平均补偿流速度，可以求得与补偿流相关的输沙：

$$\bar{S}_x = \int_{z=-h}^{z=0} \bar{u} \cdot \bar{c} \mathrm{d}z \tag{4.52}$$

与从试验1B中观测到的水深变化推导出的输沙率相比（图4.9a），可以发现，波浪破碎最强烈的坝顶附近的输沙的确是平均流贡献占主导（图4.9b）。在远离沙坝的地方，同长波一样，与入射波偏态和不对称性相关的其他输沙分量变得很重要甚至占据主导地位，这解释了为什么推导的向岸方向的输沙率可以是正的，即使补偿流相关的输沙一直是离岸方向的（图4.9b）。

一个共同的观测发现是补偿流速度往往在坝顶向岸处最大，使得输沙率与下部底床剖面之间产生一个相移。导致这种向岸移动的物理机制还不是很清楚，一般归咎于破碎延迟，即：波浪因底部剖面局部变化而破碎需要的时间（Roelvink et al., 1995）。这是一种除了水流过渡以外的效应（见2.6.3节）。

破碎延迟可以从几个方面来介绍。Roelvink等（1995）在波浪变换中引入了延迟水深，由波浪破碎导致的耗散可通过一个加权深度来计算：

$$h_d(x) = \frac{\int_{x-\lambda}^{x} [\lambda - (x - \xi)] h(\xi) \mathrm{d}\xi}{\int_{x-\lambda}^{x} [\lambda - (x - \xi)] \mathrm{d}\xi} \tag{4.53}$$

积分距离一般约为1倍的（当地）波高。波浪或者水流相关的质量通量可能延迟（Reniers et al., 2004a）从而使得最大补偿流速度位于波谷。Dronen和Deigaard（2007）和van Rijn和Wijnberg（1996）提出了具有相同效果的替代表达式。

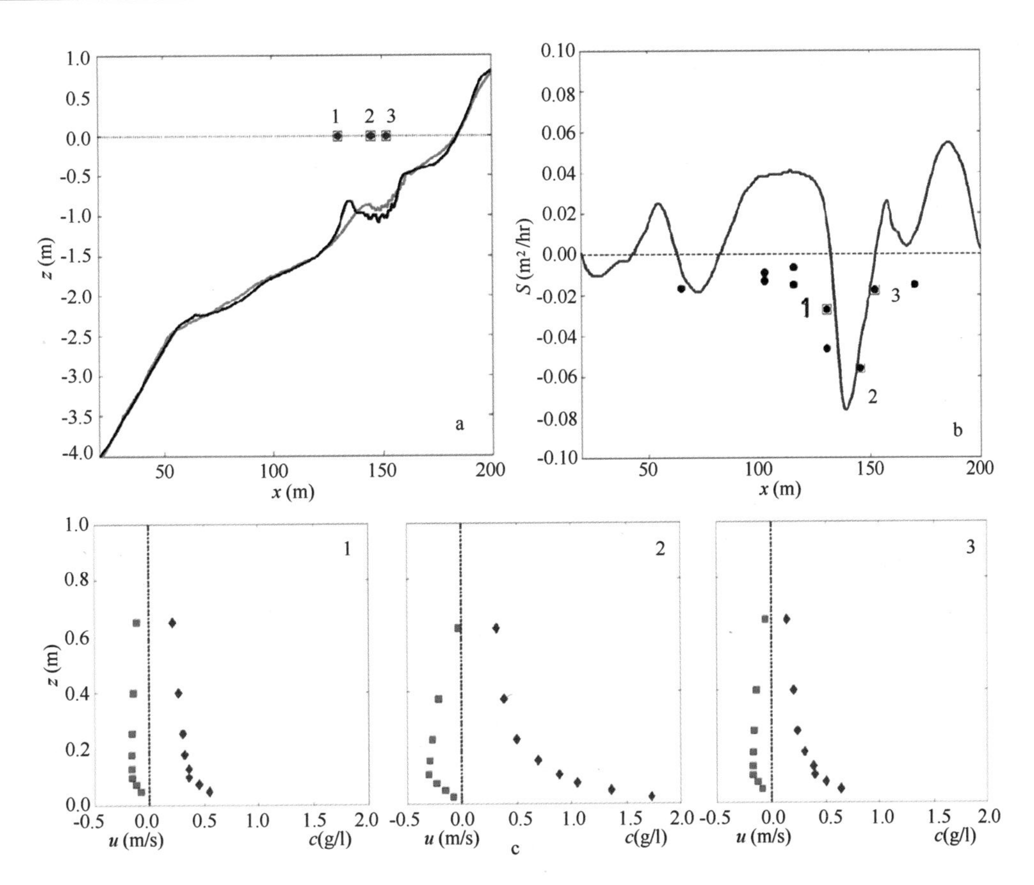

图 4.9　剖面演化（a，绿线为起始剖面，黑线为最终剖面）和根据 LIP11D 实验中的 1B 测试（Roelvink，Reneirs，1995）推导的输沙率（b 中蓝线）。c 所示为坝顶中心附近（a 中所示位置编号）实测每小时的平均补偿流速度（红方形）和相应平均含沙量（蓝菱形）。根据方程（4.52）计算得到的输沙率（b 中黑点）与推导的输沙率之间的比较（b）。

4.6　裂流循环单元

当破波带地形沿岸剧烈变化时，波相关质量通量补偿主要通过裂流循环发生在水平方向上，这与 4.5 节中讨论的发生在沿岸均匀海岸和实验室水槽中的垂向补偿形成对照。特别是对法向入射波更是如此。由于缺少强离岸方向压力梯度（见 3.8 节中图 3.29），浅滩上的向岸流速与裂流水道内离岸方向（裂）流速具有相似阶数（如：MacMahan et al.，2010b），但比均匀海岸观测到的补偿流速度明显大很多。与平均流相关的横向输沙量在水道内呈离岸方向、在浅滩上呈向岸方向，与沿岸均匀海岸相比，在相似入射波条件下前者更大。这一点的重要结果是，与裂流水道相交叉、最初离岸的沙坝可迅速与海岸线合并形成横向沙坝。

可以预计，类似响应在沿岸有限长度内存在滨面养护时也会有，此时向岸流将养护沙向岸推，使朝向岸线的养护快速发展。这些滨面养护的效率是沿岸长度、沿岸间距的函数，也是波候的函数，当入射角减小时，向岸发展增加（即：法向入射波的最大向岸运动）（Koster，2006）。

后者是与这一事实相关联的，即：水流更加趋向沿岸方向时将使得，沿岸中断沙坝/浅滩的不断延伸（Dronen，Deigaard，2007；Smit，2010）。持续的沿岸流，如潮流，导致产生连贯的沿岸蜿蜒沙坝，这正如沿着许多海岸所观察到的（van Enckevort，Ruessink，2003）。持续的横向流不规则地间隔裂流水道也是正常现象（Ranasinghe et al.，2000；Orzech et al.，2010）。

第 5 章　地貌过程

5.1　前言

在本章，我们将解决一些决定沿海地区特点的典型地貌过程。

5.2　原理

5.2.1　底床形态传播

地貌特征是不断变化的底部与导致这些变化的输沙之间强烈的相互作用。有时，这导致一个传播特性，如水流中的底部扰动情况；有时，是由底部变化输移的响应产生的一个更扩散的特性，如海岸线特征情况。在很多情况下，波、流、输沙和底部变化的组合系统趋向于平衡。

底床高程 z_b 变化的控制方程是：

$$(1 - \varepsilon)\frac{\partial z_b}{\partial t} + \frac{\partial S_{bx}}{\partial x} + \frac{\partial S_{by}}{\partial y} = D - E \tag{5.1}$$

式中，ε 为孔隙度，S_{bx} 和 S_{by} 是 x 方向与 y 方向上的推移质输沙，D 是悬沙沉积速率，E 是悬沙侵蚀速率。很多时候，在地貌模型中，并没有区分推移质输沙和悬移质输沙，这种情况下方程可简化为：

$$(1 - \varepsilon)\frac{\partial z_b}{\partial t} + \frac{\partial S_x}{\partial x} + \frac{\partial S_y}{\partial y} = 0 \tag{5.2}$$

其中 S_x 和 S_y 分别是 x 方向与 y 方向上的输沙。

当我们观察这个方程时，首先会发现，输沙梯度为正，则导致侵蚀；换句话说，增加输移方向上的输沙会导致侵蚀，而减少输沙则导致淤积。这一点通过以下事实很容易解释，当梯度为正时，离开某个控制区域的泥沙比进入的多。

另外重要的一点是，强输沙本身并不导致侵蚀或淤积，而仅仅是输沙中的梯度造成的。当然，梯度一般与输沙量值成比例，所以，不是说量值不重要，而是我们经常发现海洋中大量输沙的稳定状况。

首先要阐明的是底部变化与输沙如何相互作用，让我们考虑水道中驼峰状扰动的情况。我们假设输沙与速度幂成正比，那么这个简单的输沙公式为：

$$S_x = au^b \tag{5.3}$$

如果驼峰扰动跨水道是均匀的，我们可以大大简化这种情况下的流体动力，因为速度直接取决于单位宽度流量 q_x 和水深 h：

$$u = \frac{q_x}{h} \tag{5.4}$$

将上面最后两个方程进行合并，我们得到一个简单的输沙表达式：

$$S_x = a\left(\frac{q_x}{h}\right)^b = aq_x^b h^{-b} \tag{5.5}$$

其中输沙仅是水深的函数，因为沿水道的系数和流量是恒定的。由于驼峰上存在加速流量，我们假定水位降低很小，水深可近似为 $h = -z_b$，那么一维输沙平衡方程可写为：

$$(1-\varepsilon)\frac{\partial h}{\partial t} - \frac{\partial S_x}{\partial x} = 0 \tag{5.6}$$

鉴于输沙仅是水深 h 的函数，我们可将输沙梯度写成：

$$\frac{\partial S_x}{\partial x} = \frac{\partial S_x}{\partial h}\frac{\partial h}{\partial x} = -baq_x^b h^{b-1}\frac{\partial h}{\partial x} = \frac{-bS_x}{h}\frac{\partial h}{\partial x} \tag{5.7}$$

将上面最后两个方程合并，可得：

$$\frac{\partial h}{\partial t} + \frac{bS_x}{h(1-\varepsilon)}\frac{\partial h}{\partial x} = 0 \tag{5.8}$$

可见，现在我们有了一个简单的波浪方程，其中的速率或特征速度等于：

$$c_x = \frac{bS_x}{h(1-\varepsilon)} \tag{5.9}$$

这描述了底床形态的传播，并且传播速度与输沙公式中的输沙率和幂成正比，与底部深度成反比。采用特征法可以很容易地得到这种情况的解：为了得到某个时间的剖面，我们简单地应用一个水平位移，它等于所经时间乘以驼峰上每个点的速度：

$$x(h,t) = x(h,t_0) + c_x(h)(t-t_0) \tag{5.10}$$

因为驼峰顶部的速度将会比它底部的大，驼峰也会变形，并变陡，如图 5.1 所示。一段时间后，驼峰发展成陡峭的前缘，然后特征法就失效了，因为它将导致一个悬垂的

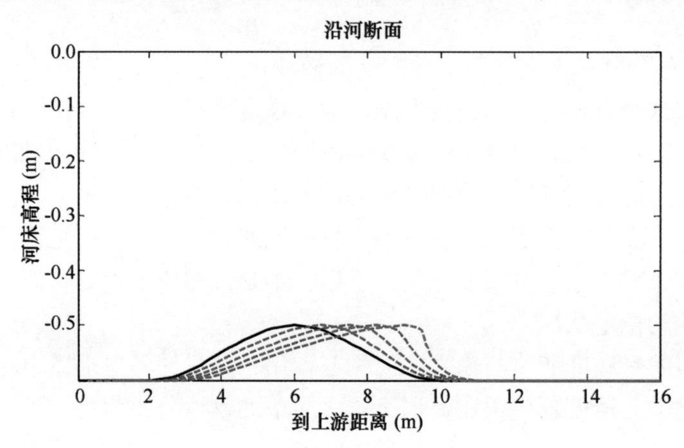

图 5.1　用特征法解析解得到的河道中驼峰的传播

前缘。当然，这在现实中可通过“坍塌”避免。这一特点对数模很重要：首先，底床速度决定在数值方法时选择的时间步长；其次，数值方法必须能处理陡峭前缘。

由图5.2可知，相同方法可应用于底部洼地，它可看做是跨河的疏浚沟槽。在此，我们看到在现场经常观察到的典型表现，沟槽向下游迁移，同时上游坡变陡成前缘，下游坡展平。

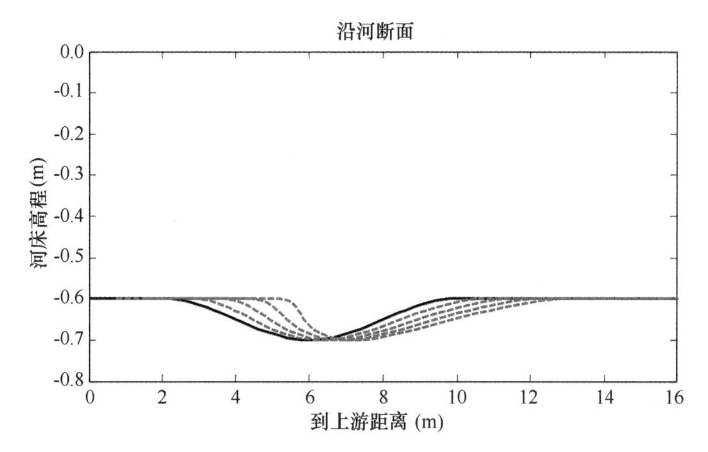

图5.2　用特征法解析解得到的河道中底部洼地的传播

5.2.2　平衡深度

如果流态主要是由地貌形态造成的，如靠近海岸建筑物或汉道口的情况，那么，结合一个简单的输沙公式考虑泥沙平衡时，我们首先会想到水道平衡深度。

下面，我们考虑图5.3所示两流线之间的流动和输移。平衡状况下，深度和宽度积分的流量和输沙量是恒定的，因此：

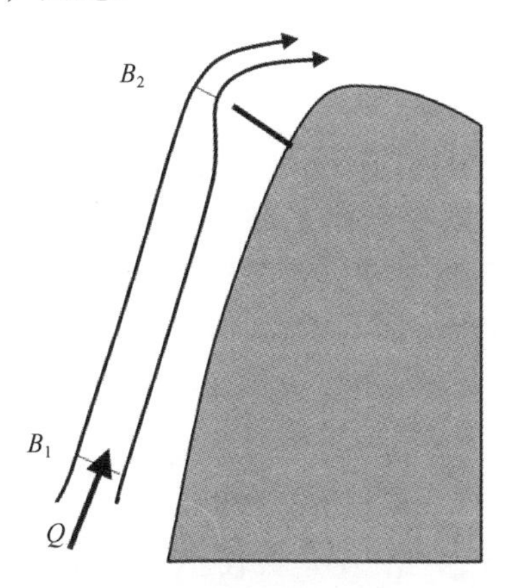

图5.3　障碍物附近流动收缩的示例

$$B_2 u_2 h_2 = B_1 u_1 h_1 \tag{5.11}$$

$$B_2 S_2 = B_1 S_1 \Rightarrow B_2 u_2^b = B_1 u_1^b \tag{5.12}$$

$$\frac{h_2}{h_1} = \frac{B_1 u_1}{B_2 u_2} = \frac{B_1 u_1}{B_2 \left(\frac{B_1}{B_2}\right)^{1/b} u_1} = \left(\frac{B_1}{B_2}\right)^{1-1/b} \tag{5.13}$$

5.3 开阔海岸

开阔（砂质）海岸主要是由波浪和波生流塑造的。波浪持续不断地改变着横向剖面的形状。风暴期间的破坏性最强，可以看到沙丘因侵蚀而产生壮观的陡崖，房屋和海滨度假区也都被水淹没。风暴过后，海滩能慢慢恢复，通常一个良好海滩剖面是围绕着平衡形状而变化的（如 Dean，1973）。接下来我们将讨论剖面形态变化的地貌机制。近岸地形的横向剖面特点在沿岸均匀海岸和沿岸变化显著海岸上存在区别。

波生沿岸流沿海岸输沙；在此沿岸输沙过程中存在梯度，导致泥沙平衡发生结构性变化，从长远来看，海滩就可能堆积或侵蚀。将要讨论的典型例子是河口三角洲和毗邻防波堤的岸线变化。

5.3.1 横向剖面特征

5.3.1.1 与沙坝相关的动力条件

在一个有沿岸沙坝的海岸，横向底部剖面对入射波的响应可近似预测，在侵蚀性条件下，沙坝离岸传播；而在中等波浪条件下，沙坝向岸传播。这是与波流相关的向岸和离岸输移贡献之间横向平衡的结果（如：Roelvink，Stive，1989；Roelvink，Broker，1993；Thornton et al.，1996；Hoefel，Elgar，2003；Henderson et al.，2004；Ruessink et al.，2007）。有些底部输沙过程已在 4.3 节讨论过，包括波偏态和不对称性、边界层效应、稳流、束缚长重力波和平均流贡献。所有这些过程是入射波条件及其与底部剖面相互作用的函数。因为连续变化的离岸波浪条件一般发生在一个比海滩地貌响应时间尺度更快的时间尺度上，所以，底部剖面从未与强制条件平衡。

5.3.1.2 沙坝的产生和传播

尽管沙坝到处都有，但是对它们产生、传播和消亡的潜在机制还是不清楚。沙坝特性的一个关键参数是输沙模式和底层剖面之间的相移。正的，即向岸，相移允许沙坝在传播时发育。零相移仅导致传播，而负相移导致沙坝的消亡。这些效应可以很容易地用简化假设予以证明，对起伏底床：

$$h = h_0 + \mathrm{Re}[h_1 \exp(ikx - i\omega t)] \tag{5.14}$$

其中 h_0 是未扰动水深，h_1 是底床异常的振幅，输沙与当地水深成正比（图 5.4a）：

$$S = -S_0 + \alpha h_1 \mathrm{Re}[\exp(ikx - i\omega t - i\varphi)] \tag{5.15}$$

式中，S_0 是平均离岸方向输沙，α 是在较小（较大）深度增加（减少）离岸输沙的比例系数（图 5.4b）。由频率 ω 和波数 k 所表示的底床和输沙在时间和空间上都可以调和变化。我们也允许频率为复数，以同时代表传播和时间上的发育或消亡，但是保持波数为实数，因此没有空间上的发育或消亡。输沙模式和底床之间的相移由 φ 表示。接下去，底床高程变化由泥沙平衡方程式可得：

$$\frac{\partial z_b}{\partial t}+\frac{\partial S}{\partial x}=-\frac{\partial h}{\partial t}+\frac{\partial S}{\partial x}=0 \tag{5.16}$$

把水深方程（5.14）和输沙方程（5.15）代入泥沙平衡方程式（5.16），可得以下频率和底床起伏波数之间的表达式：

$$i\omega h_1\exp(ikx-i\omega t)=-i\alpha kh_1\exp(ikx-i\omega t-i\varphi) \tag{5.17}$$

并可简化为：

$$\omega=-\alpha k\exp(-i\varphi) \tag{5.18}$$

将上式代入水深方程式（5.14），底床演化由下式可得：

$$h=h_0+\mathrm{Re}\{h_1\exp[ikx+i\alpha k\exp(-i\varphi)t]\} \tag{5.19}$$

对于零相移，$\varphi=0$，频率是实数，形状不变的底床特征在负 x 方向上的传播可修正为：

$$h=h_0+\mathrm{Re}[h_1\exp(ikx+i\alpha kt)] \tag{5.20}$$

如图 5.4 中 a 图所示为任意时间间隔 $t-t_0$ 后的传播，其中 t_0 对应起始时间。

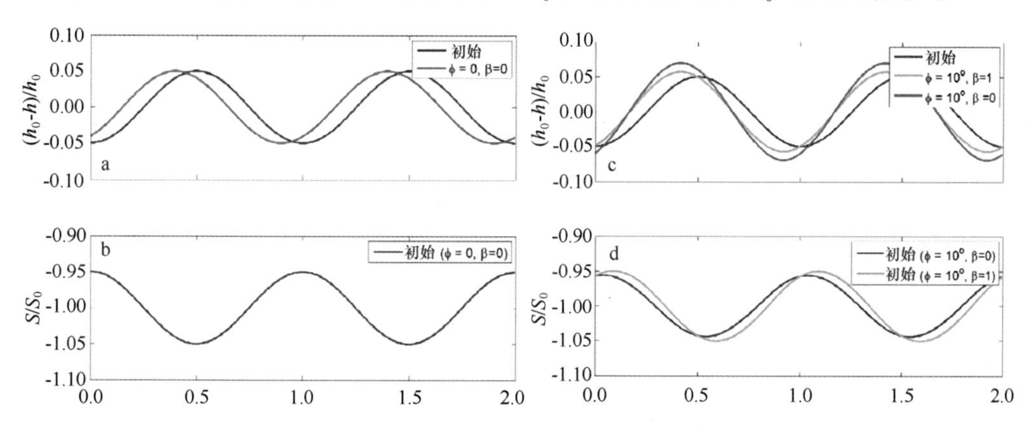

图 5.4　a：在输移相位滞后为 0°且没有底床坡度相关输沙时，起始标准化底床异常（蓝线）和 $t-t_0$ 时间间隔后的底床演化（红线），它们是标准化距离和不规则波长 L 的函数。b：零相位滞后的起始标准输沙。c：在输移相位滞后为 10°且没有底床坡度相关输沙（红线）或有底床坡度输沙（绿线）时，起始标准底床异常（蓝线）与 $t-t_0$ 时间间隔后的底床演化（红线）。d：在输移相位滞后为 10°且没有底床坡度相关输沙（蓝线）或有底床坡度相关输沙（绿线）时，起始标准输沙。

引入一个正相移替代底层的底部剖面输沙模式（比较图 5.4b、d），那么频率现在由一个复数和实数组成，可得底床演化的表达式为：

$$h=h_0+\mathrm{Re}\{h_1\exp[ikx+i\alpha k\exp(-i\varphi)t]\} \tag{5.21}$$

也可写为：

$$h=h_0+\mathrm{Re}[h_1\exp(ikx)\exp(i\alpha k\cos\varphi t)\exp(\alpha k\sin\varphi t)] \tag{5.22}$$

对应于增长并传播中的底床特征（见图 5.4c）。底床起伏的增长率可由方程（5.22）右边第三指数项的自变量（即 $\alpha k\sin\varphi$）得出，它是波数的函数。注意，对于负相位滞后，即 $-180°<\varphi<0°$，指数函数的自变量成为负值，所有起伏是衰减的。还

需要注意的是，传播方向是相位滞后的函数，在相位滞后为比较大的正值时，即 $\varphi > 90°$，不断增长的底床起伏是向岸传播的。当 φ 为正值时，最短波数的增长率最大。如果没有衰减，这将导致底床振幅无限制的增长，这与现实情况是不符的。但是，当底床剖面变得更加起伏时，底床坡度相关的输沙也更加重要，短尺度的起伏不断衰减，正如接下去将要讨论的。

5.3.2 底床坡度相关输沙

输沙方程加入一个底床坡度相关项可扩展为：

$$S = -S_0 + \alpha h_1 \mathrm{Re}[\exp(ikx - i\omega t - i\varphi)] + \beta \frac{\partial h}{\partial x} \tag{5.23}$$

式中 β 也是一个比例系数。将方程（5.14）代入上式，可得如下输沙表达式：

$$S = -S_0 + \alpha h_1 \mathrm{Re}[\exp(ikx - i\omega t - i\varphi)] + \beta h_1 \mathrm{Re}[ik\exp(ikx - i\omega t)] \tag{5.24}$$

坡度相关输沙的这种加法运算使得下坡输沙增加时，上坡输沙则会相应减少（比较图 5.4 中 D 图的绿线和蓝线）。把扩展的输沙表达式代入泥沙平衡方程（5.16），得到：

$$\omega = -\alpha k\exp(i\varphi) - i\beta k^2 \tag{5.25}$$

与底床演化方程：

$$h = h_0 + \mathrm{Re}[h_1 \exp(ikx)\exp(i\alpha k \cos\varphi t)\exp(k \sin\varphi t)\exp(-\beta k^2 t)] \tag{5.26}$$

其中 $\exp(-\beta k^2 t)$ 现在降低了较长波长情况下底床起伏的增长率（比较图 5.4c 中的红线与绿线），并且抑制了短尺度扰动的增长，此时 $\beta k^2 > k \sin\varphi$。

沙坝海岸的长期特性常常表现为沙坝的向海循环，如图 5.5 所示，新发育的沙坝向岸线靠近，离岸沙坝则随时间慢慢消亡。这种循环－时间随海岸位置不同而变化，陡峭海滩的时间尺度较短，如美国北卡罗来纳州的 Duck 海滩，约为 2 年（如：Plant et al.，1999）；中等坡度海滩的时间尺度较长，如荷兰 Egmond 海滩，约为 12 年（Wijnberg，2002）。这些时间尺度最可能与离岸作用条件和沙坝的沙量有关，厚实沙坝对入射波作用的响应比单薄沙坝的慢许多（van Enckevort，Ruessink，2003；Smit et al.，2005）。在年周期内，受入射波条件季节性和短期风暴尺度变化的影响，沙坝位置和形状通常也会有显著变化（Plant et al.，1999）。

沙坝循环特性后面的机制可以通过考虑改变沙坝剖面所必需的输沙分布来研究。从 Bakker，De Vroeg（1988）给出的沙坝剖面开始：

$$z_{b,mean} = z_r - A(x - x_r)^b \tag{5.27}$$

且：

$$z_b = z_{b,mean} - z_{b,anomaly} = z_{b,mean} - A_b\exp\left[-\left(\frac{x - x_b}{R_b}\right)^2\right]\cos(k_b x - \omega_b t + \varphi_b) \tag{5.28}$$

所需参数值见表 5.1，其中 $k_b = \frac{2\pi}{L_b}$，$\omega_b = \frac{2\pi}{T_b}$。在距岸线约 120 m 外，剖面呈明显的沙坝－凹槽特征，最高处于距岸线约 120 m 处（见图 5.6）。

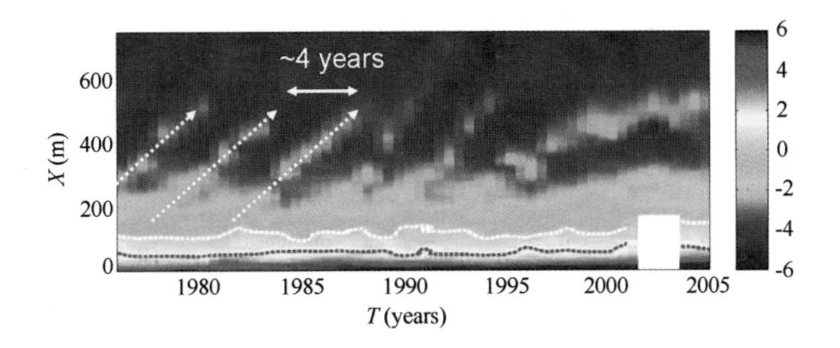

图5.5 根据每年两次的 Jarkus 剖面测量得到的荷兰 Noordwijk 沙坝演化观测。1999 年之后的沙坝异常响应与养护有关。白色虚线表示大致岸线，品红色虚线代表沙丘底脚位置。

表5.1 底部剖面方程5.23－5.24的参数设置

z_r	A_b	x_b	R_b	L_b	φ_b	A	b	T_b
6 m	2 m	150 m	50 m	100 m	$-\pi/4$	1.4	0.38	4yr

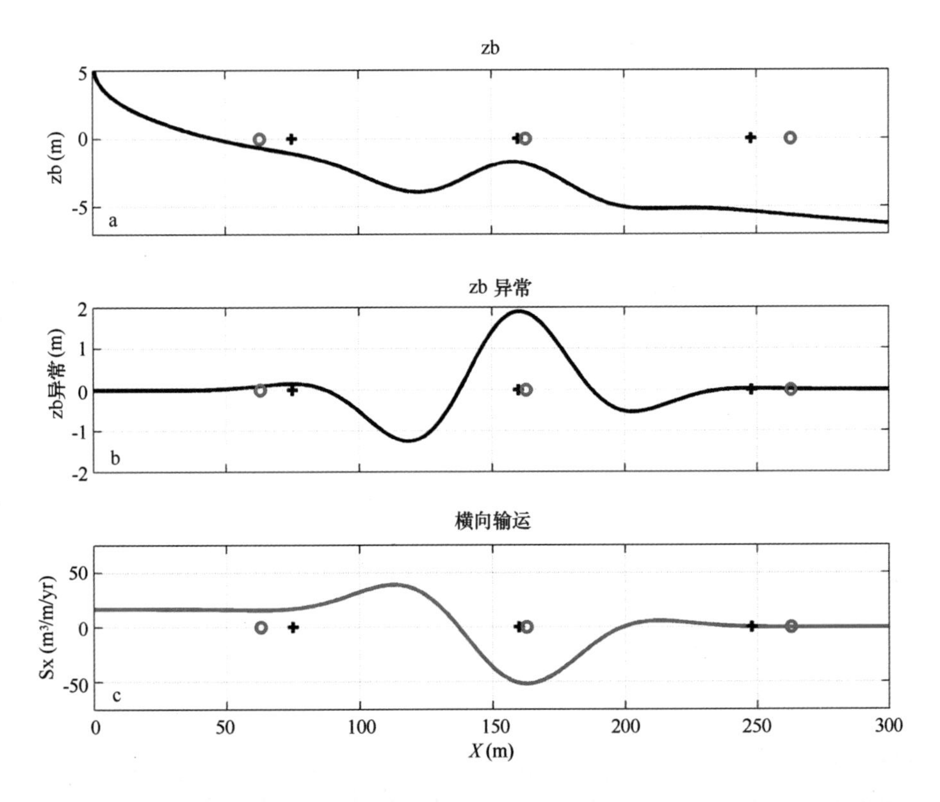

图5.6 a：Bakker & de Vroeg 初始底部剖面［方程（5.27）和（5.28）］。b：相应底床异常。c：初始输沙分布［对方程（5.29）积分后求得］。底床高程和输沙之间的空间位移分别由它们的最大值（加号）和最小值（圆圈）来表示。

相应输移梯度可由泥沙平衡方程（5.16）得到：

$$\frac{\partial S_x}{\partial x}=-\frac{\partial z_b}{\partial t}=A_b\omega_b\exp\left[-\left(\frac{x-x_b}{R_b}\right)^2\right]\sin(k_bx-\omega_bt+\varphi_b) \tag{5.29}$$

依次积分可求得随时间和空间变化的输沙率（图5.6c），从而得到沙坝剖面随时间的演化。沙坝位置之间的局部相移和同时存在的输沙模式可通过绘制输沙率（底床异常）的最小值（最大值）来研究。正的空间相移位置对应于增长的底床特征位置，正如前面描述的，负的空间相移位置对应于衰减的底床特征位置。因此，基于图5.6所示快照，我们预测靠近岸线的底床起伏在离岸传播时是增长的。当穿过破波带传播时，正的相移慢慢地变成负的，由此导致底床异常的衰减。

这可以用底床演化的多年时空图来进一步阐明（图5.7），空间位移可通过黑色虚线（红色最大值）和白色虚线（最小输沙值）之间的距离来推断。沙坝在正相移位置的岸线附近发育，随后在离岸传播时增长。在破波带外缘，相移为负值，然后在离岸传播时消亡。

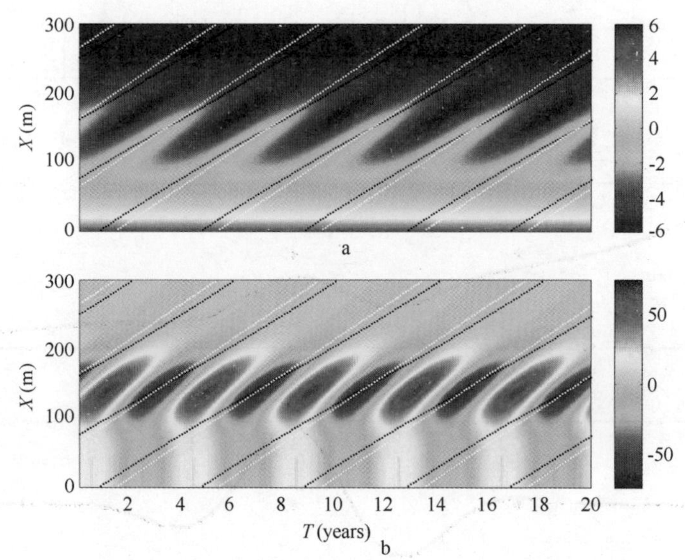

图5.7　a：基于方程（5.28）的模拟底床演化（由彩条表示的底床高程，单位：m）。b：相应输沙分布［由方程（5.29）积分后求得］（由彩条表示的输沙，单位：m³/m/yr）。分别由它们的最大值（黑点）和最小值（白点）表示的底床异常和输沙之间的相移。

5.3.3 沙丘侵蚀和越浪

通过最近的“艾凡”和“卡特里娜”飓风沿美国海湾沿岸登陆的情况来看，猛烈风暴期间砂质海岸的脆弱性已清晰得惊人。尽管评价极端风暴条件下沙丘侵蚀的现有工具已成功地应用于相对无扰动海岸（Vellinga，1986；Steetzel，1993；Nishi，Kraus，1996），但是对更复杂的情况是不够的，例如，当海岸有显著的沿岸变化时，如障壁岛的情形，可以保护主陆海岸免受飓风影响。在此情况下，障壁岛的高程、宽度和长度，同后湾的水动力条件（涌浪高度）一样，都应当考虑进去以评价海岸响应。此外，这些模型应能代表的不仅是沙丘侵蚀初始阶段的冲岸浪状况，而且还有越堤期间的碰撞状况、越浪状况和漫滩（Sallenger，2000）。

风暴期间的冲岸浪运动一般是由成群短波产生的长重力波控制的（见3.6节），这是由破波带内短波破碎并且长重力波持续存在造成的（Raubenheimer，Guza，1996）。长重力波冲岸浪包括遗漏和捕获的长重力波组合，正如Huntley等（1984）所观察到的。破波带和冲浪带内的输沙过程非常复杂，泥沙是由短波和长波往复运动、波浪和波浪破碎诱发的紊流等共同作用搅起的。但是，与长波和平均流的贡献（如：van Thiel de Vries et al.，2008）（见4.4.5节）相比，由波浪不对称性和波偏态造成的波内输沙（见4.4.1节）相对较小。因此，我们可以在破波带过程短波平均但是波群分解的模型（见4.3.2节）中，用一个相对简单明了的公式来表达，如Soulsby - van Rijn（Soulsby，1997）。这一公式已成功应用于沙丘侵蚀（Roelvink et al.，2009）、越浪（McCall et al.，2010）和裂流水道发育（Damgaard et al.，2002；Reniers et al.，2004a）。

描述沙丘侵蚀的一个重要方面是干砂的滑坡以及随后被冲岸浪和补偿流输运：若没有这一点，上部海滩的冲刷和沙丘侵蚀过程都会大大减速。一维（横向）模型如DUROSTA（Steetzel，1993）集中在水下离岸输移，并通过把输移外推到干沙丘得到砂的补给。Overton 和 Fisher（1988）与 Nishi 和 Kraus（1996）基于波浪影响概念，着眼于沙丘对砂的供给。这两个方法都是信赖于对爬高的启发式估计，比较适合应用于一维模型，但是很难适用于水平二维模型的设置。

$$\left|\frac{\partial z_b}{\partial x}\right| > m_{cr} \tag{5.30}$$

考虑到饱和砂比干砂更容易移动，我们在此应用一个“坍塌”机制，引入临界干湿坡度，典型值分别为 $m_{cr,dry} = 1$、$m_{cr,wet} = 0.3$ [见方程（5.30）]。结果发现，滑坡主要是由长重力冲岸浪在先前干沙丘面上的爬高与（较小）临界湿坡度共同作用引发的（Roelvink et al.，2009）。

在越浪状况下，流动受波群时间尺度上的低频运动所控制，携带水流越过沙丘。水的向岸流动是重要的向陆输移过程，结果导致作为越浪“粉丝”的沙丘砂在海岛上和近岸浅海湾内沉积（如：Leatherman et al.，1977；Wang，Horwitz，2007）。这需要把低频运动的波群作用力考虑进强大的洪/枯季动量守恒方程（如：Stelling，Duinmejier，2003）以及同时发生的输沙与底床高程变化中。沙丘侵蚀和越浪的应用实例请分别见10.3节和10.4节。

5.3.4 裂流水道动力

与沙坝类似，裂流水道表现出时空上的（准）周期性，其特征往往是沿岸准韵律性间距分布。它们随时间的演化被耦合到海滩状态中，正如Wright，Short（1984）所概括的，范围从沿岸均匀海滩，即无裂流水道，到有裂流特征的海岸。最近，已开始使用视频监测技术观测沙坝、浅滩和裂流等的动力条件（Holman，Stanley，2007）。摄像机捕捉破碎波的摄影图像，并以高光强区域显示出来。一定时间内所得图像经平均后，按一定频率破碎的波浪区显示为明亮的，而无波浪破碎的区域则是黑的（见图5.8a、b、c）。由此，光强就可以用来代替底层水深，高强度代表相对浅的区域，低强度则代表较深的地方。这一点可以通过把测量的等深线覆盖在定时曝光图上来进一步证实，如图5.8a、b、c所示，浅滩（亮区）和深的裂流水道（破波带的暗区）清晰可辨。通过追踪强度随时间的变化，就可以得到近岸地貌对当地水动力条件响应的清晰图像。视频监测表明，这种沿岸近韵律特征在世界各地的海滩上普遍存在（如：Lippmann，Holman，1989；Ranasinghe et al.，2000；van Enckevort，Ruessink，2003；Turner et al.，2006）。一般观点是：已多次观测到的风暴期间沿岸变化地形的消失，是高波把沿岸变化地形变换成了一个或多或少沿岸均匀的海滩（比较图5.8b、c）。但是，负责这一转换的底层过程现在还不清楚，尽管这是一个很强烈的信号。Smit（2010）通过最近的建模工作，提出这可能是与波浪破碎紊流相关的一个重要部分。沿岸流也可能起着重要作用，通过延伸和转变地貌特征，从而产生一个沿岸均匀的海滩。在其余事件之后的静态阶段，地貌一般会再次从显示韵律特征开始，慢慢发展成裂流水道和浅滩。持续静态条件将会导致与海岸相连的浅滩及裂流水道的形成（图5.8d、e、f）。

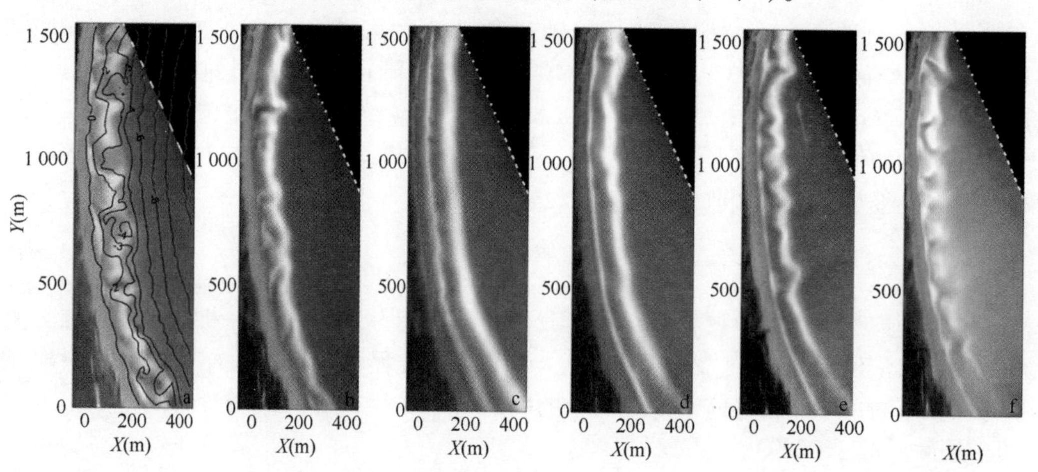

图5.8　图的顺序按从左到右。图a：波浪破碎的定时曝光（Holman，Stanley，2007）与覆盖其上的等深线，后者是RDEX期间通过水下地形测量得到的（Reniers et al.，2001），图中暗（亮）区域对应裂流（浅滩）。图b－f：一系列定时曝光展示的是澳大利亚Palm海滩北部一个沿岸均匀沙坝通过c过渡到复原的过程，以及随后的南部过渡到与海岸相连的浅滩和裂流的过程（承蒙Graham Symonds的特许）。

准韵律海滩的发育可以通过沙坝型海滩对规则入射波的不稳定性来解释（Hino，1974），很小的扰动就可以使沙坝发展成新月形，正如Falques et al.，（2000）所详细阐述的。这种效应可以用数值模型计算来说明，计算采用深度平均浅水方程与Soulsby van Rijn输沙公式（见4.3.2节），规则入射的单频波波高为1 m，峰值周期为10 s。初始地形有一个离岸沙坝，沿岸调整高度为1 m，长度尺度为300 m（见图5.9）。与底床扰动相关的高程变化导致沙坝较浅部分存在多余的辐射应力，穿过沙坝顶端较深部分存在反向环流（见图5.9a）。浅滩离岸侧的波浪破碎导致含沙量增高（图5.9b），从而推动泥沙越过浅滩向海岸移动（图5.9d）。在较深的裂流水道中，增加的离岸定向速度导致离岸定向输沙（图5.9c），裂流水道变深，随后的沉积也更加离岸。这导致了一个正反馈和随后底床扰动的扩大（图5.9）。初始沿岸间距是很多变量的函数，包括沙坝位置、沙坝形状、波浪破碎的类型、紊流扩散、粒径等，正如数值模拟评估的（如：Dodd et al.，2003；Damgaard et al.，2002；Dronen，Deigaard，2007；Reniers et al.，2004a；Calvete et al.，2007；Castelle et al.，2010）。

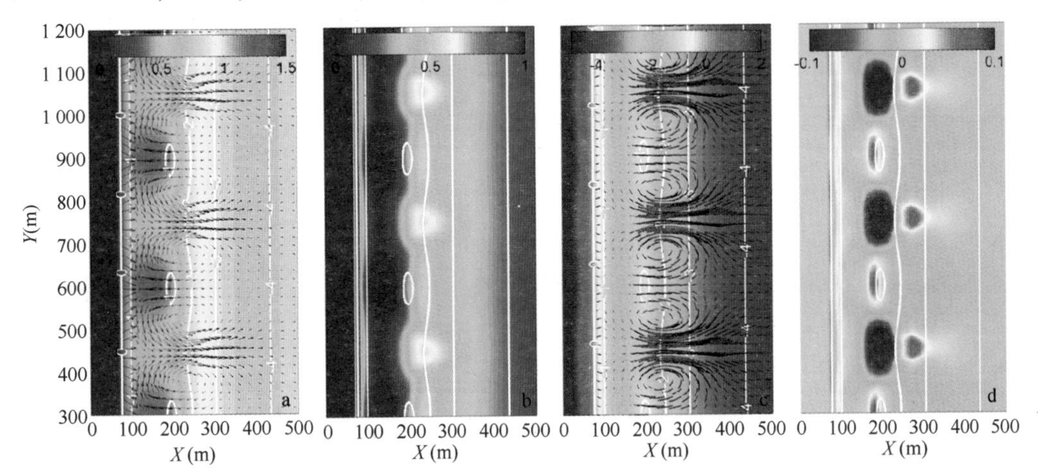

图5.9 图a~d的顺序按从左到右。规则入射波在沿岸均匀海滩波动底床上传播的正反馈机制（白实线代表等深线，单位：m）。a：计算的波高（由彩条表示，单位：m）与流场（由箭头表示）。b：相应深度平均含沙量（彩条所示，单位：g/l）。c：导致的输沙模式（由箭头表示）和深度（彩条所示，单位：m）。d：计算的底床变化（彩条所示，单位：m）以证明导致水道更深和浅滩更浅的正反馈（用Delft3D进行的计算）。

初始底床扰动的起源变化。近岸地形从来没有真正均匀的，有波动才是正常的。这些可能是由预先存在的地形变化引起的，并且在调整事件期间不会消失。或者初始波动可能是 由破碎波（Reniers et al.，2004a）、驻立边缘波（Holman，Bowen，1982）和波流相互作用（Dalrymple，1975）的组合驱动的准稳定环流模式所导致的。

5.3.5 平面形态演变

当我们察看数千米到十几千米长度尺度的砂质海岸形状和演化时，显著特征是平滑的弧形海岸线，正如上面例子中的。在此情形下，我们可以做出一些关于海岸特性的假设，从而可以用一个相对简单的方式来描述它（图5.10）：

- 浅水区域的等深线几乎都是平直且平行的，因此波浪折射上的曲率效应可以忽略不计。
- 海岸线的沿岸变化仅是渐进的，因此沿岸输移一直与波浪条件保持平衡。
- 任何地方离岸剖面的形状或多或少都一样，并且当海岸线变化时，它仍然一样。

图 5.10 平滑弧形海岸线附近的鸟瞰图

基于第一条和第二条假设，我们可考虑横向剖面局部一致，因此，若已知离岸波浪条件，我们就可以用一维波浪和水滚能平衡方程求得波能和辐射应力的横向变化。有了这些，我们就能计算沿岸速度剖面及其沿岸输沙分布。对破波带沿岸输沙率求积分之后，我们就得到了已知波浪条件下总的沿岸输沙。在这个“基于过程”的方法中，我们可依然考虑横向剖面特殊形状效应。或者，我们应用一个总的沿岸输沙公式，如 CERC 方程或 Kamphuis 公式，直接从入射波条件和一些沉积物特性来计算沿岸输沙。

在第三条假设下，我们可得到一个简化的泥沙平衡方程。如果我们取 x 轴沿海岸线方向，y 轴垂直岸线指向岸外，我们得到如下沿岸泥沙平衡。我们考虑岸线的伸缩性，移动距离 Δy 后，经过时间 Δt 的输沙差值为 ΔS_x（图 5.11）。

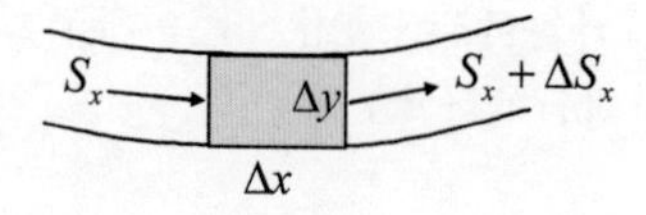

图 5.11 海岸线模型原理草图

经过这个时间后横断面区的变化为 ΔA（图 5.12），因此：

$$\Delta V = \Delta A \Delta x = d\Delta y \Delta x = -\Delta S_x \Delta t \Rightarrow \frac{\Delta y}{\Delta t} = -\frac{1}{d}\frac{\Delta S_x}{\Delta x} \tag{5.31}$$

$$\lim_{\Delta x \to \infty} \Rightarrow \frac{\partial y}{\partial t} = -\frac{1}{d}\frac{\Delta S_x}{\Delta x}$$

这个简单方程把岸线变化率与沿岸输沙梯度联系了起来。这里的一个重要因子是剖面高度 d，它是剖面均匀移动跨越的垂向距离，一般是从沙丘顶端到所谓的闭合深度 h_c。

现在，建立岸线模型至关重要的下一步是把沿岸输沙与海岸方向 φ_c 联系起来。在此，我们既可以用剖面模型评价海岸方向不同值所对应的总沿岸输沙，也可以用简化的总沿岸输沙模型。在任一情况下，结果都是所谓的 $S-\varphi$ 关系式，它给出的输沙是海岸方向的函数。一般这样的 $S-\varphi$ 关系式是这样的（图 5.13）：

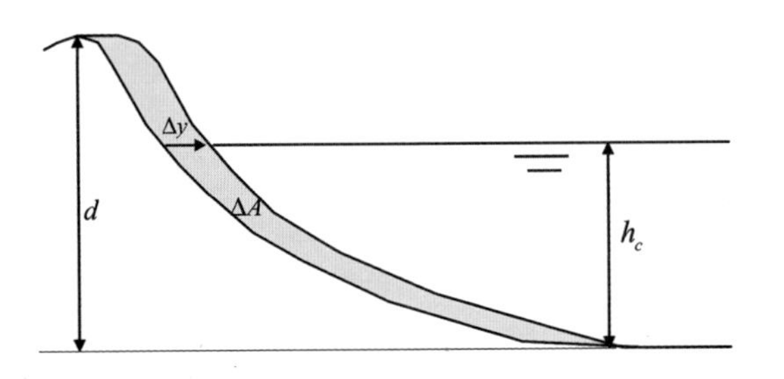

图5.12　均匀剖面变化的泥沙平衡原理草图

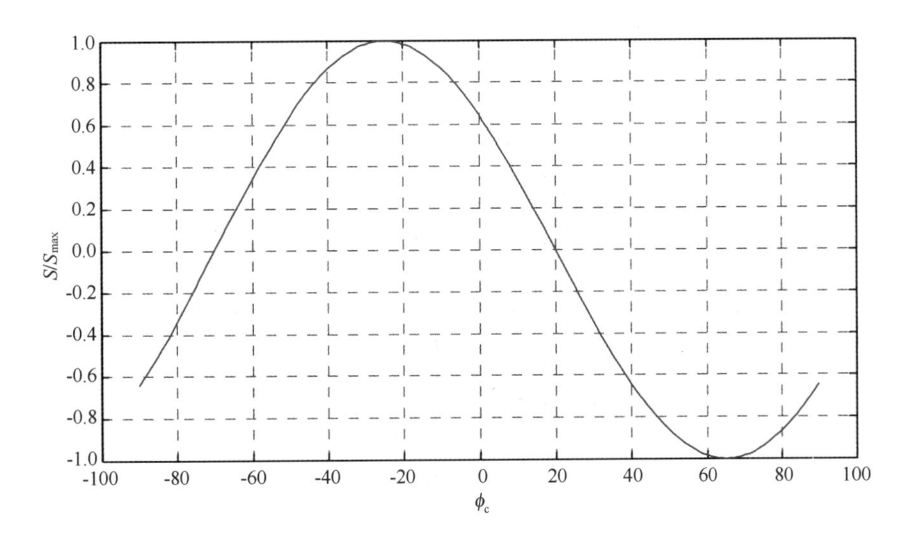

图5.13　作为海岸方向的函数，并由其最大值校正的沿岸输沙，其中平均入射角度为20°

在这个例子中，平均波向是20°，在海岸方向也是20°时，输沙是零。对于更大的海岸角度，输沙沿 x 负方向；对于小的海岸角度，输沙沿 x 正方向。波向与海岸法向之间的角度在45°附近时，输沙值最大。

相对于海岸的波角较小时，该曲线可用直线来近似：

$$S_x \approx - s_x \varphi_c + S_{x,0} = - s_x \arctan \frac{\partial y}{\partial x} + S_{x,0} \approx - s_x \frac{\partial y}{\partial x} + S_{x,0} \tag{5.32}$$

式中，S_x 就是所谓的海岸常数，$S_{x,0}$是 $\varphi_c = 0$ 时的输沙。由此可得到沿岸输沙梯度：

$$\frac{\partial S_x}{\partial x} = - s_x \frac{\partial^2 y}{\partial x^2} \tag{5.33}$$

与方程（5.31）合并，我们得到 Pelnard－Considere（Pelnard－Considere，1954）方程：

$$\frac{\partial y}{\partial t} = \frac{s_x}{d} \frac{\partial^2 y}{\partial x^2} \tag{5.34}$$

扩散方程有误差函数形式的解，并且可以解释许多海岸特性，如：

- 防波堤或海港附近的堆积与侵蚀；

- 河流三角洲发育；
- 养护的沿岸扩散。

5.3.5.1 防波堤附近的堆积与侵蚀

这种情况的解可由以下函数求得：

$$y_* = \{\exp(-x_*^2) - x_*\sqrt{\pi}[1 - erf(x_*)]\}\sin(x) \tag{5.35}$$

$$x_* = \frac{|x|}{\sqrt{4at}}, y_* = \frac{y}{\sqrt{4at}}\frac{\sqrt{\pi}}{\varphi'}, a = \frac{s_x}{d} = \frac{S_\infty}{\varphi' d}$$

式中，φ'是波浪入射角（图5.14）。

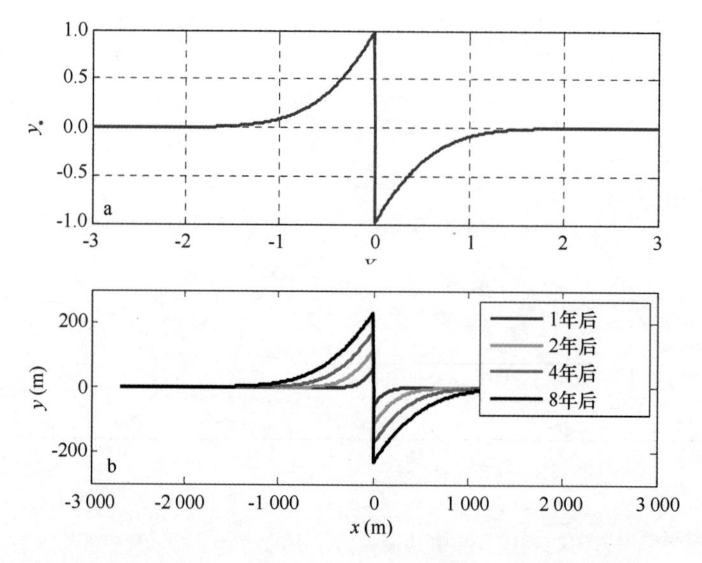

图5.14 防波堤情况下的Pelnard－Considere模型解；无量纲解形式（a）和 $S_x = 500\ 000\ m^3/yr/rad$ 与波角20°情况下的量纲演化。

方括号中的函数形式如图5.14所示。在防波堤处，y_*为1；在无限远处，y_*趋于0。很明显y_*与时间的均方根和a成比例。紧接着防波堤的海滩蚀积可由下式求得：

$$y(x_0) = \varphi'\sqrt{\frac{4at}{\pi}}, a = \frac{s_x}{d} = \frac{S_\infty}{\varphi' d} \tag{5.36}$$

图5.14b所示为$a = 100\ 000\ m^2/yr$时，量纲形式随时间的演化。我们现在可清楚地看到，当时间呈二次方增大时，蚀积模式的量纲在x方向与y方向上都呈线性增长。

5.3.5.2 建设型河流三角洲发育

相同类型的解决方法也可应用于建设型河流三角洲，因为输沙是由三角洲两侧分流的。对于垂直入射波，边界条件就是河口的两端：

$$|\varphi_0| = \frac{1}{2}\frac{S_{river}}{S_x} \tag{5.37}$$

解的形式如图5.15所示。图形与之前的情况很像，只不过侵蚀部分上下翻转过来。

从方程（5.33）可知，河口处三角洲的倾角取决于河流输出和海岸常数之间的平衡，表明波浪可以非常好地重新分配沿岸泥沙。

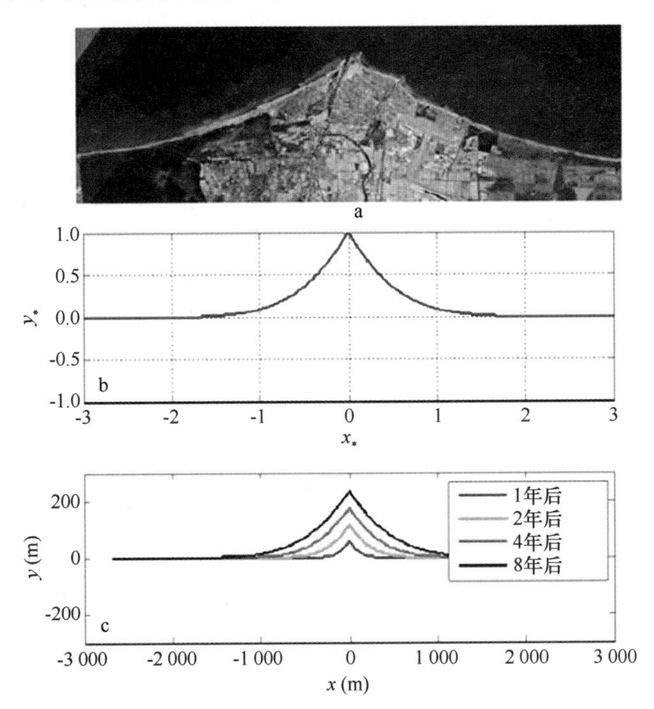

图5.15　a：河流三角洲的 Pelnard – Considere 模型解；b：无量纲解；c：河流输出为350 000 m^3/yr 且 S_x = 500 000 m^3/yr/rad 情况下的有量纲解示例。

靠近意大利罗马的 Tiber 三角洲就是一个很好的子例。在一些发达国家，过去的滥伐森林造成大面积土壤侵蚀，进而导致河流含沙量高。现在，一些河流已筑坝，人工造林和其他控制土壤侵蚀的措施也已付诸实施，结果由于波浪依然从河口向外输沙，导致部分三角洲侵蚀。

5.3.5.3　海滩养护的沿岸扩散

对于最初平面图形状为长方形的海滩养护，其沿岸扩散可由下面方法求得（如：Rijkswaterstaat，1988）：

$$y = \frac{B}{2}\left[\operatorname{erf}\left(\frac{L/2 - x}{\sqrt{4at}}\right) + \operatorname{erf}\left(\frac{L/2 + x}{\sqrt{4at}}\right)\right] \tag{5.38}$$

式中，B 是养护的最初宽度；L 是养护的长度。根据这一方法，养护形状呈对称性方式平滑（见图5.16）。注意，波浪方向（小波角假设条件下）既不影响这一方法的使用，也不影响这些条件下沿岸养护的传播。

5.3.5.4　高角度不稳定性

当优势浪以大于45°角接近海岸时，岸线演变可能变得不稳定：最大沿岸输沙率发

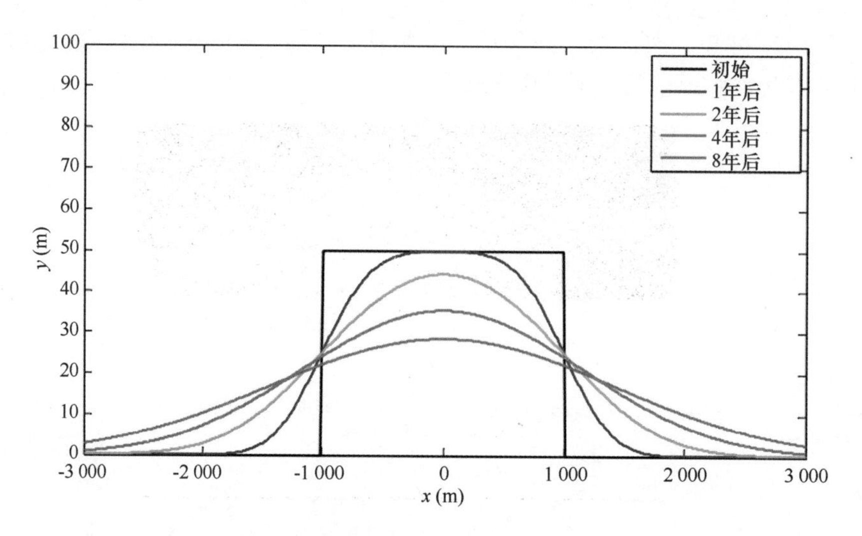

图 5.16 受小入射角波浪影响的海滩养护的沿岸扩散

生在 45°角附近，所以，如果给定点处的角度高于它上游邻近处的角度，沙砾将会堆积在那里，直到再次达到最大输沙率。Ashton 和 Murray（2006）通过岸线建模表明，这可以解释一些特殊的海岸地貌，如沙波、摆动沙嘴和岬角。

5.3.5.5 传播性机制

根据经典岸线理论，对扰动的岸线响应完全是扩散的，但是，我们也经常注意到某些特征具有传播性，这可能与此理论不一致。这方面的例子有沿荷兰海岸的大型沙波（Verhagen，1989）以及沿澳大利亚黄金海岸沙滩的泥沙被特威德河导游墙的延伸部分阻挡后，“侵蚀阴影”的传播。

Falques 和 Calvete（2004）分析了岸线扰动的不稳定性和传播性，认为二维折射效应可能是传播性机制，因为相对于在海湾内而言，它能提高岬角处的输沙。

通常，如果沿岸输沙不仅取决于 $\partial y/\partial x$，也取决于 y 本身，我们就得到了传播性。通过假设输沙线性变化，可以很容易地看出，作为岸线横向位置的函数，输沙方程中包含一个 $1/B_d$ 的梯度：

$$S_x \approx \left(-s_x\frac{\partial y}{\partial x}+S_{x,0}\right)\left(\frac{y-y_0}{B}+1\right)\Rightarrow\frac{\partial S_x}{\partial x}=$$

$$\frac{1}{B_d}\frac{\partial y}{\partial x}\left(-s_x\frac{\partial y}{\partial x}+S_{x,0}\right)-\left(\frac{y-y_0}{B}+1\right)s_x\frac{\partial^2 y}{\partial x^2}\approx\frac{S_{x,0}}{B_d}\frac{\partial y}{\partial x}-s_x\frac{\partial^2 y}{\partial x^2} \tag{5.39}$$

假设相对于 B_d，扰动很小，我们由此得到：

$$\frac{\partial y}{\partial t}+\frac{S_{x,0}}{dB_d}\frac{\partial y}{\partial x}=\frac{s_x}{d}\frac{\partial^2 y}{\partial x^2} \tag{5.40}$$

很明显，扰动以约 $S_{x,0}/(dB_d)$ 的速度沿岸传播。养护的沿岸扩散可能有重要的后果，因为沿岸输沙的路径可能取决于绝对岸线位置，由此可知有几种可能的机制，例如：

- 有防波堤时，这对缺沙时海滩比覆盖着沙时的海滩更加有效；
- 有海滩墙或者护坡时；同样，缺沙海滩上的输沙率可能要小得多，因为波浪是在岩石上消耗自己的能量，而不是在海滩上。

图 5.17 所示为模拟的例子，其中 a 输沙不依赖于岸线位置；b 线性依赖性；c 有最大值的线性依赖性。很明显，有一个在岸线性质方面的主要区别：在 b 和 c 情况下，养护沿一个更大海岸扩散或发展。计算岸线演变与绘制结果图的 Matlab 代码包含在 nourishment.m 中。

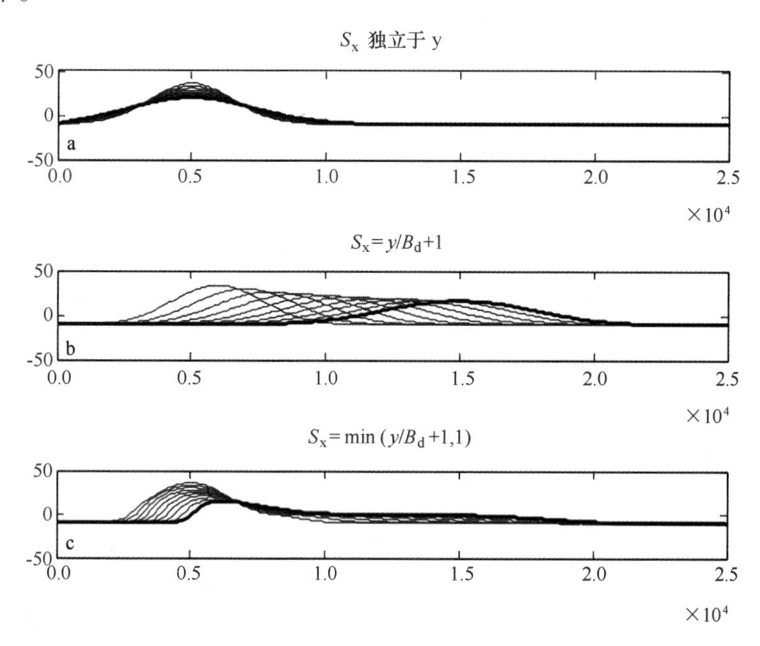

图 5.17　养护后岸线发展示例，其中 a 沿岸输沙 S_x 独立于岸线位置 y；b 输沙是 y 的线性函数，其中 B_d 为 50 m；c 输沙是 y 的线性函数，其中 B_d 为 50 m；当 $y>0$ 时，S_x 不受干扰。在所有情况下，养护前初始岸线位置为 $y=-10$ m。

5.4　潮汐汊道与河口

5.4.1　涨落潮三角洲的形成

潮汐汊道常常是在极端事件如风暴潮或飓风期间堡岛被冲决后形成的。在一个足够强烈的冲决过程中，堡岛的高度减小到远低于平均高潮面，从而被潮流淹没，堡岛内侧排空。与初始状态相关联的潮流是非常强的，流速约为几米/秒，并且开始在峡谷中迅速冲刷出主水道，形成涨潮三角洲（内侧）和落潮三角洲（外侧）。起初，涨落潮三角洲均发育成均匀辐射状沉积叶瓣；这是由分流导致的流速突然降低造成的。在一段时间后，这些叶瓣，特别是在涨潮三角洲上，变得太窄以至于流阻增大、叶瓣上的水位差增大。这就导致水流不是被分流形成新的叶瓣，就是在没有这样的出口时切割叶瓣。如此一来，就在涨潮三角洲上形成了分枝水道系统，而且通常会逐步扩展到堡岛后侧，直到叶瓣到达内湾边缘，这样的系统可认为是发育成熟的。

类似的结束情形可能是完全不同的进化结果。当低洼地区在海平面上升期间被淹没时，之前的河道可能变为潮水道，并形成同样的水道模式和落潮三角洲，正如冲决后在纳潮盆地内的发育一样。但是，在这种情况下，由于大量泥沙涌入被冲决的潟湖内，所以系统必须向外输沙才能形成与之前情况相同的地貌。

与此同时，与海湾内的涨潮三角洲相比，入海的落潮三角洲一般延伸很短，仅仅是因为海域通常更深，与浅的后湾相比，需要更多的泥沙来构建。

当涨潮三角洲上的过程完全被潮汐运动控制时，落潮三角洲上的可能受到波浪的强烈作用，并以各种方式影响输沙和沉积。

- 它们通常增加底床剪应力，造成比没有波浪时更高的浓度。当与涨潮流共同作用时，可能导致更多泥沙输入；但是与落潮流共同作用时，可能导致更向外海的沉积，从而形成延伸更长、更深的落潮三角洲。
- 当落潮三角洲足够浅时，波浪驱动循环模式，一般导致脱离水道且流过浅滩的向岸流，这与裂流的情况相似。
- 在波浪倾斜入射时，沿岸流向汊道输沙，这可能促使落潮三角洲向波消亡方向发育；另外，斜波也导致在循环模式中产生一个沿岸分量，进而使浅滩向波消亡方向移动。
- 最终，波浪往复运动的不对称性和偏态导致（通常向岸的）输沙。

潮波方向在决定落潮三角洲水道方向上起着重要作用。如果潮流垂直于海岸进入（如在开阔大洋），那么预计会有一个基本上呈对称的演化，即：主落潮水道在中间，涨潮水道位于两侧。但是，沿着潮水顺岸传播的浅海区，汊道横断面上存在的相差导致不对称性。van Veen（1936）利用他的“motorisch vermogen”（荷兰语，可能最好翻译为“运动功率”）理论，通过寻找汊道口相对点之间的最大水位梯度来估计水道的最可能位置。这后面的思想是，如果由于某些原因（比如不对称的潮水传播）发生大的水位梯度，那么将在发生区域引起强水流，并能够把沙移开而开辟出新水道。因此，强水位梯度也是一个新水道产生的标示。Sha，Van den Berg（1993）进一步研究了这一概念，显示了纳潮盆地在决定流态和水道取向方面的作用。正如我们在第 10 章中将要阐明的，这一机制已被现代数值模型清楚地证实了。摘自 van Veen（1936）的图 5.18 也很好地说明了这个想法，图中所示主水道位于等相位线最密的地方，也就是水位梯度最大的地方。

5.4.2 平衡方程

自 19 世纪后期，特别是在美国，为了提高适航性，工程师们开始调整潮汐汊道，为此开展的大量研究旨在发现经验关系式，以有助于预测汊道调整的影响和选择汊道设施尺寸。这样的关系式为昂贵的、复杂的物理或者数值模型提供了一个简单的选择，并且在这样的模型能梦想到之前使用了很长时间（图 5.18）。

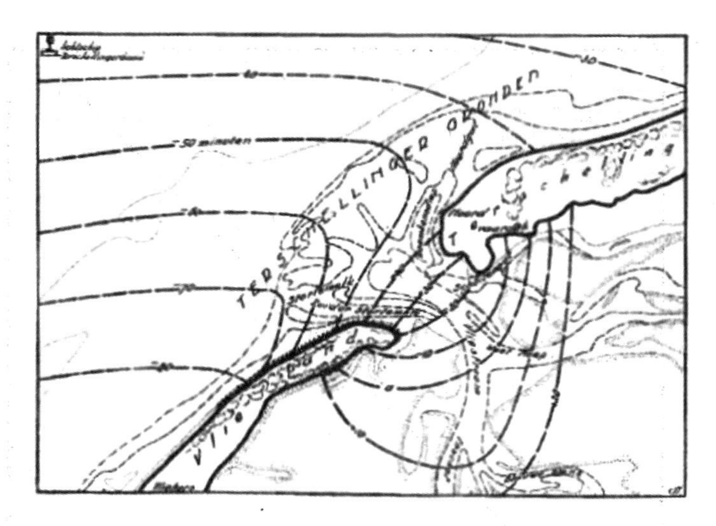

图5.18 Vlie 汊道的等潮相位线和水道形态，自 Van Veen（1936）

5.4.2.1 断面面积 *vs.* 纳潮量

关于潮汐汊道口门断面面积对纳潮量依赖性的文献有许多。LeConte（1905）基于对加利福尼亚一些汊道的观测，最先提出了一个纳潮量 P 和最小断面面积 A_c 之间的线性关系式。后来，O'Brien（1931，1969）把观测扩大到28个汊道，并对以下关系式进行了小的修正：

$$A_c = CP^n \tag{5.41}$$

式中 C 和 n 都是凭经验决定的系数；O'Brien 发现 n 的一个值为0.85。

继 O'Brien（1931）的工作，O'Brien（1969）和其他人以及 Jarrett（1976）综合了之前研究的资料，不仅包括了最新的测量数据，而且根据所处美国不同位置的具体潮汐条件（太平洋、墨西哥湾或大西洋）和汊道特征（如：无防波堤或者有一个防波堤或者有两个防波堤），分别赋予了 C 和 n 不同的值。

基于对英国河口的分析，Townend（2005）把河口长度与潮波长的比值考虑在内，提高了对 O'Brien（1931）关系式的拟合度。Hume，Herdendorf（1993）为了证实了 P/A 关系式，对新西兰不同地质背景下的16个河口潮汐通道进行了研究，范围从堡岛封闭纳潮盆地到火山地形海湾。尽管他们区分不同类型的河口对应不同的 C 和 n 值，这与 Townend（2005）的相似，但是仍然断定是遵循 P/A 关系式的。Powell et al.（2006）在佛罗里达周边的入潮口证实了 P/A 关系式；如图5.19所示，图中数据是根据他们的最优关系式 $P = 6.25\times10^{-5}A_c^{1.00}$ 重新绘制的，很明显，即使不考虑异常值，也依然很分散，因为它是绘制在双对数坐标纸上的。

有意思的是，尽管 A_c 被认为是 P 的函数，在绘制关系图时通常把 A_c 设为 x 轴。这可能是因为，在汊道形状限定时，对于纯粹的水动力原因，P 是 A 的直接函数。这与 Escoffier（1940）的著名曲线有关，它把截面平均速度振幅与断面面积联系在一起，从中我们可能很容易地得到作为截面函数的纳潮量。

如果我们考虑与3.3.5节中相同的理想汊道，就会从方程（3.81）中得出 Escoffier

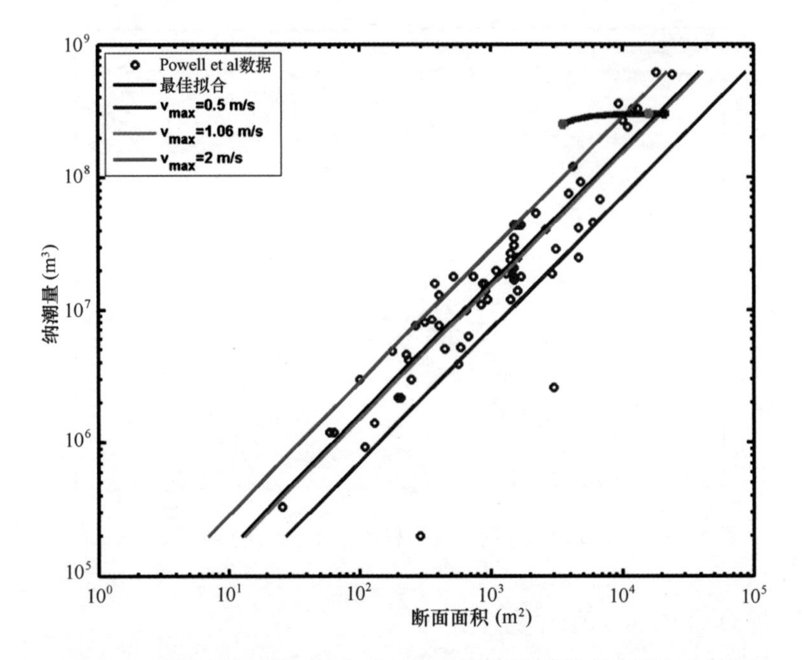

图5.19 纳潮量 *vs.* 断面面积，数据（圆圈）来自 Powell 等（2006）；黑线：最佳拟合；彩线：方程（5.44）在不同速度振幅下计算的结果；粗蓝线：一个汊道经过一段时间后的演化示例。

曲线：

$$v_{\max} = \frac{A}{A_c}\frac{-\omega}{\sqrt{1+(\omega/\mu)^2}}\hat{\eta}_{out},\quad \mu = \frac{A_c h}{A}\frac{g}{\lambda L_{gorge}},\quad \lambda \approx \frac{\pi}{4}C_f\hat{u} \tag{5.42}$$

我们必须明确纳潮盆地面积、断面面积、潮汐频率和口门简化长度。在此表达式中，我们忽略了出入口损失，因此，口门长度应该取大值。通过定义一个固定的宽/深比 B/h，我们可以把方程中的深度 h 去掉；由此得到：

$$h = \sqrt{A_c/(B/h)} \tag{5.43}$$

图5.20所示为根据方程计算结果绘制的图，其中纳潮盆地面积为150 km²、口门长度为4 000 m、宽/深比为100、潮振幅为1 m；另外，还分别展示了对口门长度和宽/深比的敏感性。很明显，对于小的断面面积，速度振幅对口门长度和宽/深比都很敏感，由于这些都严重影响摩擦力，因此纳潮盆地内的潮振幅衰减，纳潮量减少；对于较大的断面面积，速度最大值对这些参数都不是很敏感，因而潮汐将不再衰减，纳潮量固定不变。

基于相同关系式的纳潮量可表示为：

$$P = \frac{2\nu_{\max}A_c}{\omega} = \frac{2A\hat{\eta}_{out}}{\sqrt{1+(\omega/\mu)^2}} \tag{5.44}$$

于是，当 A_c 较大时，随着摩擦参数 μ 的增大，表达式中的分母趋向于1；由此，P 将不再是 A_c 的函数，而是仅仅取决于纳潮盆地面积和潮振幅。从这个方程的中间部分，

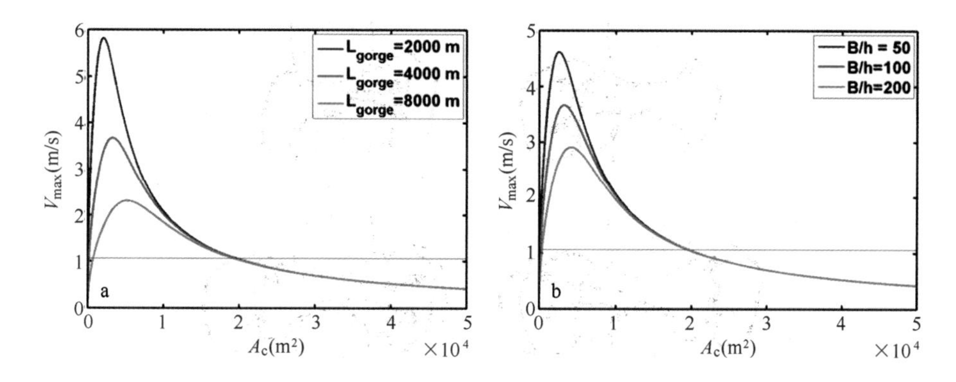

图5.20　基于方程（5.42）的Escoffier曲线，分别对应不同的口门长度值（a）和宽/深比（b）。其中 $A=150\ \text{km}^2$；$C_f=0.004$，潮振幅为1 m。

我们很容易看到，如果给定速度振幅，那么纳潮量与断面面积 A_c 呈线性依赖关系，潮汐角频率 $\omega=2\pi/T_{tide}$。根据LeConte（1905），我们常注意到，速度振幅趋于1m/s，而且，如果使用这个值，我们差不多正好得到Powell等（2006）所给的最佳拟合值。在图5.19中，我们绘制了速度振幅分别在0.5 m/s、1.06 m/s和2 m/s时的 P/A 关系图，由图可知，中间值接近最佳拟合值，大部分数据点位于其他两个值之间的范围内。

对此特性，我们可按照潮汐汊道决口后所发生的给出一个可能的解释。起初，由于断面面积很小，因而潮速度振幅会很大。这将导致涨落潮时通过口门的输沙量都很大。泥沙主要沉积在涨落潮三角洲，因为很小一部分输沙会回到口门，所以总的沉积速率将接近口门输沙绝对值的平均数。如图5.21中示意性图a和图b所示。一段时间后，涨落潮三角洲发展到一定程度，有效输沙也将朝向口门，并且从口门损失的仅是总输沙量的一小部分；见图5.21c和d。这意味着潮流对潮汐汊道的拓宽将减缓，涨落潮三角洲的构建将会以递减的速率继续进行。因为一直有输沙经过陡峭的三角洲前缘，所以这一过程将持续很长时间，汊道横断面缓慢增长，而纳潮量在经过最初的增长后将保持或多或少的恒定。但是，由于输沙随着速度振幅的增加而急剧下降（高度非线性输沙的原因），很多汊道实际上都有比较类似的速度振幅。

在同时存在有效沿岸输沙的情况下，可以像Kraus（1998）一样合理假设，沿岸输沙直接进入口门，但是，下游一侧波浪输沙发生在落潮三角洲到下游海滩之间；见图5.21e和f。我们可以通过考虑一个简单的输沙公式像恩格隆－汉森或者梅叶－彼德－穆勒以近似平均总输沙量：

$$\langle |S| \rangle = \frac{8C_f^{3/2}}{g\Delta}\langle |V|^3 \rangle \approx \frac{8C_f^{3/2}}{g\Delta}(0.42v_{\max}^3) \tag{5.45}$$

$$\langle |S| \rangle = \frac{0.05C_f^{3/2}}{g^2\Delta^2 D_{50}}\langle |V|^5 \rangle \approx \frac{0.05C_f^{3/2}}{g^2\Delta^2 D_{50}}(0.34v_{\max}^5)$$

式中分别出现系数0.42和0.34，是因为考虑到了正弦运动的偶数速度矩，由Guza和Thornton（1985）得到的：

$$\langle |V|^3 \rangle = 1.20\langle V^2 \rangle^{3/2} = 0.42\hat{V}^3 \tag{5.46}$$

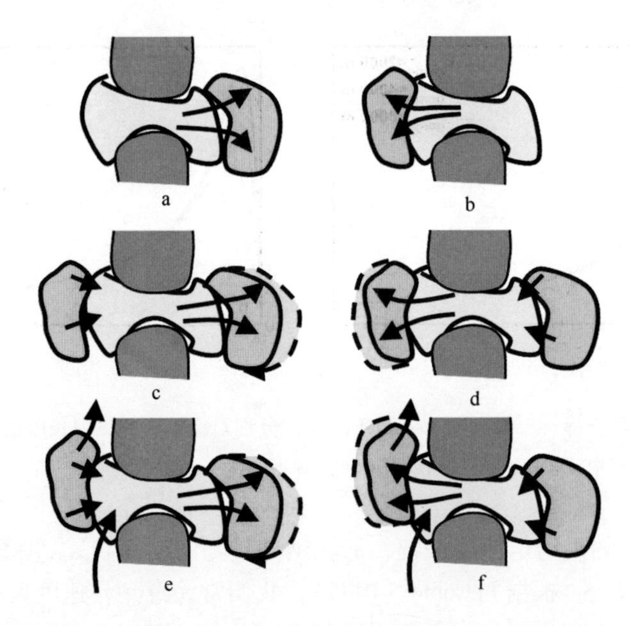

图 5.21　涨落潮三角洲发育过程示意图。a 最初涨潮时；b 最初落潮时；c 经过发展后的涨潮时；d 同前面的落潮时；e 波浪输沙涨潮时；f 波浪输沙落潮时。

$$\langle |V|^5 \rangle = 1.92\langle V^2 \rangle^{5/2} = 0.34\hat{V}^5$$

在图 5.22 中，我们绘制了作为断面面积函数的年输沙总量，乘以系数 0.1，作为经过汊道口门时泥沙损失的粗略指示；如 Kraus（1998）一样，我们使用的是梅叶－彼德－穆勒（MPM）公式。对此解释如下：假设决口后开始的断面面积是 3 500 m^2；最初的速度振幅大约是 5 m/s。汊道被迅速冲刷出来，速度振幅将沿下图所示的艾斯可菲曲线变化，而从口门输出的总输沙量急剧减少。如果汊道内没有泥沙来源补给，这个过程将持续下去，但会大大减缓；从 5m/s（红点）变化到 1 m/s（蓝点）时，即使是用相对低的 3 次幂的 MPM 公式进行计算，输沙也减少了超过一个数量级。同样的，这一过程将持续下去，因为它仍然不会接近输沙临界速度。

在有沿岸输沙补给汊道（比如 500 000 m^3/yr）的情况下，在绿点处出现准平衡：输出口门的总输沙（约为 0.1 倍的总输沙）与进入口门的沿岸输沙相匹配。我们之所以称之为准平衡，是因为涨落潮三角洲仍会进一步扩展，最终将增大口门流动阻力，反过来又会改变这种平衡。

回到 P/A 关系式，我们可以绘制图 5.14 中 P/A 图的演化。我们发现，是从点云（与已建立起来的汊道相关的数据点）外开始，移动到点云内的。由于断面面积增加，纳潮量略微增加，直到它的最大值。绿点指示沿岸流补给情况下过程停止的位置；蓝点是没有泥沙输入口门的点（仍然是过渡的）。

基于对简化潮汐汊道的数值模拟，Van der Wegen 等（2010b）得出了相似的结论，他们发现，在纳潮量早已不依赖于断面面积之后很久，如果慢慢降低纳潮量，口门将持续侵蚀，断面面积不断增大。只有当泥沙来源补给汊道时，他们才会发现准稳定解，出现在输出口门的泥沙量与输入量相一致的位置。

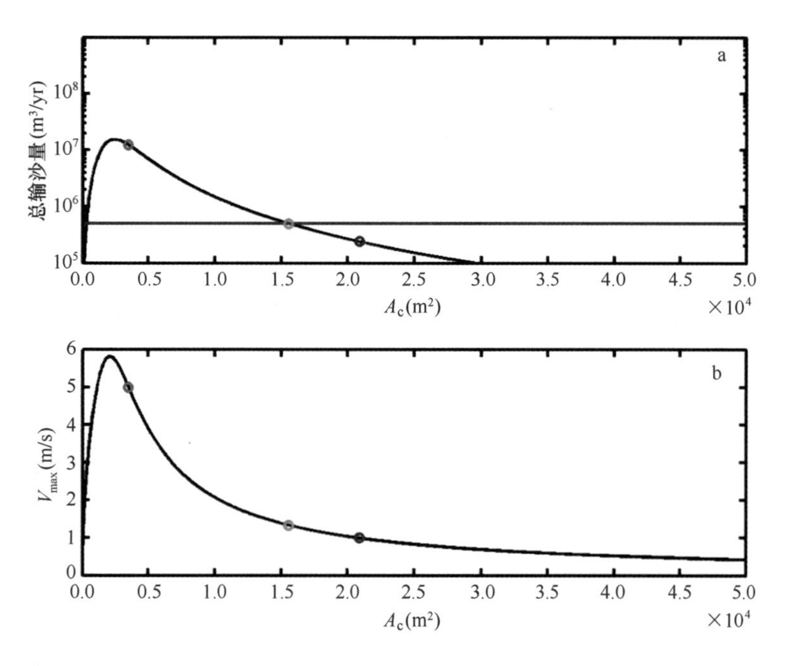

图5.22　作为断面面积函数的总输沙a和速度振幅b

早期关于 P/A 关系式的研究集中在汊道口上。然而，这种关系似乎对于沿着潮汐通道也是有效的。De Jong，Gerritsen（1984）和Eysink（1990）沿西斯凯尔特河口观测到一个恒定的 P/A 关系式；Friedrichs（1995）总结了其他河口和避风港湾的观测结果，提出 P/A 关系式适用于更大空间尺度和更大范围的潮汐环境。通过对简化的长矩形盆地进行数值模拟，Van der Wegen et al.（2010b）此发现，沿通道的不同断面面积在发展期的所有阶段都落在一个 P/A 曲线上，但是这些线相向相对更大的断面面积移动。

对此，可解释为，因为输沙振幅对潮汐速度振幅的高敏感性，即使相邻断面之间的速度振幅存在很小的差异，也会导致输沙振幅大不相同，由此产生一个从高输沙断面到低输沙断面的阶梯式泥沙交换；这样就均衡了不同断面速度振幅之间的差异，因此断面面积排列在一个 P/A 曲线上。但是，如果总体上没有进出河口的泥沙净输入或输出，那么整条曲线将会缓慢地上下运动。

5.4.2.2　通道体积 *vs.* 纳潮量

通过对 P/A 关系式沿纳潮盆地中的通道求积分，Eysink（1990）得到一个基于平均海平面的纳潮量和通道总体积之间的关系式：

$$V_c = CP^{3/2} \tag{5.47}$$

这样的关系式有助于估算纳潮量减少后潮汐通道的注入量，比如纳潮盆地部分被截流。但是，系数 C 取决于盆地形状，因此它必须得通过对每个盆地进行测量而得到。

5.4.2.3　潮滩面积 *vs.* 盆地面积

潮间带滩地面积定义为平均高、低潮位之间的面积。在文献中，对于平衡条件下的滩地面积有不同建议。De Vriend et al.（1989）指出滩地面积和盆地总面积之间存在一个通用关系。Renger，Partenscky（1974）为德国海湾汊道建立了同样的关系。Eysink（1990）应用相同的概念（A_f/A_b 是 A_b 的函数）分析了荷兰潮汐汊道与河口的可用数据。潮滩面积具有随盆地尺寸增大而减小的一般趋势，这可能与波浪的重要性有关，但也很可能是充满一个较大盆地比较小盆地所需时间更长的这一事实结果。

5.4.2.4 潮滩高度

Eysink（1990）声称，为了在一个相对较短的时间内达到平衡，所需第一参数中的一个便是潮滩高度，它与潮汐振幅有所关联。

5.4.2.5 落潮优势与涨潮优势

应用一维数值模型 Speer，Aubrey（1985）研究了几何形状和地形在短的、摩擦主导的、充分混合河口的潮汐传播中的影响。他们建议用两个无量纲参数来把纳潮盆地描述成为涨落潮控制的盆地。第一个是 a/h，它是基于平均海平面的潮振幅和通道深度的比值，用于显示河口的相对浅度。第二个参数是潮间带存储体积和通道体积的比值（V_s/V_c）。较大的 a/h 值（较浅的盆地）意味着更长的落潮历时（由于更大的摩擦和不同波浪传播速度的影响），而潮间带容量的增加会降低涨潮传播速度和历时。后来，Friedrichs，Aubrey（1988）利用美国大西洋沿岸的测量数据进一步证实了 Speer 的模型。

5.4.2.6 落潮三角洲体积 *vs.* 纳潮量

落潮三角洲体积也与纳潮量密切相关。如果把落潮三角洲体积定义为假设无扰动海底的砂体积，Walton，Adams（1976）发现它与纳潮量的 1.23 次幂相关。

5.4.3 讨论

经验关系式，比如前面讨论过的，可直接用于试图估计干涉自然系统的影响（潮汐汊道截流、土地围垦）或者海平面上升的影响。Eysink（1990）给出了一些范例，以说明如何使用这些关系式来预测某一地貌单元可能趋向的新平衡态，并且是以何种速度，连同适合的预计时间尺度。Van de Kreeke（1992）利用艾斯可菲曲线与一个平衡的汊道断面面积 - 纳潮量关系式来分析汊道的（不）稳定性。

然而，在一个各组成部分（落潮三角洲、潮滩、通道）争夺泥沙的系统中，如此直接的应用是很困难的；在此情况下，像 ESTMORPH（Wang et al.，1998）或 ASMITA（Stive，Wang，2003）的方法更适用。在这样的模型中，潮汐汊道系统被分成了几个大的组成部分（见图 5.23），并且可用一个代表它们地貌形态的变量来描述，如：

- 落潮三角洲：假定海底以上沉积物的积分体积，如果汊道不存在，它就会存在；
- 潮滩：平均低潮位以上的潮滩沉积物积分体积；
- 通道：平均低潮位以下通道的积分体积。

每个组成部分都会努力达到自己的平衡，但是以怎样的速度发生取决于组成部分之间的输沙，反过来又取决于每个组成部分距离平衡有多远。这涉及更复杂的行为，组成

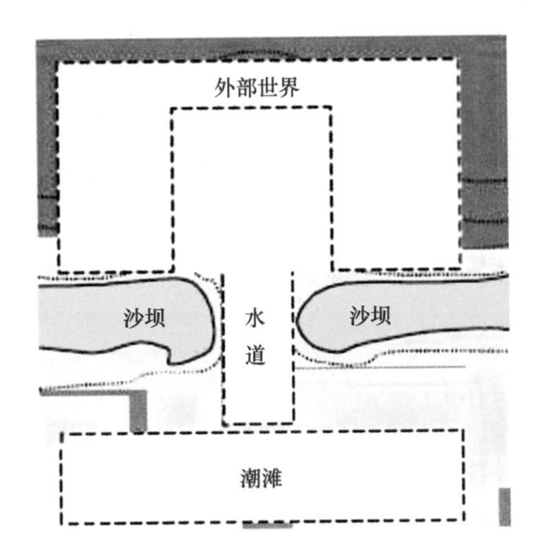

图 5.23　源于 ASMITA 的潮汐汊道组成示意图

部分并不是单调地趋向于它们的平衡，而更可能暂时远离它。像这样的模型已经成功应用于评价整个潮汐系统对于如海平面上升引起的变化的响应（Van Goor et al.，2001）。

最后，经验关系式在评估基于过程地貌模型的长期性能方面非常有用，正如我们将在潮汐汊道长期建模的案例研究中看到的。

第6章　建模方法

6.1　海岸剖面、岸线与区域模型

海岸剖面模型，重点关注海岸剖面过程，忽略沿岸方向的变化（Roelvink，Broker，1993；Schoonees，Theron，1995）；岸线模型，假定海岸剖面形状固定（Szmythiewicz et al.，2000）；海岸平面模型，可以模拟平面上的变化（De Vriend et al.，1993；Nicholson et al.，1997）。这些海岸模型有二维的（控制方程为水深平均方程），也有三维的（Lesser et al. 2004）。

通常的建模步骤如下（见图6.1）：

（1）从最初的剖面开始，岸线或二维水深；

（2）给定波浪模型，水动力模型，波流耦合模型的边界条件，运行一段时间，这期间保持水深不变；

（3）基于水动力场，波浪场以及水深和泥沙特性，计算泥沙场；

（4）基于泥沙输运梯度，水深和底沙组成更新；

（5）回到第3步，更新泥沙场的计算，或者回到第2步，更新水动力、波浪和泥沙的计算。

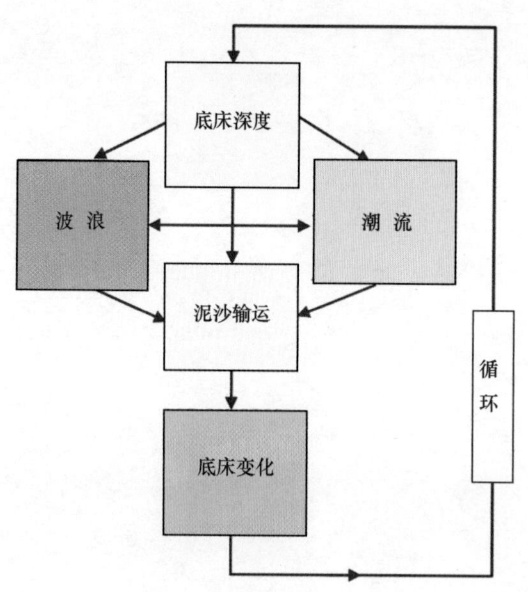

图6.1　动态地貌模型建模过程

在水动力模型、波浪模型（固定，非固定）和泥沙模型（粗颗粒/细颗粒/多种组分；底沙/悬沙/全沙）之间存在巨大差异，更新的频率（每个潮周期或每个时间步长更新一次），底床更新方案和地貌变化累积技术。下面就这几个方面对我们所考虑的每种模型进行讨论。

6.2　应用范围

6.2.1　海岸剖面模型

具有代表性的海岸剖面模型应用主要有以下两种：评估风暴潮对海岸剖面（有或没有建筑物）的影响；评估沙坝与养护方案对沙滩和滨面的长期影响。

第一种应用是最古老最简单的。我们尝试模拟一个向海输运占主导的情况，主要的难度在于预测冲刷的速度以及风暴潮过后剖面的形状。大多数的剖面变化发生在沙丘或防波堤向海方向几百米处，此类事情的持续时间大多是几天。

第二类应用涉及整条有效剖面，具有代表性的是千米级的横断面，取决于波候和模拟时间，向外可延伸至水深 6 ~ 15 m。沙坝 - 凹槽模式的改变发生在多年以后，在一些系统中，单一的沙坝前后移动，在另外的系统中，沙坝在滨线附近生成，发育的同时向海移动直到消失，然后开始一个新的循环。这个过程可能需要几年到十几年。这种行为是多种力作用的结果，但是没有一种力是可以用模型非常精确地模拟出来的。Roelvink et al.（1995）得到了一个有些理想化，时间尺度大约是 10 年的沙坝演变特征；Ruessinket al.（2007）在对 模型进行敏感性分析后，在三个不同站位，对沙坝再生特性进行了几个月的广泛验证。像这类系统受沙滩和前滨补沙影响，与沙坝模式相互影响。这使得模拟补沙行为和有效期限变得非常困难：只有当模型模拟自然沙坝特征接近现实情况时，我们才会多少相信模型有预测养护相对影响的能力。对于硬式建筑物来说，也存在相似的争论，因为它和剖面的相互影响尺度与沿岸沙坝是一样的。

6.2.2　岸线模型

岸线模型假设水动力条件大体平行于等深线逐渐变化。在这种情况下，相对于海岸方向，沿岸输运看起来完全与当地入射波条件相符合。岸线模型原则上适用于岸线长度在千米级的大尺度。海港上游沙滩的淤积（Szmytkiewicz et al.，2000），河口三角洲的大尺度演变，大规模海滨补沙的沿岸传播（E. G. Dean，1992），由于波候改变引起的岬角海湾的演变和岸线调整（E. G. Buijsman et al.，2001），这些都是很好的例子。

然而，随着相关技术的发展，岸线模型也常被应用到小尺度区域，例如水上或水下离岸防波堤，T 形丁坝周边和潮汐汊道附近。这通过将岸线模型和二维波浪模型相耦合来预测近岸波候来实现，在沿岸输移方程中加入额外的项来说明增水的差异，有时将海岸分成两段相互连接的海岸线。这类应用必须谨慎对待，因为作用于如此小的许多过程不是以这种方法表示的；即使当验证成功时，如果错误过程被“和谐”了，那么这个值很可能就是有局限的。有时在岸线模型中用一些小尺度建筑物表示，目的是为了预测大尺度的趋势。在我们的观念中这是好的，只是不要特别关注建筑物周围的演变细节。

6.2.3 海岸区域模型

海岸区域模型用于沿岸和横向尺度无法分开的情况，例如在潮汐汊道附近区域，汊道和浅滩纵横交错，地形十分复杂。海岸区域模型适用于很多范围，从小尺度的海岸工程问题到大尺度的海湾的演变。

对于最小尺度的问题，在此我们讨论的是波浪和波生流模式的细节，以及由此导致的小型建筑物（如丁坝和独立式防波堤）周边的地形变化，或者沙丘的冲刷（海岸不是沿岸整齐排列的区域）。模拟这类主要过程，需要小尺寸的网格和小时间步长，这使得这类计算十分密集，尤其是当预测时间比台风所要求的时间更长时。把问题当二维看待时，重点在水平循环模式效应；当做（亚）三维时，除了需要考虑垂向环流（回流），还需要考虑其他波浪相关作用引起的向岸流，如何选择对模拟十分重要（E-.G. Lesser et al.，2004）。在第一种情况下，一个远远没有达到平衡形状的海岸剖面可能会演变；在第二种情况下，将会有一种恢复到一个确定剖面形状的趋势，但是用这种方法需要很仔细的调整横断面上的过程，因为有时合理的剖面发育或许保护不变。在这些尺度下，沙坝也可以求解，但是在此我们是在剖面模型情况下讨论的，因此得到正确的沙坝特性是一个紧凑的平衡过程。最大的困难和挑战是模拟复杂三维海滩地形的自然演变过程，这是正确得到不同海滩状态转变的关键。（E. G. Reniers et al.，2004a）（Smit et al.，2005）

对于大点的尺度，例如研究港口扩建，汊道稳定性，大规模养护或者围垦，通常不需要求解破波带内过程的细节，但是需要模拟出破波带，至少足以产生一个合适的沿岸流及其输运；这意味着在破波带至少需要布置5~10个网格单元。由于这些研究的目的是预测几个月到几年的变化，考虑某些横断面上的过程是十分重要的，因此，即使沙坝不能被表示，并且甚至有可能必须防止发生，横断面也应该保持在一个合理的形态。部分的海岸剖面演变取决于与沙丘的相互作用，特别是沙丘侵蚀和风成沙丘。这类过程十分难处理，需要一些探索性方法以实现模型中湿的区域与干沙滩和沙丘之间砂的交换。由流引起的冲刷坑的发展和航道淤积通常可以很好地预测，当然这不是指河口航道，因为不稳定的沉积特征和三维特性十分重要；在这些情况下，波浪通常不成问题。

关于大尺度的有意思的应用是海湾和河口长期演变的研究。只要波浪可以忽略（对于大型汊道是有些道理的，并且当关注点不是落潮三角洲时），要解决的尺度是关于主航道和浅滩的，一般宽度在几百米到几千米，因此，即使是网格尺度大约100米的相对粗糙的模型，模拟效果也相当不错。因为在较大的空间和时间步长下，有了新加速技术的帮助，模拟百年时间尺度是可能的，这使得人们可以研究海湾达到平衡的演变，以及模拟海平面上升对海湾的影响（E. G. Wang et al.，1995；Hibma et al.，2003；Van der Wegen，Roelvink 2008；Dastgheib et al.，2008；Dissanayake et al.，2009）。而令人惊奇的是，用这些相对简单的物理过程得到的结果很逼真，尽管在这些模拟当中普遍产生了过深过窄的航道。然而，最近的研究表明，当考虑了粒度的空间变化，尤其是考虑到沉积物越粗、平均剪切应力越大时，可以得到更符合实际的航道剖面。

当要正确表达毗邻海岸和落潮三角洲时，波浪作用必须考虑。这需要严格控制近岸网格的分辨率，否则会大幅度增加计算成本，一般至少能相差一个数量级。另外，正如我们将在下一节里讨论的，除了简化风、潮汐和相关的径流之外，还必须简化变幻无常的波候。前几章所讨论的模型应用和相应的尺度概括于图 6.2 中。

时间尺度	1m~1km	10m~10km	100m~100km
1 年~1000 年	气候变化对剖面的影响	潮汐汊道演变，包括气候变化影响	纳潮盆地演变 大规模岸线演变
1 天~10 年	周期性沙坝行为 海滨补沙的影响 沙滩状态演变 小尺度海岸构筑物的影响	港口扩建，围垦的影响 大型养护工程	补沙的沿岸扩散 海岸调整对波候变化的响应（ElNiño，La Niña）
1 小时~10 天	沙丘侵蚀(一维) 再调整事件 沙丘侵蚀，越流和决口（二维）		

空间尺度

图 6.2　模型及其适用范围：剖面模型（红色），岸线模型（蓝色），海岸区域模型（黑色）

6.3　输入简化

一旦为我们所要处理的问题确定了合适的模型，我们就要开始输入不同条件的时间序列，运行若干个时间周期。如果我们想要模拟一个不太长的测量过程，并且相关输入条件都有连续的实测数据，那么，在这种情况下，输入条件是时间的函数，即使只包含了一段有限的时间周期，我们依旧可以运行整个时间序列。

在模型校准和验证阶段，我们常常想要水深测量之间所谓的“后报”运行更长时间。通常，输入条件的时间序列是可用的，但是如果输入条件是 5 年逐时数据，那么这会消耗太长时间。在这种情况下，我们必须使用一些输入简化手段来减少必须输入条件的数量，同时采用一些地貌更新技术。

为了预测模型的顺利运行，在我们不根本清楚输入条件顺序的情况下，通常采用限制模拟条件的数量以达到足够长模拟周期的目的。

6.3.1　输入参数

在制作代表性时间序列或气候条件的过程中，首先是要选择基本的输入参数。一般海岸模型中具有代表性的参数如下：

（1）大小潮周期的潮位、相位；

（2）特征站位的离岸波高、波周期、波向和频谱形状；

（3）风速和风向；

（4）径流量；

（5）涌浪水位；

其中某些参数是校正的，某些不是：

（1）尽管海岸模型中潮波受涌浪、波浪和风的影响，但是潮波边界条件和其他参数无关；

（2）虽然有相当大的分散性，但是涌浪水位通常和风相关；对于给定文秘，其也与波高相关；

（3）风浪方向与风向有关，尤其是强风条件下；涌浪方向往往不是和当地的风向很相关；

（4）给定波向的风浪波高与风速有关；

（5）波周期与风浪波高有关；

在对输入条件进行合理地简化之前，必须基于现有的数据和实际情况的分析来研究这些关系。

由于潮波边界条件独立于波浪和风输入条件，因此我们将潮波简化与风候/波候的分开处理。

6.3.2 简化的一般原则

在运行全地貌模型之前，我们必须先简化，并且要基于对初始输移和底床变化的分析之上。这意味着在选择代表性条件时，年代顺序并不重要。后面在我们汇编模拟情景时，再继续讨论这一问题。

现在，简化的一般原则是，选择一些输出参数或准则 C 以及一组输入条件（矢量 v）。然后我们估计这个准则的时间平均值，并且为此选择一个代表性条件及其权重因子的组合。方程（6.1）的主要步骤如下：

$$\begin{aligned}\frac{1}{\mathrm{t_{end}}-t_{start}}\int_{t_{start}}^{t_{end}}C(t)\,dt &\overset{(1)}{\approx}\frac{1}{N}\sum_{i=1}^{N}C(i)\\ &\overset{(2)}{\approx}\sum_{j=1}^{N_{classes}}C(j)p_j\\ &\overset{(3)}{=}\sum_{k=1}^{N_{cond}}\sum_{l=1}^{N_k}C(l)p_l\\ &\overset{(4)}{\approx}\sum_{k=1}^{N_{cond}}C(rep,k)p_k\end{aligned} \tag{6.1}$$

（1）时间序列中的时间均值被每个输入组合的平均值所代替；如果输入时间序列足够详细，那么就不会产生误差；

（2）我们并非对每一个测得的输入参数组合进行计算，而是首先将它们分成不同集合，接着估计为所有输入参数的集合均值所设定的 C 值，然后将结果与每个集合的概率相乘。只要所选的集合足够小，这一步将不会产生大的误差。事实上，估计的 C 值通常被当做目标值，因为它非常接近实际值；

（3）这一步只是将前一步的结果重新分成更大的集合 k。在此，对想要表达的状况进行真实的选择。

(4) 现在，将大集合 k 中输入条件 l 的所有组合用单一代表性条件和概率来代替。

在（6.1）中的第 4 步，每个大集合 k 必须满足：

$$\sum_{l=1}^{N_k} C(l)p_l \approx C(rep,k)p_k \Rightarrow C(rep,k) \approx \frac{\sum_{l=1}^{N_k} C(l)p_l}{p_k} \tag{6.2}$$

在此我们还可以选择把集合 k 概率解释为所有子集的概率总和，或者是权重因子，用于校正结果以更好地符合时间平均准则。这个概念是 Latteux（1995）提出的，旨在表现模型的整个沉积/冲刷模式。他发现在一个大小潮周期中，相对高潮时的全模式模拟效果较好，但是输运的量级还是太高；因此他用了一个权重因子 p_k，用于修正这个误差。

当只有一个输入变量（譬如潮位振幅）时，这是一个有用的概念。然而当输入变量多于一个时，效果就不明显；在这种情况下，我们建议采用子集概率 p_l 的总和，而不是 p_k。

对于单一准则，我们只需要挑选出符合（6.2）式的输入条件，并且假设所选子集足够好。但如果想要同时符合更多的准则，那么就必须为所有需要满足的准则选择一个折中的方案。

6.3.3 潮汐简化

潮汐简化对动力地貌区域模型是至关重要的。考虑到每个潮周期造成的微小海底变化模式是极其相似的，因此，在模型中不是每年 700 个潮周期都要运行，而是挑选一些具有代表性的潮周期进行运算，然后根据运算得到的结果推算更长时间的地形变化；推算的方法将在第 9 章中详细讨论。

在我们详细介绍简化方法之前，首先讨论一些重要的概念。

6.3.3.1 保持潮汐不对称性

在海岸、河口和汊道的潮汐是很多分潮共同作用的结果。但是，当平均长周期的潮流输移时，由于不相关的不同分潮的作用需过滤掉，因此，只剩下一些特定组合有净贡献：

- M_2 分潮及其倍潮 M_4，M_6 等之间的相互作用
- 全日分潮 O_1，K_1 和半日分潮 M_2 之间的相互作用
- 平均潮流和所有分潮之间的相互作用

Van de Kreeke 和 Robaczewska（1993）指出了半日潮 M_2 分潮和倍潮 M_4，M_6 等之间相互作用的重要性。因此，我们只讨论 M_2 分潮和 M_4 倍潮之间的相互作用（图 6.3）。正如在之前的章节中提到的，这一作用可通过考虑输移与流速的三次方成比例来说明：

$$u = M_2\cos(\omega_{M2}t - \varphi_{M2}) + M_4\cos(\omega_{M4}t - \varphi_{M4}) \tag{6.3}$$

那么，流速三次方的平均值就计算如下：

$$\langle u^3 \rangle = \frac{3}{4}M_2^2 M_4\cos(2\varphi_{M2} - \varphi_{M4}) \tag{6.4}$$

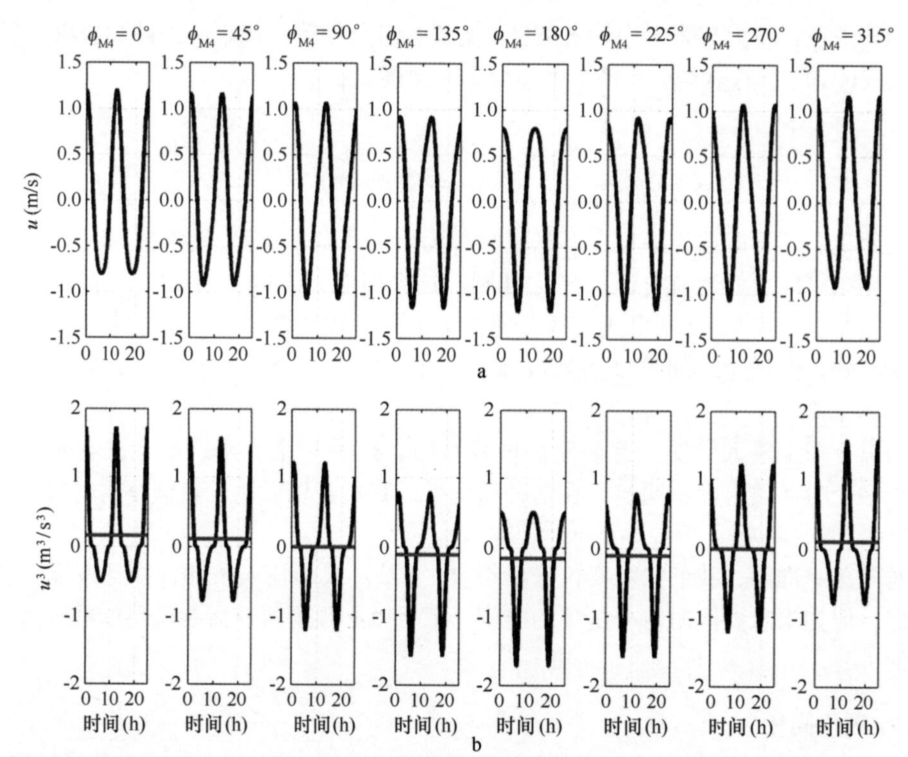

图 6.3　在 $M_2=1$ m/s，M4 = 0.2 m/s 以及 M_4 分潮不同相位下的流速时间序列（a），流速的三次方（b，蓝线）和流速三次方的平均（绿线）

如图 6.3 所示，潮汐不对称性取决于与 M_2 分潮相关的 M_4 分潮的相位。

一个最新发现的组合是 O_1，K_1 和 M_2，只在全日潮主导的区域产生作用。这可以用一个事实来解释，即 O_1 与 K_1 分潮的频率相加正好是 M_2 分潮的。正如 Hoitink et al.（2003）所给出的，当输移与流速的三次方成正比时，流速可计算如下：

$$u = O_1\cos(\omega_{O_1}t - \varphi_{O_1}) + K_1\cos(\omega_{K_1}t - \varphi_{K_1}) + M_2\cos(\omega_{M_2}t - \varphi_{M_2}) \tag{6.5}$$

O_1，K_1，M_2 分潮之间相互作用的净效应如下：

$$\langle u^3_{O_1K_1M_2}\rangle = \frac{3}{2}O_1K_1M_2\cos[\varphi_{M_2} - (\varphi_{O_1} + \varphi_{K_1})] \tag{6.6}$$

正如 Lesser（2009）所提出的，引入一个频率刚好为 M_2 分潮一半的模拟的全日潮分潮，以代替 O_1 和 K_1)，也可以达到相同的净效应，相应的振幅和相位如下：

$$C_1 = \sqrt{2O_1K_1}, \varphi_{C_1} = \frac{\varphi_{O_1} + \varphi_{K_1}}{2} \tag{6.7}$$

式 6.8 表示了不同分潮相互作用的效应与平均流速。可以看出，分潮的净效应通过分潮速度振幅的平方来表示。

$$u0(u_0^2 + \frac{3}{2}\sum_{i=1}^{n}\hat{u}_i^2) = u0(u_0^2 + \frac{3}{2}\hat{u}_{rep}^2) \Rightarrow r = \frac{\hat{u}_{rep}}{\hat{u}_{M_2}} = \frac{\sqrt{\sum_{i=1}^{n}\hat{u}_i^2}}{\hat{u}_{M_2}} \tag{6.8}$$

其中，增强因子 r 为速度分量的均方根值与 M_2 速度振幅的比值。为了使增强因子 r

和水位振幅直接相关，我们必须考虑速度振幅的范围与每个分潮的周期，因此：

$$r = \frac{\sqrt{\sum_{i=1}^{n} \hat{u}_i^2}}{\hat{u}_{M_2}} = \frac{\sqrt{\sum_{i=1}^{n} (f_i \hat{\eta}_i)^2}}{f_{M_2} \hat{\eta}_{M_2}} \tag{6.9}$$

由此可见，对于全潮对地貌的影响，我们可以通过一个包含了模拟全日分潮 C_1、M_2 与倍潮 M_4、M_6 等的周期性潮来近似表达。

下面我们将首先介绍如何为开阔海域（潮流仅由几个分潮驱动）建立典型的边界条件，然后，介绍如何为更复杂浅水环境构建简化的边界条件。

6.3.3.2　开阔海岸

我们以美国西海岸华盛顿州格雷斯海港周边潮汐运动为例来说明。表 6.1 列出了这一区域的主要离岸潮分量 。由表可知，这里有重要的全日潮分量和类似幅度的半日潮分量 S_2 与 N_2。这些特征导致该地的潮汐运动变化多端。我们将分析这个变化对口门泥沙输移的影响。我们用流速的三次方代表泥沙输移，三个时间平均参数如下：

（1）累积输移，或 U^3 的时间积分，净输入或输出的测量；

（2）累积正输移，涨潮水道变化测量；

（3）累积负输移，落潮水道变化测量。

表 6.1　美国华盛顿州格雷斯海港潮汐振幅和相位

分量	频率（1/hr）	振幅（m）	相位（°）
M2	0.080 511 400 6	0.941	229
S2	0.083 333 333 3	0.210	247
N2	0.078 999 248 7	0.176	209
K1	0.041 780 746 2	0.500	230
O1	0.038 730 654 4	0.274	221

总累积输移也可以指示固定建筑物周边持续或者随时间变化的冲刷是怎样的，因为，无论在涨潮时还是在落潮时，这样的冲刷都会发生。

格雷斯海港纳潮盆地的平均面积大约为 236 km^2。口门宽度大约 2.1 km，横截面面积大约 24 000 m^2。利用这些数据，结合公式（3.77），忽略摩擦，我们可以对一年（2003 年）内通过口门的水流流速作一个很简单的估算。

图 6.4 所示为计算结果，考虑的分潮数越多，问题就越复杂。图 6.4 第一横排是只有 M_2 分潮的结果，净累积输移为零，并且总的正输移与负输移相等。增加了 S_2 分潮导致振幅呈正弦变化，并且总输移量变大。增加 N_2 分潮后，瞬时流速和输移的变化更大，但是累积输移量仅有很小的不同。每个分潮甚至是大小潮周期对累积输移量的贡献都是很小的。

根据一年的计算结果，增加全日潮 O_1，K_1 对输移的净贡献很小。在半日潮占主导的情况下，全日潮和半日潮之间的相互作用可以忽略不计。

在此，它仍然是很小的，但没有忽略不计。根据以上分析，我们看到，对于即时流速和输移的所有变化量，一年周期的累积输移几乎是线性的。因此，累积输移量作为过滤的结果，最终体现在地貌变化上，可以采用单个增强的 M_2 分潮，加上人为引入的全日分潮 C_1，再加上平均分量来模拟。

在这种特殊情况下，应用公式（6.9），M_2分潮需要乘以一个增加因子 1.083 6。由图 6.4 最后一横排可知，这个近似导致了一年内总的与净的累积输移率非常相似。

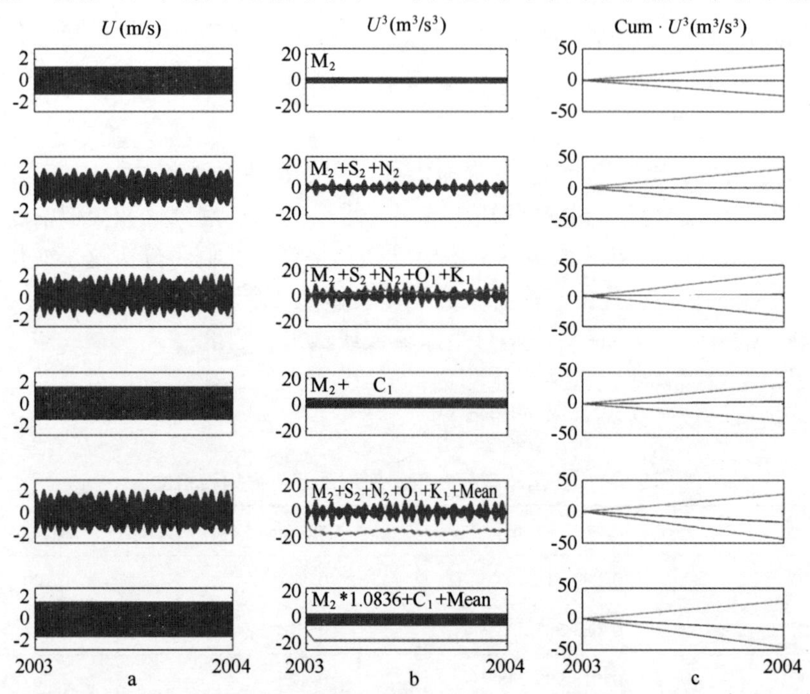

图 6.4 格雷斯海港不同分潮组合的流速（a），U^3（中间图，蓝线），月平均 $U^3 * 50$（b，绿线）；一年内净的和总的累积 U^3（c）。

图 6.5 中，最后两个分潮组合的结果偏大。可见，增强的 M_2、模拟的全日分潮 C_1 与平均分潮的简单组合可以很准确地表示总的与净的累积输移率。这也表明，我们不需要太过担心在累积输移计算过程中过滤掉的一年内大小潮周期的变化。

Lesser（2009）采用一个简化了的周期约 24 h 50 min 的周期性潮汐，借助一个复杂的模型，非常准确地模拟了潮汐对格雷斯海港正南威拉帕湾的影响。

上述案例中的潮汐相对易于简化，因为在开阔海岸，只要几个分潮就可以满足一个潮流模型运行的要求，典型的浅水分潮，比如 M_4，在外海边界上是可以忽略的（尽管在模型运行中也会生成）。另外，正如我们在 3.5 节所讨论的，由于潮流沿岸传播的速度很快，因此，沿岸的相位差可以忽略，并且，潮流模型中的离岸边界可以采用均匀的水位变化来处理。

6.3.3.3 浅海

对于较浅海域，譬如北海、亚得里亚海 或 Tonkin 湾，在运行模型时，需要考虑更

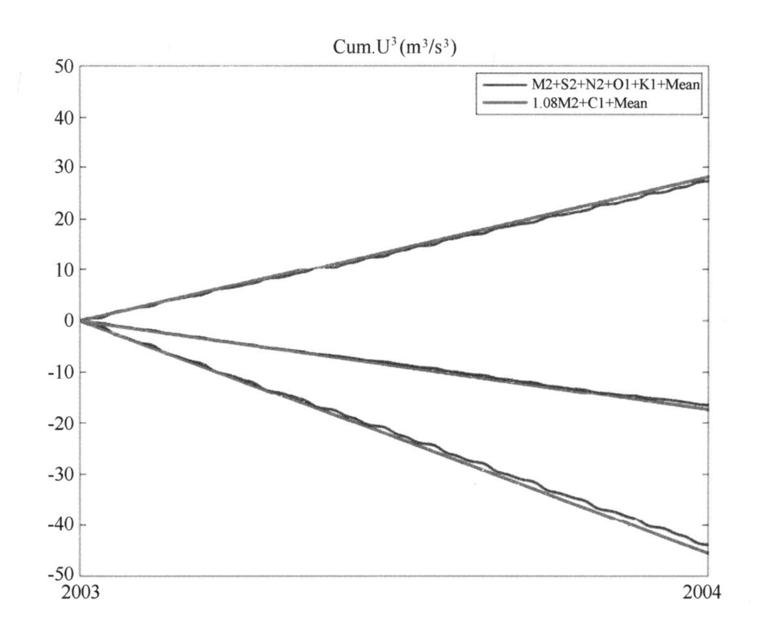

图 6.5　简化过的格雷斯海港模型的总的与净的累积 U^3；蓝线：所有分量的全年模拟结果；红线：受代表性潮 $1.08 * M_2 + C_1$ 作用的运行结果

大组合的分潮以及相位和振幅的沿岸变化。通常，这意味着必须嵌套一个大尺度的区域模型。为了得到地貌模型需要的潮位边界条件，一个简单的方法是采用区域模型的简化程序，例如运行区域模型，外海边界只有 C_1 与增强的 M_2 分潮，然后根据运行结果得到地貌模型边界上的水位和水位梯度/流速梯度。M_4 和 M_2 倍潮在区域模型中自动生成，它们的振幅和相位可以根据相关潮位站的资料进行验证。

但是，这个方法有某些不确定性。首先，区域模型中相关分潮的生成和传播可能受其他分潮的影响。其次，在区域地貌模型内生成的平均潮流，对于大小潮周期的不同阶段可能是不同的。因此，有学者提出了另一种方法，与 Latteux（1995）提出的相似。该方法可概括如下：

- 作为参考，整个大小潮周期的水流、泥沙输运和底床变化都进行模拟。
- 整个模拟周期的沉积和冲刷模式（或泥沙输移率）与短时间周期（通常是 24 小时 50 分钟）的进行对比以得到全日潮和半日潮分量。
- 对于每一个连续的时间周期，估计以下参数：

（1）所有网格点在所选时段内的潮平均输移率与大小潮周期内的平均输移率之间的相互关系。这个参数标示整个模式是否正确；

（2）大小潮周期内的输移率与所选双潮时段内的输移率之间线性回归的斜率。这个斜率可以看做是时间尺度因子。采用某一代表性潮型所计算的输移率乘以这个因子就可以得到真实的输移率。然而，我们通常采用时间尺度因子接近 1 的代表性潮型。

- 对于所选时间周期，为了得到完美的周期性边界条件（基本频率是 M2 分潮的一半），需要进行边界条件时间序列的调和分析。

下面我们以该程序在亨伯河口地貌研究中的应用为例进行说明。如图6.6所示为亨伯河口的地形。图6.7是半个大小潮周期的水位变化过程，由图可知调查过程包含7个双潮。

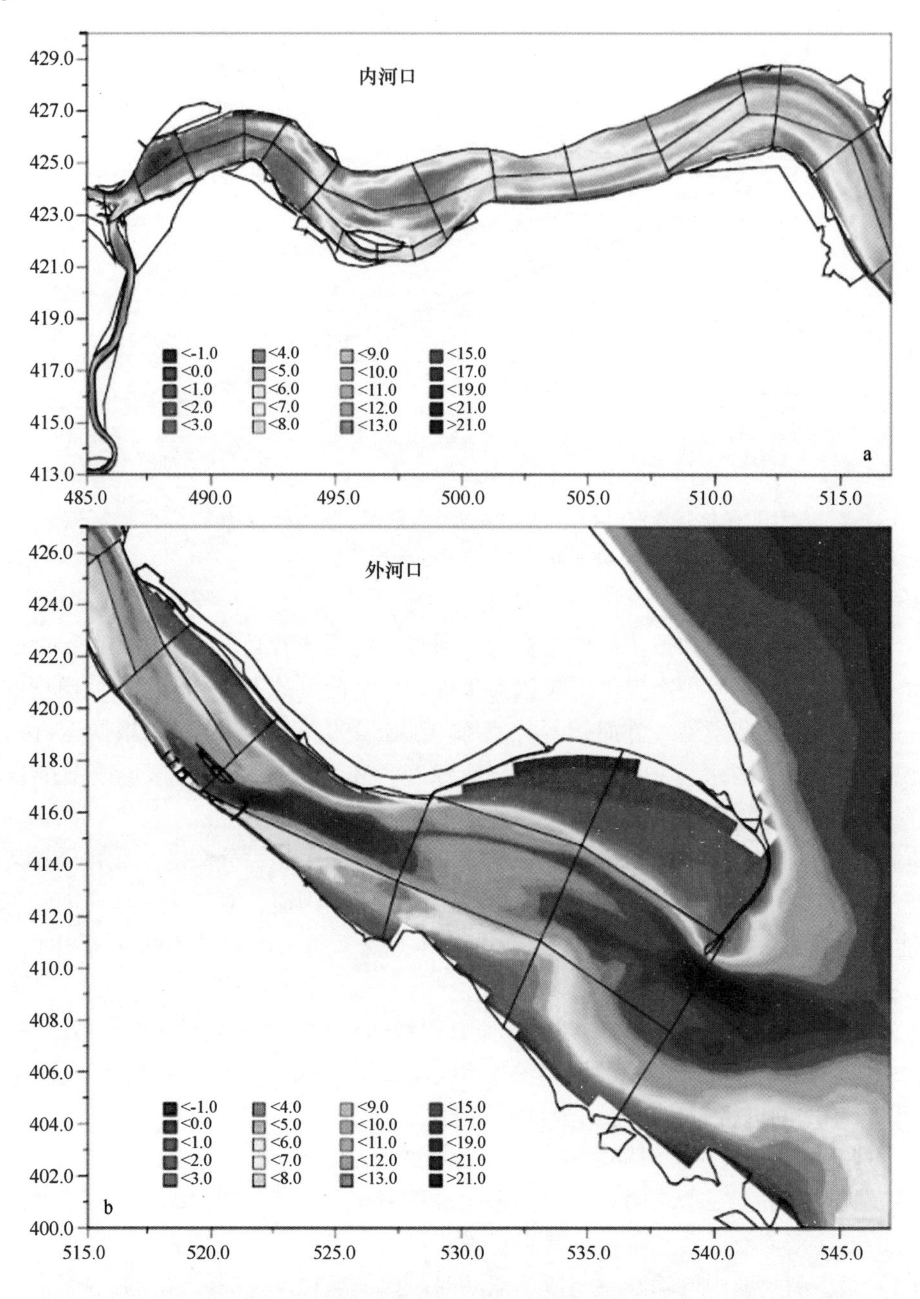

图6.6 亨伯河口地形图（a与b的左上角相接）

图6.8所示为平均流条件下不同输移率的相关性，圆点代表每个网格单元在每个周期的平均输移率。横坐标表示整个大小潮周期的平均输移率，纵坐标表示特定双潮的输

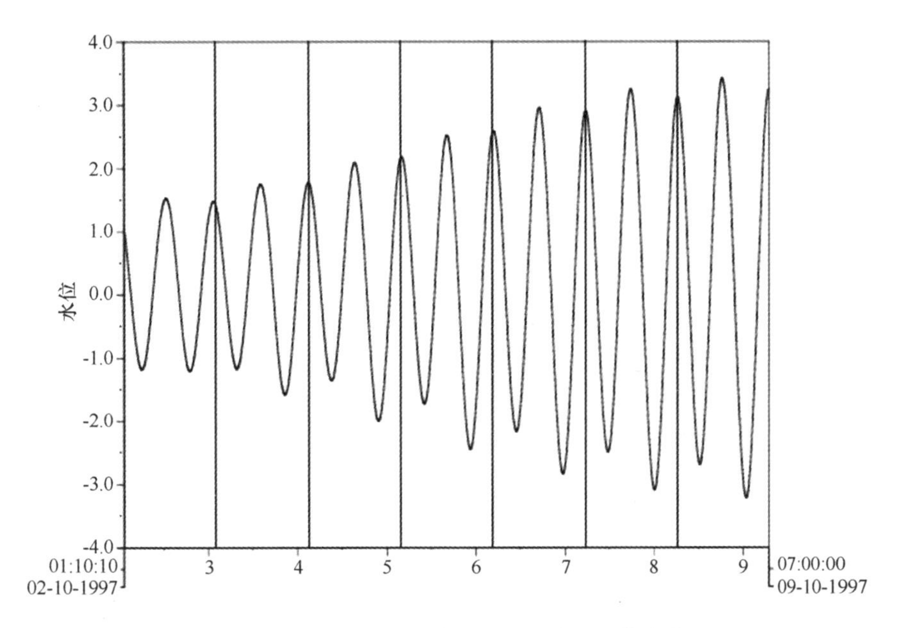

图 6.7　亨伯河口半个大小潮周期内的水位变化

移率。表 6.2 是所得结果的比较。

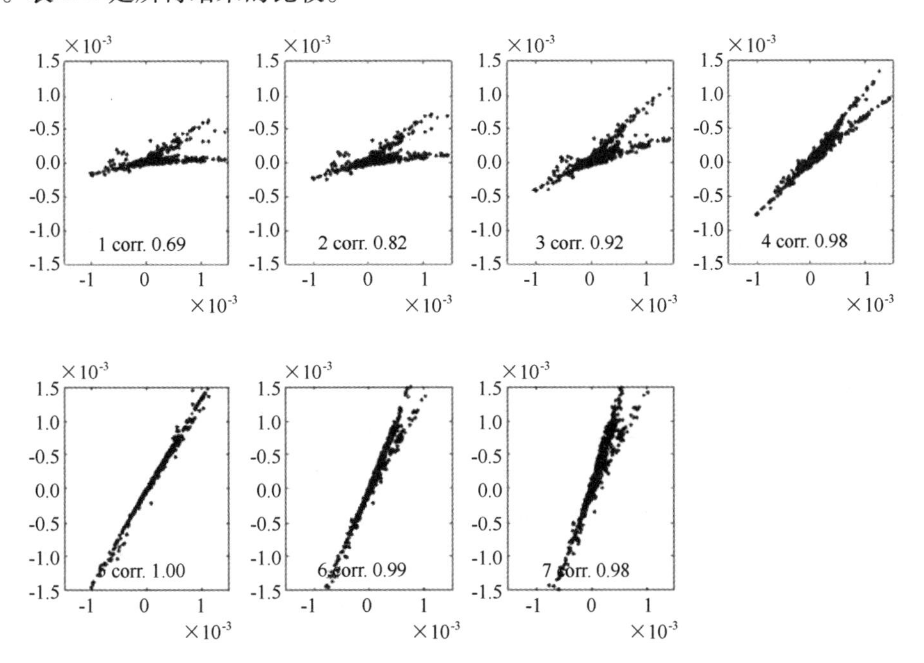

图 6.8　单潮与大小潮周期所得输沙率之间的相关性

表 6.2　潮型的推导

潮号	开始时间	相关系数平均流向	坡度平均流向	相关系数垂直于流向	坡度垂直于流向
1	02 10 1997 01 00	0.6924	3.2969	0.6961	3.9413
2	03 10 1997 02 00	0.8207	2.6730	0.8510	3.1553
3	04 10 1997 02 50	0.9204	1.6685	0.9435	1.8616
4	05 10 1997 03 40	0.9793	1.0355	0.9850	1.0459
5	06 10 1997 04 30	0.9974	0.7123	0.9977	0.7036
6	07 10 1997 05 20	0.9910	0.5564	0.9947	0.5493
7	08 10 1997 06 10	0.9783	0.4768	0.9864	0.4804

显然，在第5个潮周期，两者的相关性最好，它可以很好地表示输移率，因此它被选作代表性潮型用于地貌模型的计算。然而，这个潮型还是高估了平均输移率，比例因子是1/0.71。事实上，当使用这个潮型的时候，计算时间应该除以1/0.71（=1.4）。在必须考虑其他因素（波浪、风等）的时候，根据相关性，第4个周期的潮型是可以作为第二选择，因为它不需要校正因子。

6.3.4　风/波候的简化

作为一个例子，我们想研究荷兰海岸的一部分，它地处北海、靠近Hoek van Holland（见图6.9中地图），海岸方向相对于正北约30°我们可以从荷兰水运当局监测站的永久网络获得数据（可见 www.golfklimaat.nl）。

我们检索了当地Euro站23年的数据，得到了定向波信息。图6.10显示了有效波高和波向等级的比例。从中可以很明显地看出有两个主波向，即：SW，210°~240°和NNW，330°~360°。这可以由来自SW的主导风向和来自SW与N的最大风区长度来解释。

图6.10所示是330°~360°方向区域的上述参数之间的典型关系。同风速、滤去潮汐变化后（对于这个区域）涌浪和余流水位增水一样，峰值周期与波高存在强相关性。同时也显示波向与风向之间存在着相关性。图6.11所示为每波向/波高等级参数的平均值，它揭示了一些明显的趋势，比如涌浪水位和波高在西北风条件时的强相关性。

在这种情况下，我们可以使用这些相关性来减少必须考虑到的个别输入参数，从而降低简化问题的维数。我们可以认为波向和波高是控制输沙最重要的参数，并且可以把这些简化成许多代表性条件。对于每个这样的条件，基于上述关系，我们便可以确定峰值周期、涌浪水位、风速和风向等的平均值。

下一步是界定标准用以选择减少的输入条件数量。这样的标准可能是：

（1）代表平均沿岸输沙；

（2）代表通过重要控制断面的累积输沙；

（3）代表总的沉积/侵蚀模式；

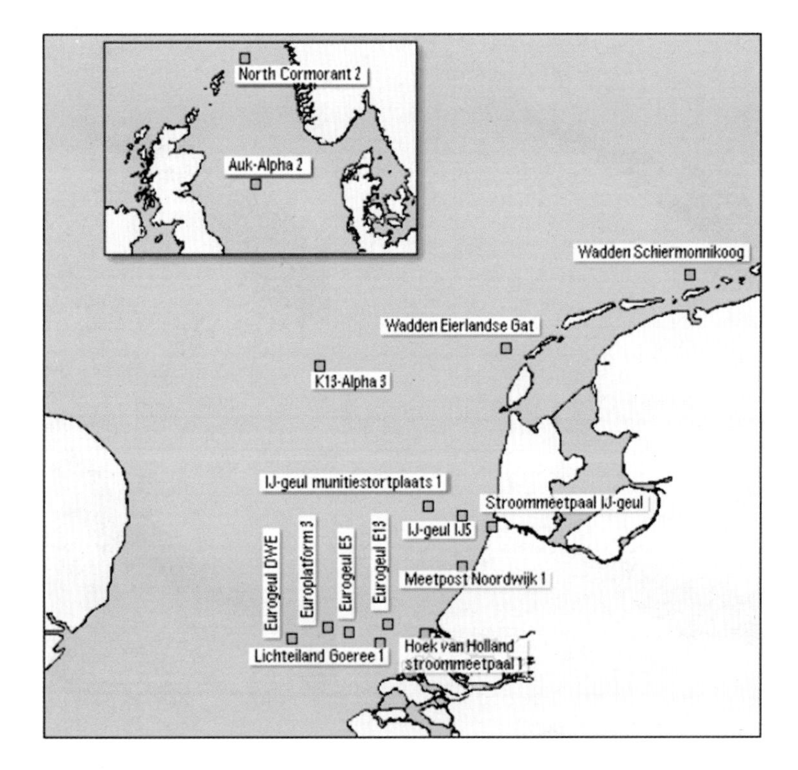

图6.9　荷兰水运当局北海监测站

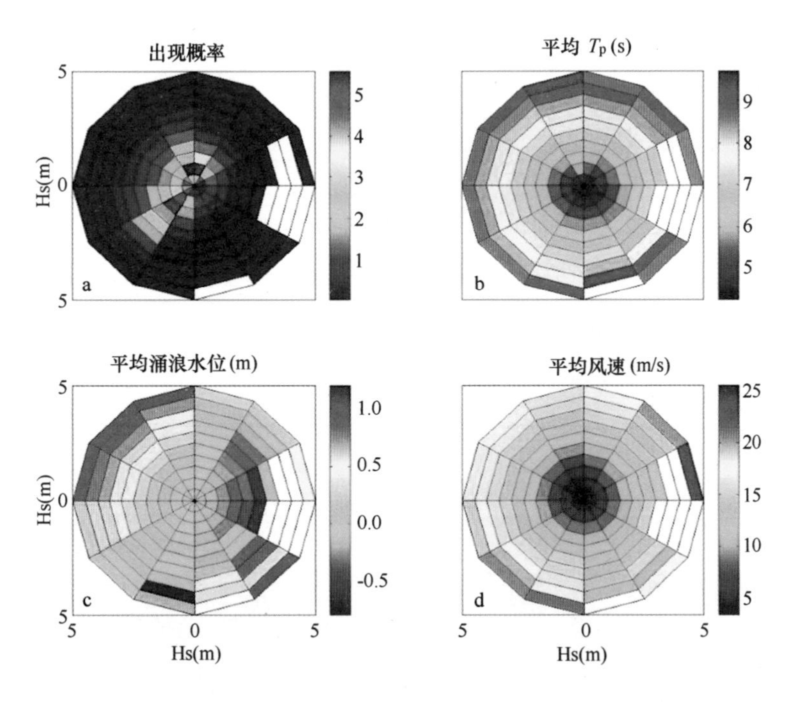

图6.10　出现0.5m等级和30°波向等级的比例（a）；每波向/波高等级的平均（b），平均涌浪水位（c）和平均风速（d）

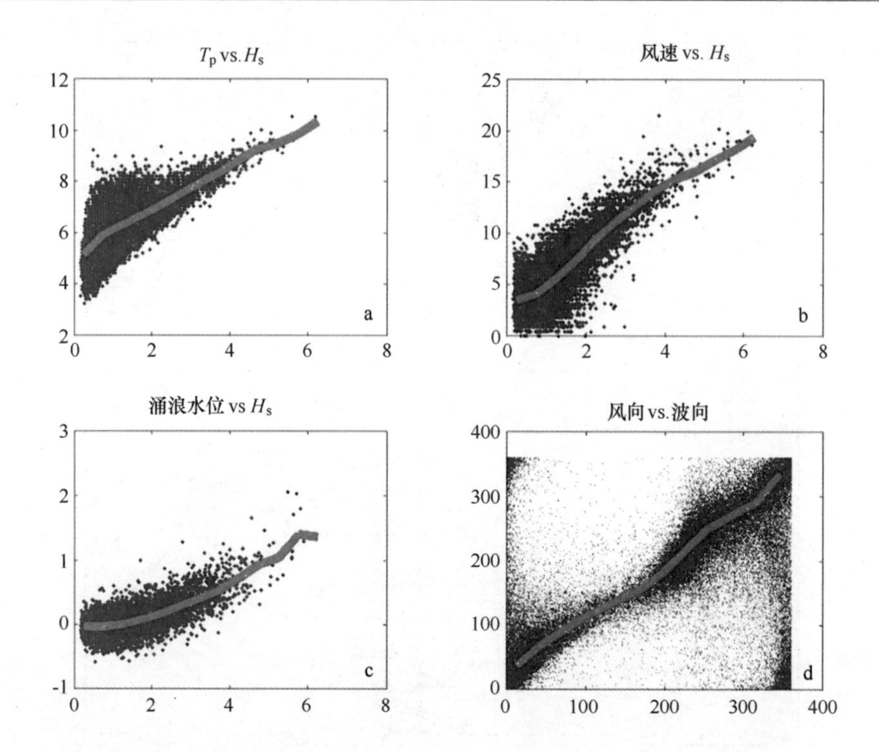

图 6.11 330°~360°方向区域的 与、风速与和涌浪水位与的散点图和趋势线；所有方向区域的风向与波向的散点图；承蒙荷兰水运当局允许使用的北海 Euro 平台 1979—2001 年的数据。

（4）代表总的输沙矢量场。

我们可用以下三条来尝试评估这些标准：

（1）抓住主要影响因子的简单关系式；

（2）简化模型，例如：剖面模型，以评价沿海岸剖面的输沙分布；

（3）全模型，但是对于所有条件的运行周期都比较短，因此总的计算时间仍在可控范围内。

6.3.4.1 运用简单关系式

以 CERC 公式为例，该公式可进一步简化为：

$$S_{long} = AH_{M0}^{2.5}\sin[2(\varphi_{\omega} - \varphi_c)] \tag{6.10}$$

对于给定方向等级，可以很容易地用它来选择一个典型波高。我们选择等级中间作为典型方向，于是由下式计算典型波高：

$$\sum_i \{p_i H_{s,i}^{2.5}\sin[2(\varphi_{\omega,i} - \varphi_c)]\} = \sum_i (p_i) H_{s,rep}^{2.5}\sin[2(\varphi_{\omega,rep} - \varphi_c)] \Rightarrow$$

$$H_{s,rep} = \left(\frac{\sum_i \{p_i H_{s,i}^{2.5}\sin[2(\varphi_{\omega,i} - \varphi_c)]\}}{[\sum_i (p_i)]\sin[2(\varphi_{\omega,rep} - \varphi_c)]}\right)^{1/2.5} \tag{6.11}$$

或者，对于窄幅波角，只是：

$$H_{s,rep} = \left[\frac{\sum_i (p_i H_{s,i}^{2.5})}{\sum_i (p_i)} \right]^{1/2.5} \tag{6.12}$$

选择的波向数应该至少是2，因为不仅是获得合理的净沿岸输沙估算值很重要，而且两个方向上的总输沙也应该能体现。需要强调的是，简单方法不是很精确，并且结果可能偏离，因为全模型中的输沙关系式比简单的2.5次幂关系式更复杂。

6.3.4.2　用剖面模型代替

用以前的方法，我们或多或少能保证两个方向上的沿岸输沙率，但是横向分布仍然是完全错误的。例如，当给定典型波高，波候简化后，破波带外边的局部输沙将是零，即使破波带延伸更远的地方有明显更高的波浪条件和显著输沙。因此，这种表示方法的改进需要考虑更多的波高等级，并把上述标准应用于每组波浪条件。但是，我们可以比这做得更好，并且用剖面模型可以很好地代替全模型，因为它至少能使我们了解破波带输沙是如何分布。

作为一个例子，我们想找到给定波向的代表性波浪条件的情况。运行剖面模型，可以给出作为波高函数的输沙横向分布（在0.5 m等级）；通过将每波等级的输沙剖面与其发生概率相乘，我们就得到了输沙的加权平均分布。我们看到这个平均分布与基于简化的完全不同：高波的发生频率低，导致一条长长的尾巴，这在简单的简化里是完全消失的。更好的方法是使用实际计算的输沙。我们选择了一些可以组合在一起的波浪等级，而且对于这些波浪条件，我们要求：

$$\sum_i p_i S_i = \left(\sum_i p_i \right) S_{rep} \Rightarrow S_{rep} = \frac{\sum_i p_i S_i}{\sum_i p_i} \tag{6.13}$$

式中是由剖面模型计算的总输沙。接下来，我们比较典型输沙与作为波高函数计算的总输沙。利用插值，我们就得到了所选波浪等级组合的典型波高。结合这些波高所产生的输沙，并且将它们与波浪等级组合的概率相乘，我们得到一个加权平均输沙的近似值，它可用于对整个结果进行检验。这一点可以通过图6.12所示的两组波高等级来阐明。选择在哪里把波浪分成低波和高波仍然是随机的，并且是多种多样的，直到获得良好的整体匹配。在图6.12中，我们比较了基于一个典型条件和两个典型条件所得到的输沙分布。在两种情况下，总输沙等于全波候条件下的输沙，这是一个典型波高先验估计情况的改进。对两个条件的简化是对基于一个条件分布的明显改进，并且对所有现实目的而言已足够精确。

6.3.4.3　最优化过程“OPTI”

上述相对简单的方法并不能简单地适用于具有多个海岸方向的复杂区域和具有不同控制过程的不同区域。在这种情况下，我们使用一个更复杂的技术，尝试重现沉积/侵蚀或输沙的完整模式。这种方法称为“OPTI”，它的要点如下：

- 建立一个能运行超过一个潮周期的水流、波浪和地貌模型（如有必要为粗网格），以计算潮平均沉积、侵蚀模式；

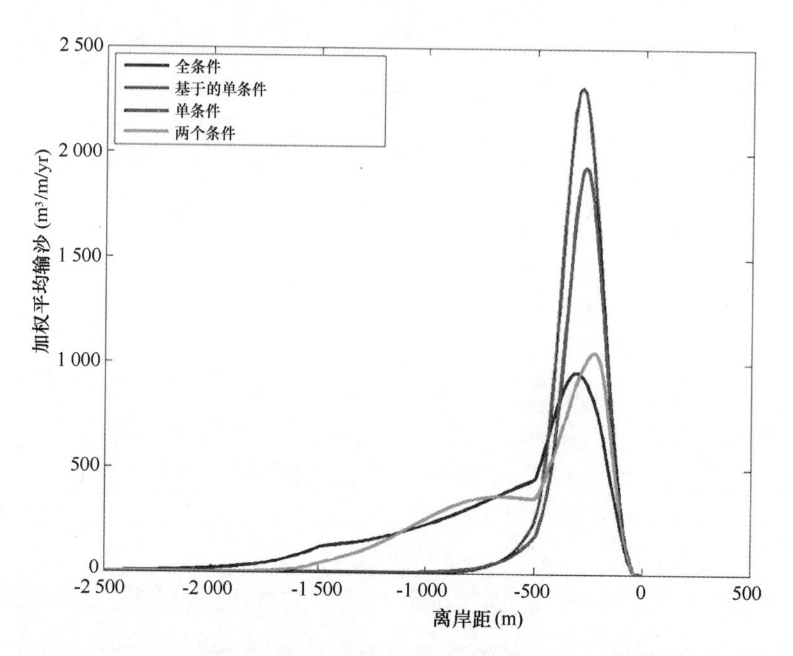

图 6.12 给定方向并且全波高分布在 0.5 m 等级的沿岸输沙横向分布与基于一个或两个典型波高简化的分布之间的对比。

全条件、基于的单条件、单条件、两个条件、加权平均输沙、离岸距

- 在每个波浪、风、潮汐条件下运行模型；
- 计算“目标”沉积/侵蚀模式作为加权平均总沉积 - 侵蚀模式，同时把发生的概率或每个条件的“权重”考虑在内；
- 找到一组缩减的条件和权重因子，以产生同样的沉积 - 侵蚀模式作为“目标”模式。

即使时间很短，我们也需要首先把所有可能条件下的完整模型运行一遍。不管怎样，这都不是一个坏想法，因为它可以让我们检验模型是否适用于所有输入条件。我们提出的优化程序如下：

（1）开始给定一组权重因子。如果把所有单个模式与权重因子相乘的结果加起来，我们就得到了目标模式。顺便提一下，这种相加并不耗费任何有效的计算时间。

（2）产生大量“突变”，通常约为 1 000 个，为此我们在某一范围内随机地变换权重。对每一个突变，我们计算加权平均模式以及这种模式相对于目标模式的误差统计。

（3）选择具有最小误差的突变，并记下误差系数。

（4）删除对平均模式贡献最小的条件。

（5）返回到第二步。

这一过程中所发生的是，权重逐渐增大或减小直到它们变得最重要或消失，并且全模式几乎保持不变，直到把条件缩减到不超过 10 个或者甚至 5 个。当我们把相对于剩余条件数的误差统计绘制成图时，通常会看到一个误差急剧增大的点；显然，我们想远离这个点。

下面以威尼斯潟湖的长期地貌演变研究为例来说明。潟湖内的波候是由本地产生的波浪控制的；风况多变，地貌变化是潮流和波浪共同作用的结果。

从图 6.13 中误差统计和图 6.14 中沉积/侵蚀模式的视觉比较，我们可以看到，两种模式之间具有很好的匹配性，并且在把风况缩减为只有 4 个条件时，并没有导致任何模型技巧的退步，特别是当我们将这种一致性与模型计算值和观测值之间的匹配进行对比时，当然后者永远达不到这样的一致性。

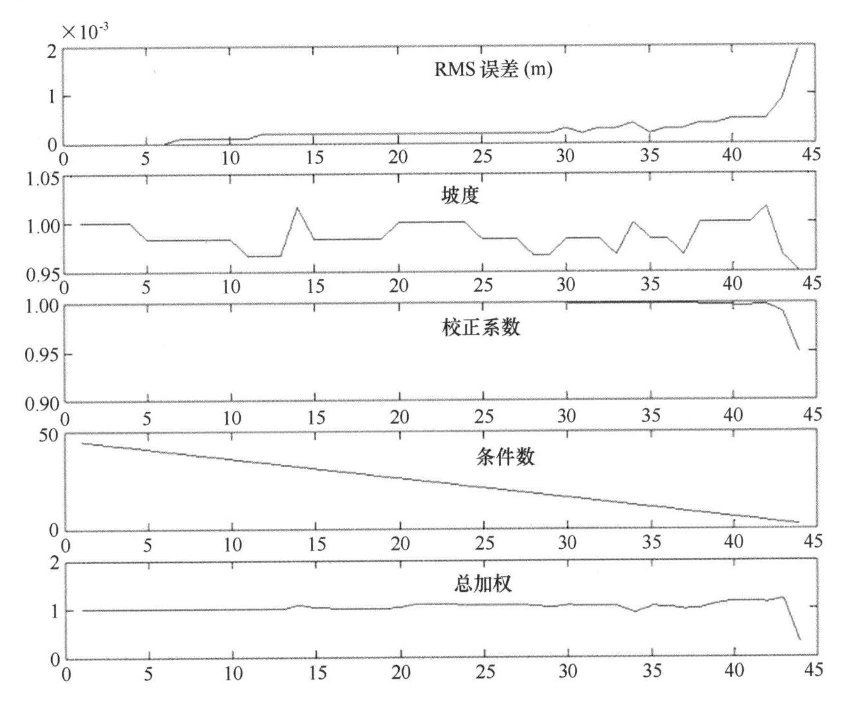

图 6.13　通过一个 OPTI 程序的各种误差参数的演变。开始是 45 个条件；经过 44 次迭代后，仅剩一个条件。剩余 4 个条件（41 次迭代后）的结果被用于更深入的地貌研究中。

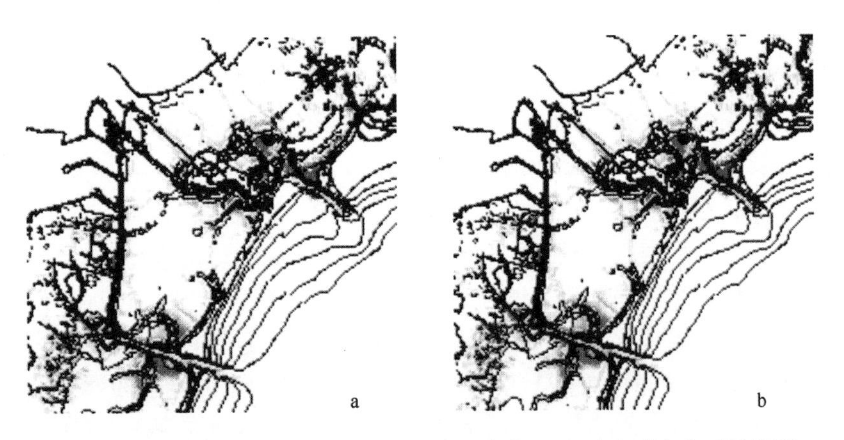

图 6.14　所有 45 个条件（a）与 4 个最优化条件（b）之间的加权平均沉积/侵蚀模式对比

第7章 海岸剖面模型

7.1 介绍

7.1.1 原则与方法

在“基于过程”或者确定性的剖面模型中，开始明确考虑使用不同的处理过程，这促进了剖面的发展（Roelvink，Broker，1993）。尽管基于过程的剖面模型忽略了沿岸变化，但是它们抓住了处理过程的一个重要部分——塑造海岸形状，这样便提供了对更复杂区域模型（在第9章中会有讨论）的深刻理解及指导。较早的基于过程的剖面模型（Dally，Dean，1984；Stive，1984；Steetzel，1987；Steetzel，1990）主要考虑由悬浮沉积物所引起的输运，这些悬浮沉积物经过补偿流的梳理而离岸，而补偿流则在风暴期间的沙丘侵蚀中发挥了重要作用（详见5.3.3和10.3）。在常浪条件下，海滩将会重塑，这就需要另外的输移机制来解释。Watanable，Dibajnia（1988）使用了多种向-离岸输移的经验公式作为底部剪切应力的函数。Steetzel（1986）应用了Bailard（1981）提出的能量学模型，并且考虑了波浪不对称项的贡献。Roelvink，Stive（1989）在对补偿流描述以及由破波引起紊流导致的额外搅动中增加了空间滞后效应，并且初步尝试解释长波的作用。对于后者，Sato，Mitsunubo（1991）提出了一个更为复杂的方法。Nairn et al.（1990）讨论了破波起点与波浪增水、补偿流的起点之间的过渡带，并用水滚效应来解释其中的问题。在破波带，平均流量的垂向变化将极大地影响水柱和近底床沉积物的掀动与输移。Broker-Hedegaard et al.（1991）运用一个边界层模型来描述波浪周期在垂向和时间上的变化，并且在一次动力地貌的运行中使用了表格解结果。Broker-Hedegaard et al.（1992）对比了数个动力地貌模型。Schoonees，Theron（1995）对多个剖面输移模型做了全面的评估。

最近十年间，在模块及其相互作用和合力方面积累了大量的经验。这些经验知识包括边界流、波内压力梯度（加速度）、斯托克斯漂移、粒径变化所导致的附加沉积物输移以及对沉积物输移过程的改进描述（详见第4章及其相关文献）。现在的这些模型功能强大，可以预测在正常天气或者风暴天气下，数天（Thornton et al.，1996；Gallagher et al.，1996；Hoefel，Elgar，2003；Henderson et al.，2004；Ruessink et al.，2004）乃至数年（Walstra，Ruessink，2009）的剖面演化。这些模型的优势在于它们由处理过程控制而不是由地形控制。然而，在驱动剖面横向变化的过程中还有很多我们不知道的，在长时间尺度上，它们仍旧需要实测数据来校准。

7.1.2　剖面建模

海岸剖面建模的一个重要方面就是可以做出和观测一致的沙坝剖面。在 5.3.1 中提到过，海岸剖面建模的一个关键因素就是预测海床高程和同时发生的沉积物输移之间准确的相位变换。接下来我们用一个剖面模型来计算 5.3.1 小节中提到的沙坝剖面上的沉积物输移，并检测单个沉积物输移过程对总体沉积物输移横向分布的贡献以及生成和传导沙坝的能力（使用 Matlab - code 计算波浪变形、流速，将沉积物输移放入 profilemodel.m）。

初始剖面有一个明显的沙坝 - 凹槽特征，波峰位于离岸大约 120 m 的地方（见图 7.1a）。为了模拟剖面演化，我们将前文（4.3 和 4.4 中描述的单个过程）提到的沉积物输移过程合并到一起：

$$S_x = a_b S_{b,x} + a_s S_{s,x} + a_{sk} S_{sk,x} + a_{as} S_{as,x} + a_{lw} S_{lw,x} + a_{sl} S_{sl,x} \tag{7.1}$$

式中，$S_{b,x}$代表推移质输移，$S_{s,x}$代表悬移质输移，$S_{sk,x}$为与输移相关的偏度，$S_{as,x}$是与不对称波相关的输移，$S_{lw,x}$为与输移相关的长波，海床坡度输移由 $S_{sl,x}$通过 4.3、4.4 中相对应的表达式给出。

每个输移机制都有一个相对应的校准因子 a_i，它代表了对这些过程理解的未知量，所有这些过程都需要实测地形动力数据的校准。一旦被正确地校正，一个全面的横向剖面模型可以预测数天至数周（Hoefel，Elgar，2003；Ruessink et al.，2007），乃至数年尺度（Roelvink，1995；Walstra，Ruessink，2009）的沙坝演变。必须说明的是，这种校准十分重要，它包含了大量的模型系数，通常需要大量的计算和优化策略（Ruessink et al.，2003）。表 7.1 给出了校正系数和模型边界条件，这些将在下文讨论的剖面模型模拟中使用。

使用剖面模型计算横向波高，补偿流以及与平均流相关的推移质、悬移质沉积物输移分布时，将导致沉积物输移与底床剖面之间的负相位滞后。和前面讨论的一样，当这样的输移形式离岸传播时，将导致沙坝变平这是我们不希望得到的结果。然而，很多过程都有助于沉积物输移形式的向岸转变。当波浪破碎时，规则波波能向湍动涌潮传输时将产生水流能，后者将造成辐射应力和质量通量的向岸转变（如：Nairn et al.，1990）。结果作为沉积物输移在破波带的重要媒介，补偿流和沿岸流转向岸（如：Reniers et al.，2004b；Reniers，Battjes，1997）。Dronen，Deigaard（2007）将转变作用建模以作为一个简单的过滤：

$$\frac{\partial}{\partial x}\left(\lambda_r \frac{D_r}{c}\right) = \frac{D_w}{c} - \frac{D_r}{c} \tag{7.2}$$

式中，λ_r 为空间滞后，数值设置为 10 倍的当地水深。水流耗散分布向岸转换，这与连续波在海槽破碎时出现的情况是一致的。从水流能耗散 D_r，可推出相应的水滚能为：

$$E_r = \frac{D_r c}{2g\sin\beta} \tag{7.3}$$

依次，从这里可以得出与质量通量相关的水滚：

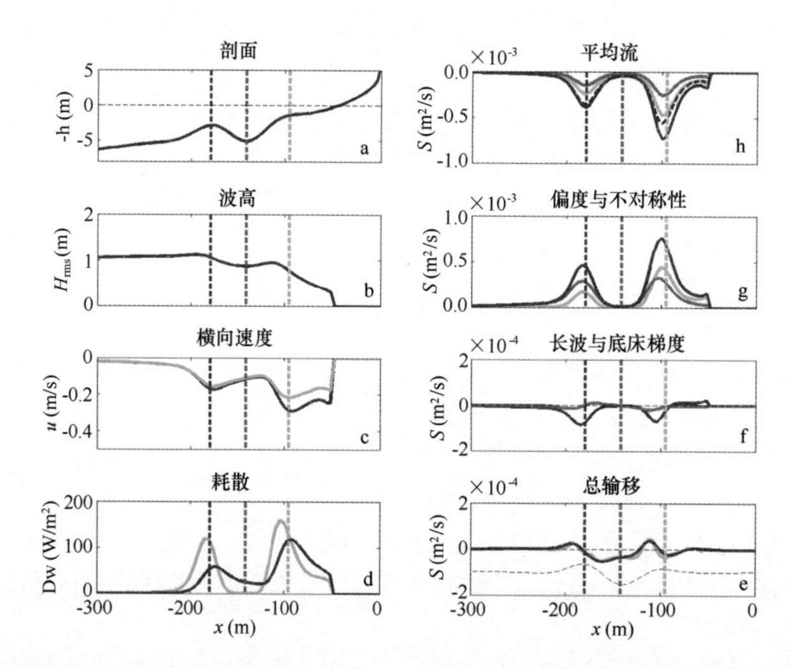

图7.1 剖面模型预测破波带内的波浪变形、水运力和沉积物输移。从左上角以逆时针命名图a～b。图a：标示外沙坝顶部（蓝色虚线）、凹槽（红色虚线）和内沙坝顶部（绿色虚线）的底部剖面。图b：波高的横向分布。图c：有（蓝线）与没有（绿线）水滚的补偿流。图d：波能耗散（绿线）和水滚耗散（蓝线）。图e：由于补偿流产生的悬移质输移（红线）、推移质输移（绿线）与沉积物总输移（蓝线），以及没有水滚的相应总输移（蓝色）。图f：长波输移（蓝线）与底床坡度输移（红线）。图g：偏度（红线）、不对称（绿线）和混合输移（蓝线）。图h：有（绿线）无（蓝线）考虑底床坡度效应的沉积物总输移，作为一个参考，同时也给出了底床异常情况下的沉积物总输移。（蓝色虚线）。

$$M_r = \frac{2E_r}{c} \tag{7.4}$$

作为与波浪和水滚相关质量通量的补偿，深度平均补偿流由下式给出：

$$\bar{u} = \frac{E_w}{\rho hc} + \frac{2E_r}{\rho hc} \tag{7.5}$$

接下来，用3.7.5小节中讨论过的垂向剖面模型来计算底床上方10 cm处的平均流速，并使用包含波浪和水滚相关贡献的总质量通量作为约束条件。对比是否有水滚作用情况下的近底流速，可以发现空间滞后将导致最大近底流速（对比图7.1c的绿线和蓝线）的向岸转换。造成的结果便是与沉积物输移相关（对比图7.1e的蓝色的虚线和实线）的补偿流将产生一个较小的向岸转换。包含与水滚相关的质量通量亦将导致沉积物输移率的全面上升。

波浪破碎延迟是一个附加效应，这解释了一个事实，即波浪需要一定的时间才能对由沙坝存在引起的局部海床变化的响应。（Roelvink，1995）。这种效应在窄带涌浪的情况下特别明显，在窄带涌浪内，卷波可以发生在沙坝顶位置的内侧。在此使用的水滚耗散方程之中的空间滞后是这种效应的部分体现。

在更高能的情况下，即当波浪在沙坝处破碎时，补偿流相关的沉积物输移在离岸方向上的向岸转换对于沙坝的离岸移动和其伴随的增长十分重要。在静止状态下频繁观测到的沙坝向岸移动同样需要向岸方向上沉积物输移的向岸转换。对比输移相关的波浪偏度，这可以通过考虑波浪不对称相关的沉积物输移来完成，并且一直到海槽位置（Elgar et al.，1997；Hoefel，Elgar，2003），输移相关的波浪偏度最大值通常位于沙坝顶的向海侧（见图 7.1f，4.4.1 节有相关描述）。

束缚长波相关沉积物输移的最大值出现在沙坝的向海侧，由此造成了沙坝剖面较平（见图 7.1g）。这个观测与其他包含长波相关沉积物输移的模型研究是一致的（Roelvink，1993；Reniers 等，2004a；Smit，2010）。

根据方程，在增加（减少）下坡（上坡）沉积物输移时，底床沉积物输移将被包含其中，并且至少在数量级上将小于补偿流或者短波产生的输移（对比图 7.1e、f）。

在剖面模型中，关于沉积物的输移描述并没有说明一个事实，那就是，沉积物在底床上无论起动还是沉降都需要时间。通过引入扩散方程来解释这个效应（Dronen，Deigaard，2007）：

$$\frac{\partial}{\partial x}\left(D_h\frac{\partial S_x}{\partial x}\right)=S_x-S_{x,0} \tag{7.6}$$

式中，$S_{x,0}$ 相当于从单体输移描述中计算得到的瞬时总沉积物输移，S_x 为扩散沉积物输移率，用于更新底床高程。根据 Dronen，Deigaard（2007），扩散系数被定为了 $(10\ h)^2\ m^2$。瞬时沉积物输移分布与扩散分布之间的差异相对来说是比较小的（对比图 7.1h 的绿线和蓝线）。总输移，即包含了上述所有输移贡献，显示了等深线（图 7.1g 蓝色虚线所显示的水深变化）的向岸位移，并且有望增加沙坝的振幅。这些将在下文进行评估。

7.2 短期事件的建模

在固定离岸边界条件下，计算 2 天的底床演变可以确定离岸沙坝的离岸传播和其伴生的沙坝－凹槽振幅的增长（见图 7.2a）。另外，内滨沙坝将变得更突出，而滨线侵蚀将基本不存在。接着，将单体输移贡献一个接一个的消除，以检验在剖面演化中的这个效应。值得注意的是，这些效应属于一个由校准系数设定的重要部分当中，其中校准系数被设定为定值。

排除与不对称波有关的输移 S_{asx}，将减少沉积物的向岸输移（见图 7.2f），导致显著的离岸输移，离岸输移又将侵蚀海滩，进而使沙坝离岸传播。沙坝将变得更像“激波”，也就是正面陡峭向海，背面平缓向岸（见 5.2.1 中的图 5.1）。忽略与波浪偏度相关的沉积物输移将得到类似的结果，尽管它们在沙坝形状上会有不同，而后者与偏度和不对称相关贡献（见图 7.2f）的沉积物输移分布不同有关。

没有长波，沙坝将变得更显著，并且向岸移动。前者与输移相关长波和底床剖面（见图 7.2g）之间观测到的负相位滞后是一致的。

没有底床梯度作用，沙坝同样将变得突出，与排除长波输移后所发生的没有什么不

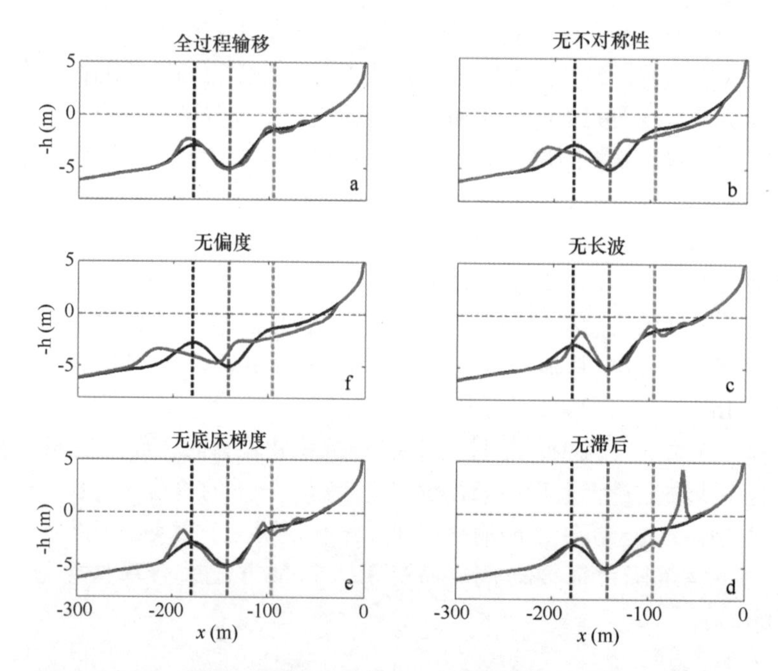

图7.2 短期剖面对初始剖面（蓝色）和终极剖面（红色）的响应。图形 a ~ f 从左上角开始顺时针分布。a：包含所有过程。b：没有不对称。c：没有偏度。d：没有长波。e：没有底床梯度输移。f：没有空间滞后。

同。然而它们的传播方向依旧为离岸方向。

忽略空间滞后和其伴生的水滚贡献，在海滩上将产生不真实的堆积和离岸沙坝激波式的向岸传播，这种传播与主要沉积物的向岸传播方向一致。

如前所述，在对单体输移过程参数进行认真的校准之后，横向剖面模型将拥有很强大的功能，可以预测台风和中等波浪条件下的剖面变化，因此这将同时覆盖沙坝的离岸与向岸迁移（Hoefel，Elgar，2003；Ruessink et al.，2007）。

7.3 沙坝剖面的长期演变

Walstra 和 Ruessink（2007）指出基于过程的剖面模型可以很好地被用于模拟多年横向沙坝循环。将沙坝的位置、振幅和间距进行比较后发现，与在荷兰 Noordwijk 约 40 年的年际 JARKUS 剖面测量结果有很好的一致性。利用实测的离岸波浪条件去模拟 1984—1988 年间横向剖面的日变化（见图 7.3）。在中等波浪条件下沙坝的向岸移动与在台风浪条件下沙坝的离岸移动都是十分明显的。通过对 CEOF 模型预测剖面响应的过滤（Ruessink et al.，2001），结果显示，与在 Noordwijk 观测（对比图 5.5）长达 4 年的典型沙坝循环的长期变化特征一致。模型预测和实测之间良好的拟合是考虑了对于长期沙坝特征有贡献的过程分析，因此假如对潜在机制有更深入的了解，其预期成将是得到普遍应用性更高的剖面模型，即无需实测数据的校准。

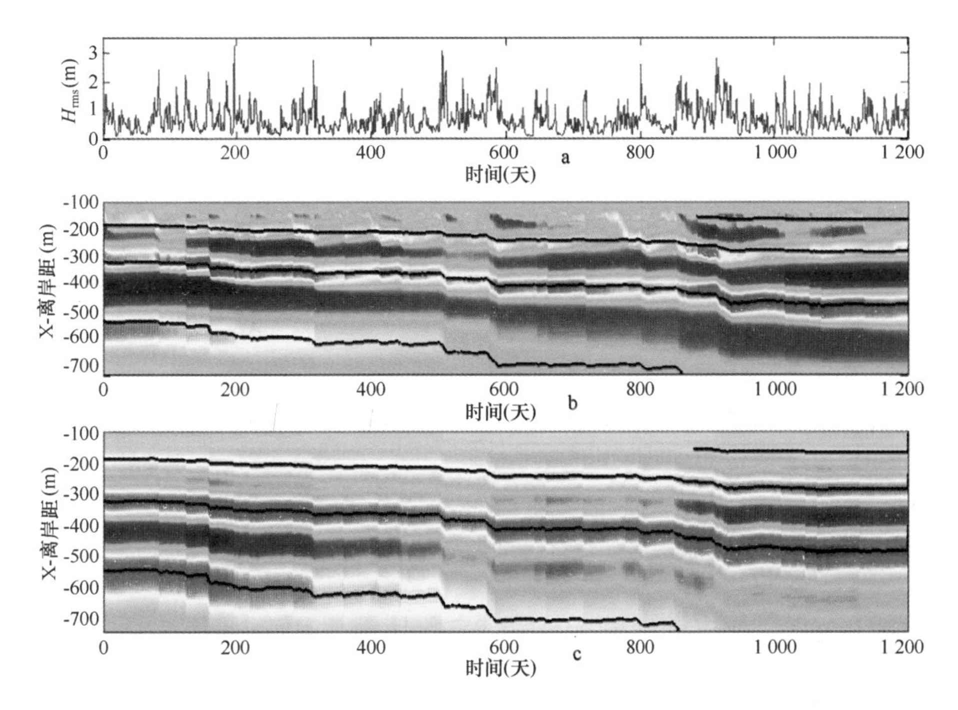

图7.3　a：在 Noordwijk 观测到的离岸波高均方根。b：每天的底床异常，显示了对离岸波浪作用力响应后的沙坝顶和凹槽。c：经过 CEOF 过滤的底床异常响应，显示了在 Noordwijk 周期性的沙坝响应。

在很多情况下，长时间尺度的滨线并不稳定，易于侵蚀或堆积。假如将沿岸沉积物输移梯度加入到底床更新计划中。这在本质上并没有阻止使用基于过程的剖面模型去模拟（沙坝）剖面随时间的变化，可以通过将沿岸输移梯度规定为所计算的沿岸沉积物输移率的一部分来轻松实现：

$$\frac{\partial S_y(x)}{\partial y} = \frac{S_y(x)}{L_y} \tag{7.7}$$

式中，L_y 是一些合适的长度范围，这个范围可以通过所计算的多年平均横向沿岸沉积物输移和观测得到的侵蚀/堆积率估算得到。

7.4　海滩养护

一旦横向剖面模型经过适当的校准，它便可以用于不同养滩情况下的评估。Roelvink et al.（1995）描述了动力地貌校准、波候修正的过程（见6.3.4）以及在荷 兰一个障壁岛沙坝顶内外滨面养滩十年后的有效性形态预测形态预测。水动力校准则集中在横向波浪变形，也就是在多重沙坝剖面上的波浪破碎。

沉积物输移率使用从实测剖面变化推断得到的来校准，实测时间是初始养护完成后的150天，养护前又有预养护期用于校准其自发性特征。借助两个最重要的校准参数破波滞后和底床梯度作用，在两个时期（见图7.4）都获得了令人满意的结果。当它们进入深水时，底床梯度作用在离岸沙坝的衰退中扮演了重要角色，到目前为止，其基本过

程还不完全清楚。

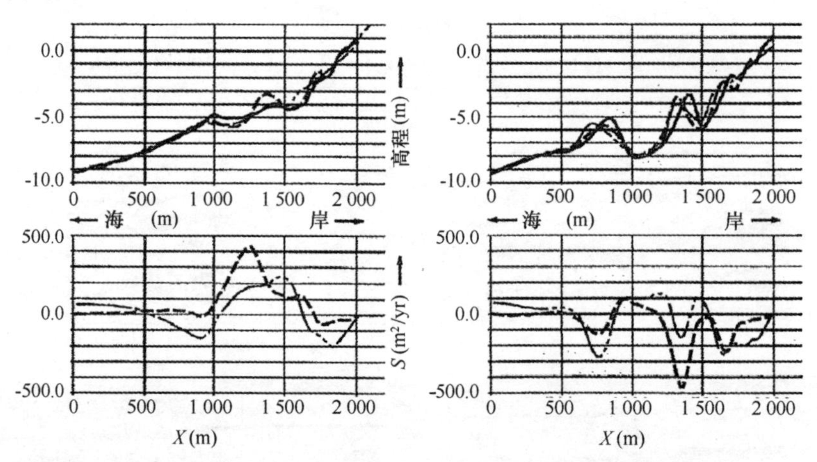

图 7.4 实测和预测的剖面变化以及推断的有无滨面养护时的输移率等的对比

预测两破碎沙坝之间的养护沉积将会造成沉积物逐渐地向岸输移，并将有效地滋养海滩超过 10 年（见图 7.5）。滨面养护的优点就是它可以保护海滩防止其在风暴时期被强浪袭击，进而保持滩面的稳定性。与此相反，海滩养护能提供给海滩即时的缓解，但是在强浪袭击期间易于遭受重大的海滩侵蚀。

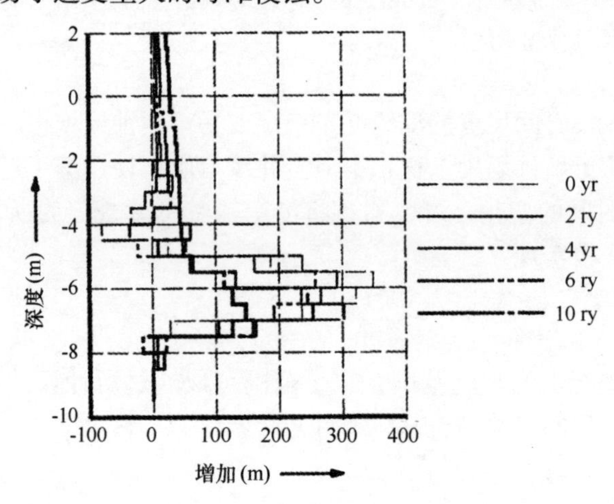

图 7.5 有无滨面养护情况下的底床高程差变化

对沙坝剖面滨面养护的通常响应就是位于养护内滨的沙坝向岸移动（Rijkswaterstaat，1988）。剖面模型可以很好地模拟这个效应。二维效应，例如在倾斜入射波情况下遮蔽区的产生，将影响滨线下游的沿岸流（Rijkswaterstaat，1988），如同有限长度养护侧面像漩涡一样的循环，这需要更复杂的建模（见 10.1）。未来，养护将更加普及，二维效应也将越来越重要。

第8章　岸线模型

8.1　基本原则

岸线模型是建立在一个假设之上的，即假设横向过程相对较快，并且可以在一定剖面高度上维持海岸剖面的形状，横向过程发生在闭合深度到有效剖面的顶端之间，通常为第一个沙丘顶端。剖面的短期波动被消除，并且不考虑沙坝行为。岸线模型的基本原则已在5.3节中概述过，这里我们将解释更通用岸线模型的操作。

这种模型的一般设置就是将计算分成两个部分：第一，运行剖面模型，在此沿岸输移率是解为海岸角度和波候的函数进行计算的，并保存在表格中；第二，运行岸线模型，此处沿岸输移率被作为海岸角度的函数进行计算，通过查阅在这些表格中的输移更新岸线位置，然后重新计算海岸角度。以此类推。

丁坝和防波堤之类建筑物的作用通过以下方法模拟，阻断与它们所含沿岸输移物横向分布部分成比例的输移率，还有就是有选择地屏蔽一些波浪条件。

8.2　现有模型

很多岸线模型的程序可以通过商业或其他途径获得。这里我们将简略地讨论它们的主要特点：

GENESIS：是一个由美国陆军工程兵团开发的免费程序（谷歌搜索“genesis”，就会找到它的历史和完整文件）。它是基于经过扩展的CERC公式，包含了波高沿岸梯度的作用，它的优点是描述了在当地波候条件下海岸建筑物的作用。已被广泛地应用于海岸工程项目，在US. GENESIS中它是一个标准设计工具，可以通过SMS用户界面运行。

LITPACK：是丹麦DHI公司开发的一个程序，包含了模块STP，用于计算波流共同作用下的非黏性沉积物输移；LITDRIFT，通过结合STP和海岸水动力模块给出沿岸漂流的确定描述；LITLINE，岸线演变模块，它可以模拟海岸对由自然特征和各类海岸建筑物引起的沿岸沉积物输移承载力变化的响应。它和GENESIS的主要不同在于基于过程的沉积物输移描述。

UNIBEST - LT/CL：由荷兰代尔夫特水力学研究所（现在叫代尔夫特三角洲研究中心）开发；这个程序基于海岸剖面模型方法的沿岸输移计算（LT）与弯曲岸线计算（CT）结合在一起。由于有一系列可用的沉积物输移公式，因此容许检验模型的内在不确定性。详细的波候与波浪变形模拟可以使用SWAN波浪谱模型。

BEACHPLAN：由沃灵福德的HR公司开发，这个模型基于CERC公式，包含了波浪沿岸梯度的作用。它有其特殊的功能，它尤其适用于波浪通过建筑物传播，绕过丁坝和防波堤以及海塘对沉积物输移的作用等方面。

虽然这些模型在很多方面都很相似，但是它们的用户方便性和验证范围都会变化，所以我们建议，对于自己的特殊问题，应当仔细研究这些模型的过往使用记录，并测试一下是否满足自己的要求。(Szmytkiewcz et al. ，2001）对这3个模型进行了透彻地对比研究，这可以作为如何对比此类模型的范例。(GENESIS，UNIBEST，LITPACK)，其可以作为如何对比这种模型的一个例子。接下来，我们将开发一个基于 Matlab 的相对简单的岸线模型，这可以让我们更好地理解此类模型是如何工作的。

8.3 一个简单的 Matlab 版本

下面我们会建立一个简单的 Matlab 版本的岸线模型。这需要两步：

• 一个剖面模型，用于计算大量典型波浪条件下以及不同波浪角度下的沿岸输移。它包含了沿岸输移分布和总沿岸输移作为波候和海岸角度的函数。

• 一个岸线模型，使用初始岸线位置、建筑物的附加信息以及沿岸输移表（S - phi 曲线）预测未来的岸线位置。

8.3.1 使用剖面模型生成 S - phi 曲线

在我们的例子中，剖面模型建立在3.5节研发的水动力模型基础之上，增加了根据 Soulsby - van Rijn 公式进行的沿岸输移计算，在所有波浪条件下将波高、水位、沿岸流速、横穿剖面沿岸输移的计算放入一个循环；在岸线方位的预期范围内，这个循环被再次放入整体循环。为了说明这些，我们展示了由 Matlab 模型 Profile_ model_ v00. m 给出的剖面模型残余部分。

结果为一个数据文件 S_ phi. mat，净沿岸输移、正向的总体沿岸输移与负向的总体沿岸输移，都以海岸角度 ψ 和波向 θ 的函数储存在这个文件中。这些波向可用于选择性地屏蔽一些波向的输移，这个将在下一段做出解释。

8.3.2 岸线计算

和 Unibest - CL 相似，我们使用一条弯曲的参考线和一个弯曲的坐标系，在这个坐标系中，坐标 s 沿着参考线延伸，坐标 n 的方向则垂直于参考线，面向大海。通过读取一个数字或者 x，y 世界坐标，沿线计算它们之间的累计距离，并将直线分成 $ns-1$ 个网格，这样就建立了参考线。

将给出的位置 x，y 转换成 s，n 坐标，然后将 n 值插入 s 网格（见图8.1），这样我们就可以确定岸线的初始位置。

8.3.3 基于 S - phi 曲线的基础版本

下面，我们读取作为海岸角度 ψ_c 函数的沉积物输移表中的 S，它由海岸剖面模型确定。

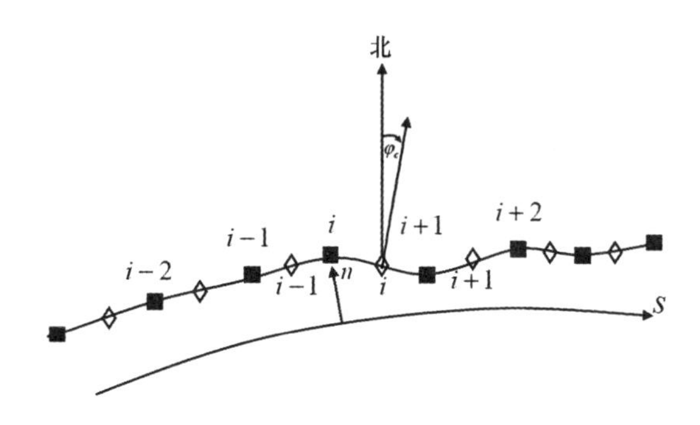

图 8.1　岸线模型网格

现在我们可以进入一个时间循环，在这个循环里每一步我们都执行以下步骤：

- 在每个网格点计算实际的海岸角度；
- 通过在 $S-\psi_c$ 曲线中差值，计算沿岸输移；
- 计算输移梯度；
- 应用给定的时间步长，更新岸线位置。

作为海岸角度的函数，沉积物输移的计算有一个既便捷又准确的方法，就是将输移点（空心菱形）放在岸线网格点（实心正方形）之间。在使用这种交错网格时，我们可以明确地通过给定输移点 i 计算海岸角度：

$$\varphi_{c,j} = 2\pi - \text{atan2}(y_{i+1} - y_i, x_{i+1} - x_i) \tag{8.1}$$

式中，我们使用 atan2 函数以排除 atan 函数的不确定性；我们设置相对于正北（在图中已指出）的法线方向，使波浪角度符合航海惯例。

在一个时间步长 Δt 里岸线位置发生的变化 Δn，可用下式计算：

$$\Delta n_i = \frac{\Delta t}{d}\frac{(S_i - S_{i-1})}{\Delta s} \tag{8.2}$$

现在我们可以更新岸线的位置 n，并且可以计算已经更新的岸线 x，y 位置。

对于这个版本，我们可以计算开阔砂质岸线的形变，比如在大规模的养护之后。这里假设沿岸所有波候都是一样的。然而，现实情况往往并非如此，一些波浪条件很可能被岬角、大型防波堤、海岛或沙嘴等屏蔽（图 8.2）。在这些情况下，$S-\psi_c$ 曲线可能沿岸变化。一个典型的例子就是大型港口附近的岸线演化，例如荷兰艾默伊登港口的例子。在 20 世纪 60 年代后期，防波堤被延伸了大概 2.5 km。这实际上改变了南面（屏蔽了北边的波浪）和北边（屏蔽了南边的波浪）的波候（见图 8.3）。其结果是，均衡海岸方向在防波堤两侧都被改变，导致在防波堤两侧都发生了强烈的淤积，而港口附近则有数千米的侵蚀。

8.3.4　波候中包含的大尺度变化

如果我们将沿岸净输移作为海岸角度的函数储存，并且单位沿岸位置 p 只考虑如下图 8.2 所示的特定窗口（α_1，α_2）内的波向，我们就可以在岸线模型中反应这一效应。在简化的波候中再细分不同的波浪方向。

对比基础版本，这意味着在进入时间循环之前，我们读取了在很多位置的波浪窗口表格；我们将波浪窗口插值到所有的网格点中，在每个网格点我们建立一个 $S-\psi_c$ 的适应曲线。在时间循环内，我们在每个点都使用适应曲线取代大地曲线。

这个岸线模型的 Matlab 编码被保存在文件 coast_ line_ model_ v00. m 内，同样上文中关于艾默伊登例子的输入文件也包含其中。

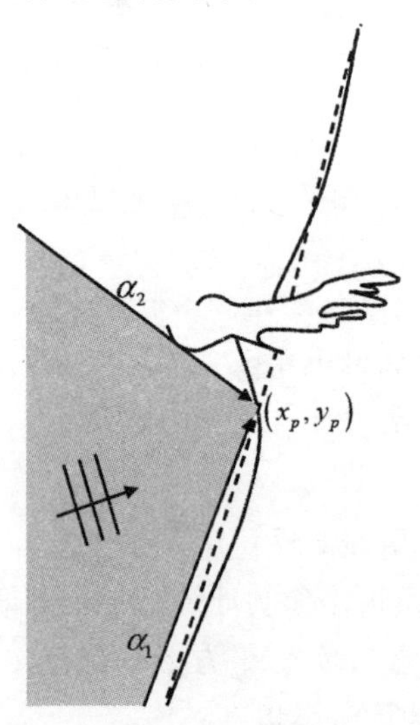

图 8.2 波浪屏蔽效应的反馈

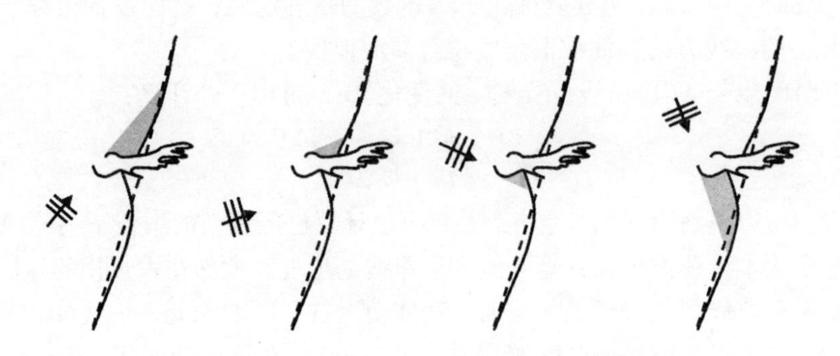

图 8.3 在荷兰艾默伊登区域，对不同波向的波浪屏蔽效应

8.3.5 代表性小尺度特征

像丁坝这种小尺度特征实在是太小了，以至于很难影响我们建模尺度下的波候。通过考虑它们对部分沿岸输移的阻挡，我们依旧可以表现它们的一些作用。在现在的模型中，我们可以示意一系列丁坝的顶端和向陆终点。在每个丁坝以上一段距离，沿岸输移被阻挡。我们这么做是基于年平均沿岸输移的形状，它是横向距离的函数，当岸线变化时，我们考虑了这条曲线向海或者向陆方向的移动。结果是一个折算系数，运用于丁坝两边的正向和负向输移（见图 8.4）。

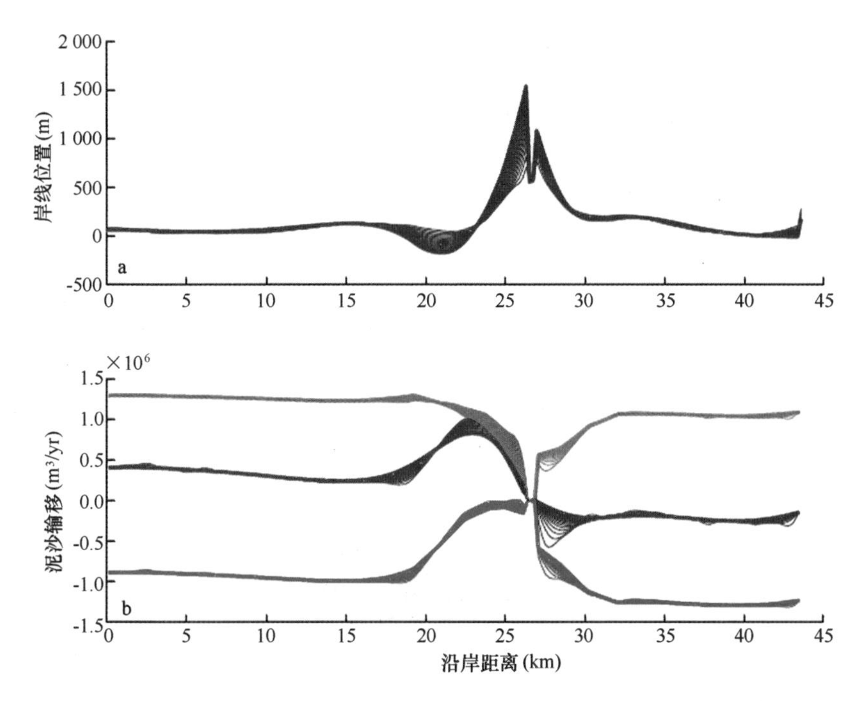

图8.4　在荷兰艾默伊登区域，岸线横向距离上的模拟演化（a），总体北向输移（绿线），总体南向输移（红线），沿岸净输移（蓝线）

8.4　荷兰艾默伊登的案例学习

艾默伊登是阿姆斯特丹的一个海港，它的港口防波堤在1962—1968年间被延伸了大约2 500 m。由于强劲的潮流，在门口前方产生了一个冲刷坑；这曾是（Roelvink et al.，1998）中平面二维建模所要解决的问题之一。更靠近海岸的岸线两侧明显淤积，特别是在南面，同时在远离建筑物的地方发生了强烈侵蚀。

1967—2007年间的海岸线位置按约200 m的间隔从JARKUS数据库中提取出来；见图8.5，略弯曲的参考线被定义在大致未被影响的岸线处。必须说明的是，在1967年海岸曾在大坝建设期间发生堆积。

我们以1967年的岸线为初始条件，在约40 km长的岸线上延伸，规定布设200个单元的等距网格，这意味着一个沿岸网格单元的大小约为200 m。对于波候数据，我们选择了Meetpost诺德韦克的长期波浪数据集，并且将波浪条件分成波高H_{m0}为0.5 m和波向20度的两个二进制文件；计算每个文件中的波浪平均周期T_p的波浪周期T_p。基于这种波候（由文件climate. txt给出）和平均海岸剖面（由文件profile. txt给出），我们计算出上述的$S-\psi_c$曲线。波浪屏蔽角则由文件wavewindows. txt给出。对于指定网格，0.1年的时间步长被证明是足够稳定和准确的。在图8.4中，我们给出了岸线位置的演化，以及按时间（每两年画一条线）计算的总体输移和净输移。我们看到港口两侧的海岸都向外发育，而且南面发育得更多。这是由于南面的南向总体输移减少，导致了南面的北向净输移大量增加。同样，在北面，北向（正）输移的减少解释了在北面的南向净输移（负）。

模型的结果就是图 8.5 中一系列绿色的细线，并将它与观测到的趋势做了很好地对比。首先，模型明确地趋向于一个预定形状，这个形状和观测到的很像；其次，防波堤附近的变化率与观测得到的十分接近。在更南的地方，模型预测到一段侵蚀岸线，除非在这个区域进行大规模的海滩养护，不然侵蚀将真的发生。当我们着眼于净输移曲线的演化时，在超过 40 年的周期下，我们发现梯度大规模地减小。

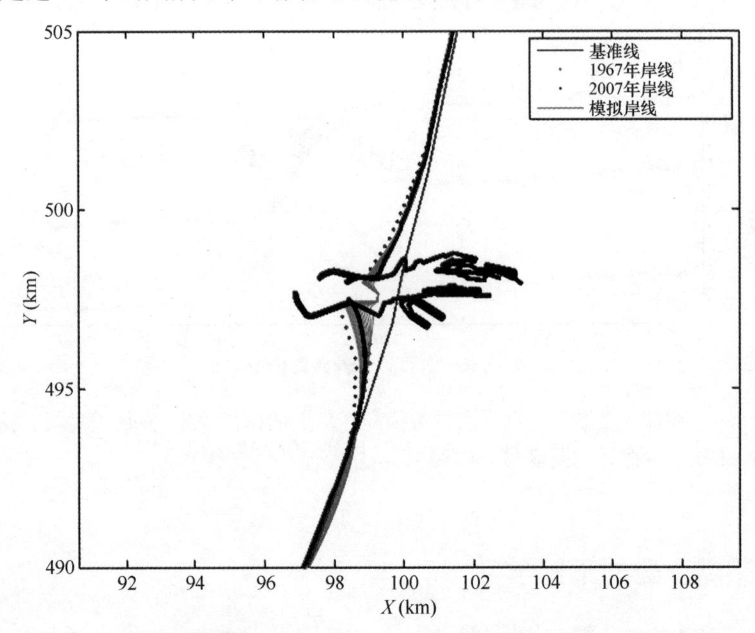

图 8.5 在荷兰艾默伊登区域，1967—2007 年间实测岸线和模拟岸线的演变

第9章　海岸模型

9.1　引言

海岸地貌模型开始发展于20世纪80年代早期（De Vriend et al.，1993；Nichoson et al.，1997）。概括来讲，第一代模型包含了水流、波浪和输运模块以及一些批处理文件或控制模块，并且有很多半自动插值程序，以及波、流与地形网格之间转换的文件。毫不奇怪的是，这些模型只能运算初始的沉积和冲刷（ISE），因为从所有的潮流模拟到运行波浪模型、信息反馈给潮流模型，再将波流信息导入输移模型，最终通过计算输移梯度来预测底床的变化速率，这一过程已经太费力了。再将结果迭代进去并重复计算很多次，那工作量实在是太大了。

在河流工程领域，动力地貌或中期动力地貌（MTM）建模方面的进步很大，比如Struiksma et al.（1985），明显超越了ISE，模拟了河流弯曲和分叉随时间的演变，包含先进的准三维水流描述。当然，他们缺乏波浪的复杂性以及单独的模型和网格要求。

在80年代后期以及90年代早期，结合EU MaST－G6M和G8M项目，欧洲大的研究所开展了大量海岸模型的开发和重建工作，产生了大量强大以及应用广的代码，到今天仍在使用，例如Delft 3D（荷兰代尔夫特水力学研究所，现在的代尔夫特三角洲研究中心），Mike 21（丹麦水力学研究所）和Telemac（法国国家水利与环境实验室）。通过一些模型之间的相互比较，模型开发者不断提高他们模型的性能并让人相信，因为不同模型和方法得出的结果非常接近。这些专利模型得到了进一步发展，有专业支持，可以用于研究或者商用。

令人惊讶的是，在海岸动力地貌领域，却只有很少的模型可供选择。基于普林斯顿海洋模型（POM）的ECOMSED模型，在（细颗粒）泥沙模拟上具有较好的能力；有限元模型ADCIRC，更多的用于工程项目，开发了动力地貌模拟性能，包括波浪驱动过程。最近的开源模型，例如ROME－SED，追赶的步伐相当快，从一个背景更像是海岸海洋模型（典型用于大陆架区域）发展到越来越靠近海岸。最近几年令人兴奋的发展是XBeach模型（Reolvink et al.，2009），它是一个用于近岸动力地貌过程的开源模型，重点关注极端事件（如台风）下的海岸过程（如越浪，也包括决堤），也可以用于小尺度海岸工程问题的模拟。

接下来，在得出一份总结表之前，我们将讨论波浪驱动程序、潮流、泥沙输运和地貌建模方法之间的区别。

9.2 波浪驱动程序

在这一节，我们将简要讨论用在各种模型中的不同波浪驱动程序。

9.2.1 波平均

波平均模型考虑把波场在单个波和波群上都进行平均。在大部分的地貌动力模型应用中，都会用到谱模型，如 HISWA 或 SWAN。HISWA（Holthuijsen et al.，1989）表现为单个典型频率谱和一个离散方向谱，而 SWAN（Holthuijsen，2007）模拟的是两个方向谱的演变。近来 SWAN 用得最多，因为它的数值方法更合适，并且它像 Delft3D 和 ROMS 模型一样支持曲线网格；最近以来，甚至支持非结构网格。它在固定模式和非固定模式下都能运行；在大部分的地貌学应用中，通常覆盖的区域相对比较小，因而使用固定模式。

这样的谱模型并不能很轻松地描绘绕射，因为缺少必要的相位信息，尽管一些简化的绕射形式能改进结果，比如离岸防波堤后面（如：Ilic et al.，2007）。

确实包含绕射的模型可以是椭圆或者抛物线。例如在 Mike 程序组中，两种选择都是可以的。它们将给出构筑物后面改进的波高和波向模式，但是需要有许多波谱分辨率以建立平滑模式。这使得它们的应用相对比较昂贵；特别是当有显著而多变的沿岸流时，绕射对地貌结果的影响往往不是很大。

在 XBeach 中，用的是一个简单的驻波驱动程序，它只包含折射和波浪破碎过程，但是比 SWAN 快很多，并且在侧边界没有干扰。这种波驱动也可作为 Delft3D 的一个选择。

大部分模型也包含某种形式的水滚模型，往往会导致沿岸流的较好分布。Delft3D 和 XBeach 应用的是在第 2 章中所描述的水滚模型公式；其他模型使用的是单纯局部参数。

当波浪模型的数值方法还不是很精确和平滑的时候，使用直接从辐射应力梯度获取的波浪力会产生大量的伪模式，正如 Dingemans et al.（1987）所指出的。一个简单的方法是基于耗散率来获得波浪力，正如我们在第 3 章中所讨论的。但是，对于现在的谱模型如 SWAN，这不再是必需的，并且我们已经在潮汐汊道周边的水流和输沙模式中发现显著差异，比如，在耗散近似和全辐射应力之间。因此，现在我们推荐使用全辐射应力梯度作为波浪力。

9.2.2 短波平均

短波（但不是波群）平均模型解决解决的是波群时间尺度上的变化。这些模型需要一个缓慢变化的波浪驱动程序，实际上使用的是随时间变化的波作用量平衡版本。在 Delft3D 中，若给定离岸边界处随时空变化的短波能，可以通过运行 SWAN 获得平均波向，以用于解决波作用量平衡。在 XBeach 中，随时间变化的波浪模型解决了方向谱问题，借此解决了短波的折射问题，所以，它不需要外部模型提供波向。这两个模型也都包括了随时间变化的水滚模型。

最初，波群解析模型使用的目的，主要是理解长重力波对近岸地貌的影响，特别是沙坝模式，以及在有效模拟港口中长波运动中的作用。最近，我们意识到长重力波提供了风暴期间绝大部分的上冲运动，因此与沙丘侵蚀和越浪的模拟密切相关；见 Roelvink et al.（2009），McCall et al.（2010）。

9.2.3 短波解析

短波平均模型和波浪平均模型的主要问题是，它们不能直接预测偏态和不对称性，而是必须依靠这些项的局部近似。仅有文献中报道的少数区域模型使用了相位解析波浪驱动程序（Rakha，1998；Van Dongeren et al.，2006；Long et al.，2006）；大部分的测试情况实际上是垂向二维的。目前，在横向输沙和地貌演变预测方面的改进，似乎并不是要证明这种方法的计算成本非常高。

9.3 平面二维，准三维和三维

当我们讨论模型的平面二维、准三维和三维之间的区别时，我们指的是水动力模型、泥沙输运模型以及最近的动床模型；目前在用的波浪模型实质上都是平面二维的，而且绝大多数情况是基于波谱能量守恒的。

9.3.1 水动力模型

平面二维水动力模型是基于垂向平均的浅水方程组。在大多数情况下，这意味着泥沙输运的方向与垂向平均的流速方向相同，尽管有时也会考虑垂向平均的回流，我们将这个看成是最简单的准三维概念，而不是真的平面二维。在这样的一个模型建立过程中，输运通常沿着海岸等深线的方向，除非有水工建筑物阻隔或者是地形凹陷导致裂流。

由此而论，准三维水动力模型通常意味要设法解释回流剖面。这仅仅是一个垂向平均的回流或者是一个一维的、解析的或数值的垂向剖面，和第3章所讨论的类似。这样一个准三维在原则上可以反馈给底部剪切应力，但事实上不总是如此。通常情况下，增加准三维是作为水动力模型之后的一个校正。

在海岸模型中，水平尺度远大于垂向尺度，因此，全三维水动力模型通常是基于三维浅水方程组的。它可以很好的重现破波对水流剖面的影响，同时还能模拟密度流和垂向分层。大多数的三维模型采用 K－紊流模型或者类似的二阶矩紊流模型，这些模型可以处理由于破波、底床剪切、水平剪切、浮力等同时引起的紊流，因此，是复杂条件下各过程的完美“集成者”。以华盛顿州的哥伦比亚河口为例，上述物理过程都很重要，模型计算结果显示与实测数据吻合的很好（Elias et al.，2011）。

9.3.2 泥沙输运

在大多数模型中，泥沙输运又分为推移质输运和悬移质输运。推移质输移一直被看成是近底流速或底床剪切应力的方向函数；在平面二维模型中，底床剪切应力取决于垂向平均水流，而在三维模型中，底床剪切应力取决于近底水流。

在一些模型当中的悬移质输运仍然只是当地水流和波浪条件的一个函数，但在大多数模型中，泥沙输运采用平面二维或三维对流-扩散方程。在平面二维情况下，源项是基于平衡浓度和真实（垂向平均）浓度之间差值的，正如第4章中所述。

平衡浓度可以用某个泥沙输运公式计算。在三维模型中，泥沙通过底部边界条件输入模型，并进一步遵循对流-扩散公式输运，所用紊流结构来自于水动力模型或者一些计算涡扩散率分布的经验公式。

平面二维和三维泥沙输运模型最大的区别在于破波带和剧烈弯曲区域，以及水平或垂向密度梯度很大的区域。

对于破波带，必须认识到，如果要考虑回流，就要使用准三维或者三维模型，这样就会产生一个很强的离岸输运分量侵蚀海岸。这就需要其他有净向岸趋势的作用过程来补偿，如波偏态和不对称性，这正如第七章所述。相反地，如果我们运行纯粹的平面二维模型，这些过程都无法考虑。

通常，当我们运行平面二维模型的时候，可能期望得到一些更“令人厌烦的”海岸过程：大多数的冲刷和沉积源于沿岸输运的偏离，尽管可能发育成有趣的包含裂流单元的韵律地形。当我们运行三维和准三维模型时，可能期望得到更多的剖面变化：在台风期间，上层剖面经常被冲刷；在其他条件下，海岸可能淤积。找到正确的长期平衡仍然是一个巨大的挑战。如果三维模型也能够以垂向二维剖面模式运行，当然会有助于剖面变化过程的校证。

9.3.3 底床

在许多现代模型中，底床组成的垂向剖面也可以模拟：沉积物按粒度分级，底床也被分成许多层，每一层都是不同粒级的组合。底床上层通常被看做是一个混合层，而且由水流搅起的不同沉积物粒级与它们的相对密度成比例，并取决于粒径和/或其他性质。一些模型也有考虑掩藏和暴露的影响，或者砂和泥粒级的共同影响。

这种能考虑底床组成变化的模型与只考虑单一粒级的模型是很不一样的。一个典型的作用是汊道和冲刷坑不会被冲的那么深，因为水平方向上存在分选的变化，并且细颗粒泥沙相比粗颗粒泥沙更易于被冲刷。Dastgheib et al.（2009）在最近的研究中发现，在一段时间后，潮汐汊道中的表层沉积物粒径趋向与平均剪切应力相关。指定底床组成的初始条件可能是有问题的，特别是对于追算研究，但是采用多种方法可以得到一个合理的估计。总之，使用一个合理的初始条件可以大大地提高模拟效果。

9.4 网格和数值离散方法

这里讨论的模型网格包括两种，一种是结构化网格，可以是直线的，也可以是曲线的；一种是非结构化网格，最典型的是三角形网格，也可以是三角形和四边形的组合。结构化网格采用有限差分法，非结构化网格采用有限元法或有限体积法。

有限差分法是广泛使用的传统方法，因为该方法不仅相对易于理解，而且每个网格单元的运算速度较快。有限元法在数学概念上比有线差分法复杂很多，并且每个网格单元的运算也慢很多。但是，有限元法的网格更为灵活，可以很容易地覆盖很大尺度的差分。

在此，我们重点讨论有限差分法，因为该方法在海岸地貌中的应用最为广泛，并且我们自己的研究也是基于这种方法。我们在此不讨论数值方法的细节，因为它在所有模型当中都是不同的。但是，必须认识到有些模型使用隐式算法，如ADI法（Delft3D、Mike21）；而有些模型则使用显式算法（例如XBeach、ROMS）。在隐式算法中，下一个时间步长的相关状态参量（例如水位、流速）通过建立方程组来求解。由于除了在边界处，这些状态参量的值都是未知的，因此在每一个时间步长内，都需要用矩阵求逆或者迭代法求解整个方程组。而在显式算法中，下一个时间步长的状态参量直接作为前一个时间步长值的函数，显然更简单。隐式算法每个时间步长的计算都要耗费更多的时间，但可以使用更大的时间步长，因为没有硬性的稳定性限制；显式算法在每个时间步长的计算较快，但是时间步长有严格限制。

对于隐式算法的模型，用户往往可以根据指南并基于网格尺寸和水深设置时间步长；设置标准更多的是受制于准确度而不是稳定性。该指南以Courant或CFL标准给出，CFL的计算如下

$$\mathrm{CFL} = \frac{C\Delta t}{\Delta x}, C \approx \sqrt{gh} + u \tag{9.1}$$

其中，在隐式算法中，CFL值通常约为10。在显式算法中，用户先指定一个CFL标准（小于1），然后模型会每次计算出一个自动时间步长以确保稳定性。

对于地貌动力模型，覆盖区域一般相对较小，波浪模型的区域通常必须远大于水动力模型的区域（图9.1）。这是由于大部分波浪模型的侧边界条件不好确定，在边界上

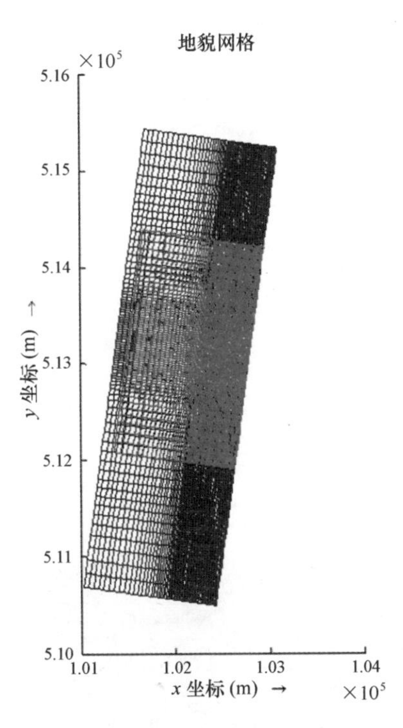

图9.1　小的水动力网格嵌套在大的波浪网格内以避免阴影区的示例

经常会得到一些不符合实际的计算结果。一个正常的做法是经常使用波浪谱模型，如HISWA 和 SWAN 模型。图 9.1 所示为一个采用 Delft 3D 模型建立的荷兰埃格蒙德海滩的波浪网格（蓝色）和水动力网格（红色）。水动力网格能很好地解决侧边界附近的任何边界问题，使得波浪信息可以毫无问题的输入到水动力网格上。然而，在水动力网格之外，从水动力模型传输回波浪模型的数据（水位、流场）将会丢失。因此，必须将水动力信息外推输入这些区域的波浪网格（表 9.1）。

表 9.1 动力地貌模型系统组件比较一些地貌系统中模型组件

模型	波浪驱动程序	水动力模型	泥沙输运	地形更新方法	底床组成	网格系统	可用性
Delft 3D	频谱波浪平均/短波平均	二维/三维	二维/三维黏性和非黏性	有地貌加速因子的在线更新与并行计算	三维	曲线有限差分	开源
Mike21	频谱/抛物线型/缓坡方程	二维/准三维	二维/准三维黏性或非黏性	离线，有地貌加速因子的在线更新	三维	直线，曲线，有限差分，非结构化有限体积	注册
Telemac	频谱	二维/三维	二维/准三维	离线，无累积效应	三维	非结构化有限元	注册
ADCIRC	频谱	二维/三维	二维/三维	在线更新	二维	非结构化有限元/有限体积	注册
ROMS - SED	频谱	三维	三维	有地貌加速因子的在线更新	三维	曲线，有限差分	开源
FINEL	频谱	二维	二维	有地貌加速因子的在线更新	二维	非结构化有限元	不可用
XBeach	频谱波浪平均/短波平均	二维	准三维	有地貌加速因子的在线更新	三维	直线有限差分	开源

9.5 海岸模型的边界条件

9.5.1 水动力模型

通常，每个边界都需要边界条件：

（1）水位、垂直于边界的速度或者是这些比如流量或黎曼不变量等的组合；

（2）沿边界的流速。

水位或流速边界条件可以通过更大尺度模型嵌套或者实测站位数据空间插值得到。以嵌套的方法，边界处的水位或流速的时间序列是将边界附近点的数据从大尺度模型中提取并插值得到。通常水位和流速边界都需要；确定水位时水位边界是必需的，但是模型对于给定水位中的小误差非常敏感；流速边界可以生成比较平滑的流速场，但是水位边界却不一定。对于大尺度的模型来说，模型对于水位中小误差的敏感性会降低，因此常常会只采用水位边界。

当嵌套的时候，必须确保总模型与嵌套模型中的作用力和地形匹配良好。对于浅水区，地形匹配尤其重要。在水位边界附近，如果风应力不匹配，将会导致两个模型中剖面坡度不一致，最终导致一个实际中不存在的环流。在流速边界附近，如果施加在总模型中的风应力与嵌套模型作用力所引起的风生流不匹配，最终也会导致一个与现实背离或在实际中不存在的环流。

在大尺度模型中，通常根本无法用波生流来解释，因为它们的网格尺寸通常在千米级或更大。这会导致小尺度海岸模型在侧（横断面）边界产生强烈的边界效应。下一章节将给出这个问题可能的解决方案。

对于边界流速，尽管原则上也可以通过嵌套来指定，但通常是使用近似法：

（1）在河流或者潮汐汊道的边界处，沿岸的入流速度设为零，以防止垂直河道方向的流速波动。

（2）在平行水流或者开放海域模型的边界处，沿岸流速梯度设为零，以防止水平边界层形成零沿岸动量平流。

侧边界在此用一个简单的例子说明在侧边界处设定边界条件会出现的问题。采用 2.4 节的案例，风速为 20 m/s，剖面坡度为 1:100，起始水深为 20 m。如果我们设定一样的水位边界，我们将得到图 9.2b 图的结果。在图中可清楚地看出，模拟结果与正确的稳态解相差甚远，后者是整个模型有均匀分布的速度场以及沿岸增水。由于设定的水位边界与实际水位之间有一个增水梯度，导致向边界的流动，这是由外海边界处的向岸流动所补偿的。

有两种方法可以解决这个问题。第一种方法是通过求解边界处的垂向一维或平面二维问题预测侧边界的增水或流速，并将结果强加进去。对于简单的情况，这种方法是可行的；但对于多种作用力耦合的复杂情况，这种方法就比较低效了。另一种更好的方法是通过加入沿岸水位梯度（所谓的“纽曼边界条件”），而不是固定的水位或流速边界条件，让模型自己确定边界处正确的结果。在许多情况下，这一项可以设为零；只有在沿岸潮流和风暴潮模拟中，沿岸梯度是实时变化的，但正如 2.1 节所述，在横向上水位的沿岸梯度变化不会很大。

侧边界的求解方程如下，其中 s 是沿边界方向，n 是垂直边界方向：

$$\frac{\partial \eta}{\partial n} = f(t) \tag{9.2}$$

$$\frac{\partial u_s}{\partial t} + u_s \frac{\partial u_s}{\partial s} + u_n \frac{\partial u_s}{\partial s} = -g \frac{\partial \eta}{\partial s} + f_{cor} u_n + \frac{\tau_{ws}}{\rho h} + \frac{F_s}{\rho h} + \frac{R_s}{\rho h} - \frac{\tau_{bs}}{\rho h} \tag{9.3}$$

$$\frac{\partial u_n}{\partial t} + u_s \frac{\partial u_n}{\partial s} + u_n \frac{\partial u_n}{\partial s} = -g \frac{\partial \eta}{\partial n} - f_{cor} u_s + \frac{\tau_{wn}}{\rho h} + \frac{F_n}{\rho h} + \frac{R_n}{\rho h} - \frac{\tau_{bn}}{\rho h} \tag{9.4}$$

式中，灰色项可忽略不计。需要注意的是，包含横向速度梯度的对流项不能忽略，因为在模型的起转或非平稳条件下以及三维水流情况时，该对流项是重要的。

这些侧边界条件仅能用于与外海侧边界处水位边界的耦合，这需要使解适定。在外海侧边界，水位是时间的函数，包括流速法向梯度的对流项设为零。

在我们的案例中，如果我们指定的不是水位边界，而是垂直于边界的水位梯度（等于零），那么在侧边界上风致增水可以自由的发展，就可以得到正确的结果。如图9.2a所示，为均匀分布情况下的稳态解；图9.3是随时间变化的正确模拟结果。

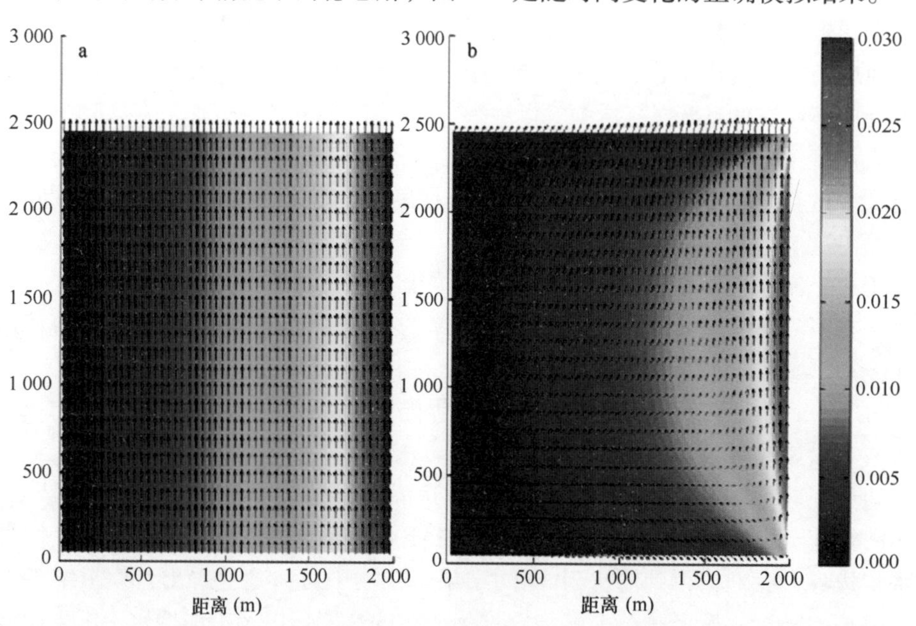

图9.2 小尺度模型的风生流和增水。a：外海一侧水位均匀分布，没有水位梯度。b：均匀分布的水位边界；稳态解，风速为20m/s，风向是北方向225°。

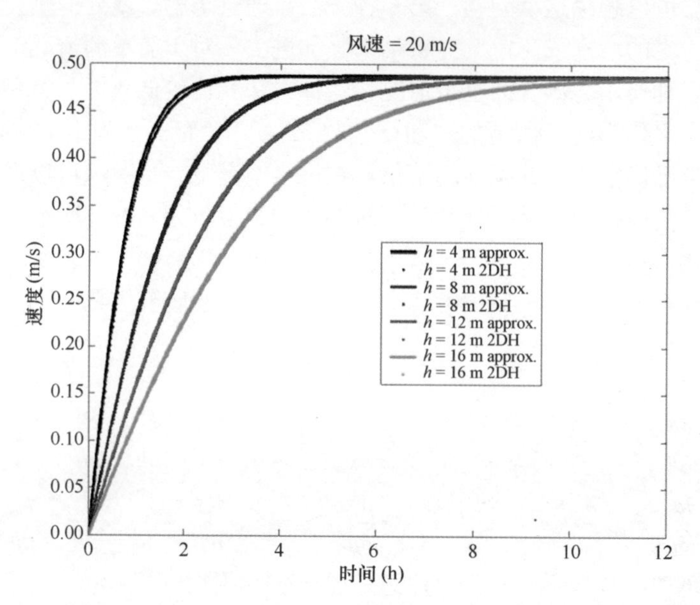

图9.3 不同水深的风生流流速随时间的变化；梯度型侧边界垂向二维解与理论解的对比

对于波生流，在原理上十分相似。但是，波生流只出现在沿岸的狭道中，边界干扰效应影响到的模型区域比较有限。如图 9.4 所示典型案例，为相同模型计算的斜向入射波引起的流速和水位变化。

对于潮波沿岸传播的情况，可得到下面的调和边界。潮位的沿岸扩散可表示为：

$$\eta(s,t) = \sum_{j=1}^{N} \hat{\eta}_j \cos\left(\omega_j t - k_j s - \varphi_j\right) \tag{9.5}$$

式中为水位，j 是 j 方向的振幅，是角频率，k_j 是潮分量的沿岸波数，s 是沿岸距离，是相对于时空中一个固定点的相位。为了获得水位的沿岸梯度，可以简单地对 s 求微分，得到：

$$\frac{\partial\eta}{\partial s}(s,t) = \sum_{j=1}^{N} k_j \hat{\eta}_j \sin(\omega_j t - k_j s - \varphi_j) = \sum_{j=1}^{N} k_j \hat{\eta}_j \cos\left(\omega_j t - k_j s - \varphi_j - \pi/2\right) \tag{9.6}$$

如果我们的模型区域处于潮汐振幅和相位已知的两个站位之间，那么我们就可以简单地用空间插值来得到水位振幅和相位；每一分量的沿岸波数可以通过分析两个水位站之间的相位差得到。

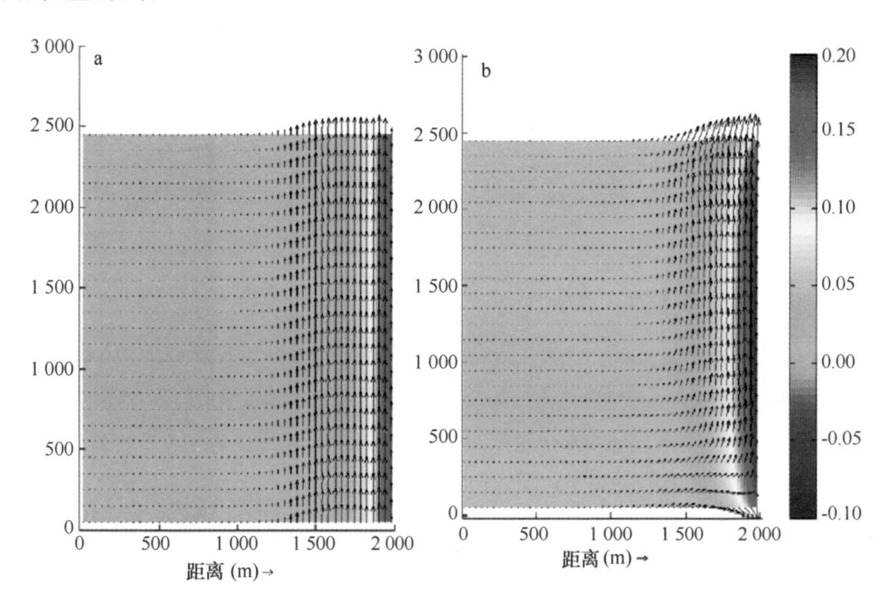

图 9.4　波高 2 m，周期 7 s，波向北方向 240°的流速和水位图，其中 a 是梯度型侧边界，b 是均匀分布的水位边界。

相似程序也适用于大尺度模型的计算。在外海边界，我们设定水位；在侧边界，我们使用均匀分布的沿岸压力梯度，它随时间变化，或者是右相位调和分量的组合。

对于这类潮汐边界条件，在垂向二维或者三维模型中加入由风或波导致的任意作用力是可能的，并且不会生成实际中并不存在的环流。

举例说明，一个长 2 500 m、宽 2 000 m 的二维网格。外海侧边界水深为 20 m，向岸以 0.01 的坡度线性递减。潮汐振幅是 1 m，沿岸潮波波长是 400 km。波数是 1.57×10^{-5} rad/m，南北边界的相位差是 2.25°。所用边界条件如下：

（1）南边界：水位梯度振幅 1.57×10^{-5}，相位 90°；

（2）北边界：水位梯度振幅 1.57×10^{-5}，相位 92.25°；

（3）西边界：水位振幅 1 m，相位从南端 0°至北端 2.25°按线性变化。

图 9.5 给出了在潮周期内 6 个时间点沿岸流速的断面分布情况。由图可知，沿岸方向的流速变化不大。图中，将 Delft3D 的数值解与方程（9.3）和（9.4）的一维解进行了比较。结果显示，吻合度很好，说明在这个案例中对流项明显是可以忽略的，因为在一维方程中就没有考虑过。

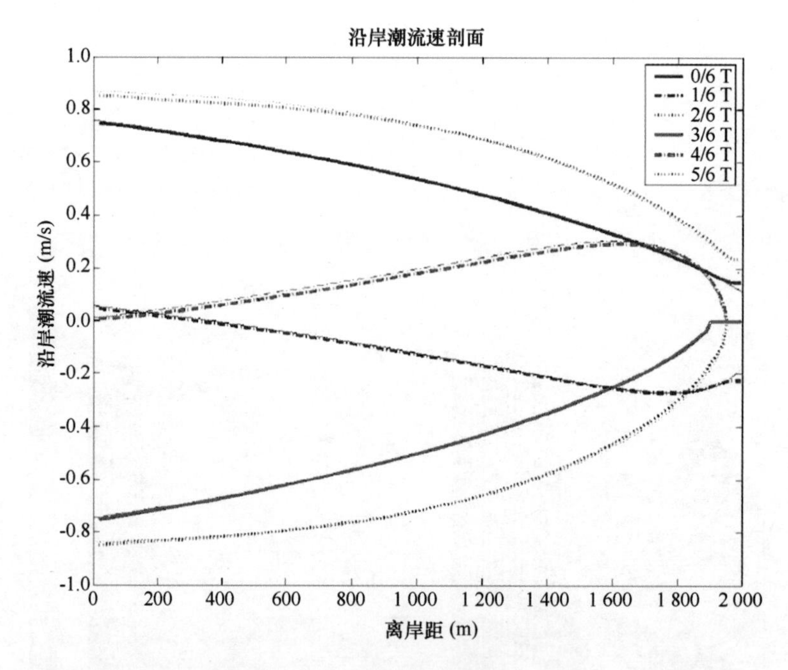

图 9.5　一个潮周期内 6 个时刻潮流速剖面示例。粗线：采用纽曼边界条件的 Delft3D 计算结果；细线：离线数值解。

9.5.2　波浪

向海边界 对于频谱波模型，传入的频谱能（被分为定向和频率接收器）被指定在向海边界处。若是波群解析模型，这些是随时间变化的，正如在 2.7 节中所概述的。

侧边界 大部分频谱模型的侧边界都比较差，包括 HISWA 和 SWAN，呈现出不可靠结果的三角楔，增加了向岸的宽度。正如 XBeach 所示，这不是必需的；在侧边界（所谓的纽曼边界），只要简单地把 y 方向的梯度设置为零，就可以解决这个问题。

9.5.3 泥沙输运

在海岸模型当中，悬沙输运的边界条件通常设为零梯度，这使得浓度随时间变化而不产生人为的梯度。该边界条件可以用于非黏性泥沙输运，因为和模型域相比，非黏性泥沙的分布区域通常非常小，而且有充足的沙源。对于黏性泥沙输运，该边界条件通常不可行，因为在底床中黏性泥沙的百分比可能很小，并且分布区域又非常大。在这种情况下，入流边界的浓度需要设定。如果发生交变流，那么就要使用所谓的 Thatcher - Harleman 边界条件，它可以解释下面的原因，即：当水流反向时，入流边界处的浓度仍然受控于模型内前面所发生。

9.5.4 底床高程

入流边界处的底床高程必须指定，可以设为固定不变，也可以是底床高程的一个时间序列，或者将边界处底床高程的变化等于模型内某行或列的底床高程变化。当模拟一个沿岸方向上条件相对均一、但在在横向上有显著变化的区域（例如沙坝迁移）时，后者的边界条件更适用。

9.6 波流相互作用的建模方法

在大多数动力地貌模型中，波流运动通过稳态流模型和（准）稳态波浪模型相互嵌套来表示。这样做的理论依据是，波浪模型通常是波浪平均的，因此代表的是大约半个小时内的平均特性；这个时间长于波浪穿过一个宽约数公里的典型地貌模型区域所需要的时间。

波浪借助水位和流场进行修正。水位的变化采用水深的变化来表示，后者会导致波浪传播、浅水变形、波浪折射和波浪破碎等方面的变化。在补偿流的案例中，由于水流折射和波浪阻隔，流场的变化会改变波浪模式。

同时，波浪也会反过来改变水流：导致底部摩擦增大，沿岸流增强，波致增水以及产生水平和垂向的环流。

在下面的章节中，我们将讨论实际的应用以及波流耦合的建模方案。

数据转换 数据转换看起来微不足道，但数据转换的首要要求是在数据转换时参数的单位（例如，作用力单位 m/s^2 或 N/m^2）及其物理概念（不仅是“波高”，还包括 H_{m0} 或 $H_{rm.s}$.）要一致。其次，波浪和水动力模型通常有不同的网格，因此我们要在网格间进行插值。尤其当除波浪和水动力外还涉及更多模块时，核心网格将便于模块的插值。在 Delft3D 中，我们选择水动力网格作为核心网格，因为它和用于泥沙输运模拟和地貌变化模拟的网格是一样的，而且我们利用波浪模块进行网格插值。在这个波浪模块中，为了在相关的区域获得足够大的分辨率，我们在每个时间点上都进行了多个嵌入式操作。对于矩形网格来说尤其是这样。将曲线网格运用在 SWAN 模型中，就能避免这一点。如果我们把波浪模块的任务定义为“从水动力网格中获得信息，使用波浪模型，并把波浪信息返还给水动力网格”，这就意味着我们不得不把下面的功能运用到单个时间点的波浪模型中：

（1）运行所有的嵌套网格；

（2）读取波浪模型网格上的水深和流速；

（3）将水动力模型中的水深插入到波浪模型的网格中；

（4）将水动力模型中的水位插入到波浪模型的网格中；

（5）将插入后的水深和水相位加；

（6）把速度转换为笛卡尔方向；

（7）把 u 和 v 分量插入波浪模型的网格中；

（8）在水动力模型区域内更新波浪模型的网格；

（9）使用来自前一个操作的嵌入信息，运行波浪计算模块（如果有）；对嵌入式操作进行输出；

（10）在波浪的计算网格区域内，把波浪信息插入到水动力模型网格中。

以上操作的好处在于，能够限制数据交换的数量，所有参数的数据转换都在同一个网格内，而且整个系统不必考虑这些复杂的情况。可以把波浪模块看做是实际波浪模型（例如 HISWA 或 SWAN）外的一层壳，这些模型在波浪模块的内部，波浪模块为具体的输入做准备，并能读取输出数据，这样将新的波浪模型加入到整个模型系统中会变得相对容易。

稳态条件 图 9.6 显示了在波流条件下，模型运行的步骤。在没有波浪力的情况下，允许流动起旋水流旋转起来以后，水动力模型不时被中止，然后波浪模型启动；波浪更新的频率或者是固定的，或者基于某个标准，从而使流动趋于稳定。数个循环之后，波浪作用力没有任何改变，整个系统收敛为一个稳定解。

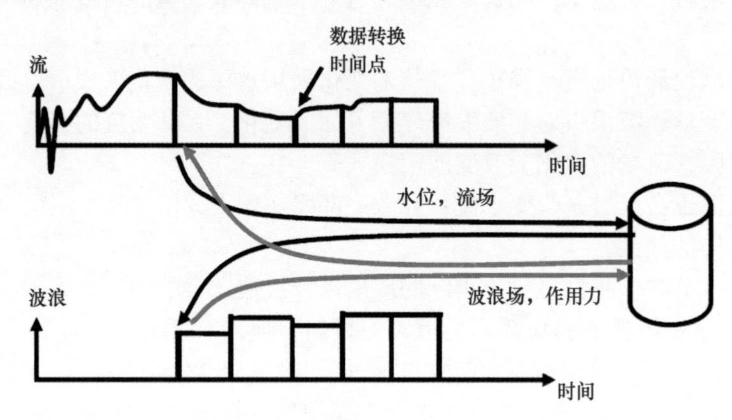

图 9.6 波－流相互作用的模型设置（静态）

如果流场对波浪场的影响不是特别大的话，使用这种方法通常收敛的很快。图 9.7 所示的就是这个例子，它显示了 HISWA 盆地实验中有或者没有波－流相互作用时，计算出的流场（Dingemans，1987），在这里沿正 x 方向传播的波在一个潜堤处改变了方向，这个潜堤覆盖了盆地的一部分宽度。在潜堤处改变方向的波浪产生了一股强大的环流，环流反过来对波的传播产生了影响，并进一步影响波浪作用。这里所说的影响是指正 y 方向速度分布模式的轻微改变。尽管涡流的中心向潜堤的顶部移动了好几米，但实测流型具有相似的强度和范围。

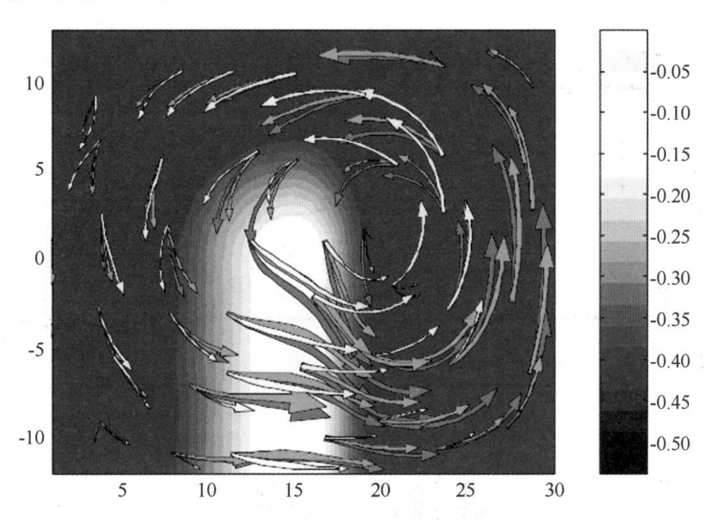

图9.7 在“Hiswa Basin”试验中的流场。红色箭头：没有波流相互作用；绿色箭头：有波－流相互作用；黄色箭头：实测值。箭头表示水流路径，从随机选定的点开始追踪50秒。

如果这种影响非常大，例如裂流，并且水流在波浪更新期间进入一个稳定的状态，系统将可能在不同的状态间变换。在这种情况下，通过频繁的波浪更新可获得一个解，从而允许波流达到平衡。

（1）潮汐周期的迭代解 在地貌变化模拟中，当离岸波稳定时，波浪、流场和泥沙输运的模拟往往是在一个有代表性、规律性的潮汐周期内泥沙输运。为了减少每个潮汐周期内计算的波浪数量，采用图9.8中描述的方案：

（2）通过若干潮汐周期计算的流场，可以得到很多时间点的数据，记录在通信文件中。

（3）选择相同的时间点进行波浪计算，将输出结果也存储在通信文件中。

（4）插入存储的波浪作用力和参数，再次进行水流计算。虚线表示如何及时地将波浪场设定为周期性的，目的是节省计算的次数。重复步骤2和3，直到模型收敛。但是，如果潮汐分量很强，一次迭代通常也就足够了。

同时模拟波浪和海流 应用在水动力模型中的波浪作用力，由于插入到已经被储存的波浪场中，因此它是时间的连续函数，这是上述迭代法具有的优势。可是，如果要长期模拟或在模拟期间底部放生了变化，这种方法就变得很繁琐。在这样的情况下，最好同时（几乎同时）模拟水流和波浪，并且每次更新波浪场时进行信息交换。在这种情况下，应用在水动力模型中的波浪作用力，会在每次波浪场更新时发生改变，因此频繁地更新是很必要的。如果采用的波浪模型使用SWAN这样的迭代技术，就不成问题了。假设模型运行到最后的一步再继续（使用重启或“热”启动），采用2次迭代各6个步骤，相当于12次迭代的1个步骤。在第一种情况中，边界情况和流场可能是非常平稳的，能得到更精确的波浪场中潮汐变化的细节（图9.9）。

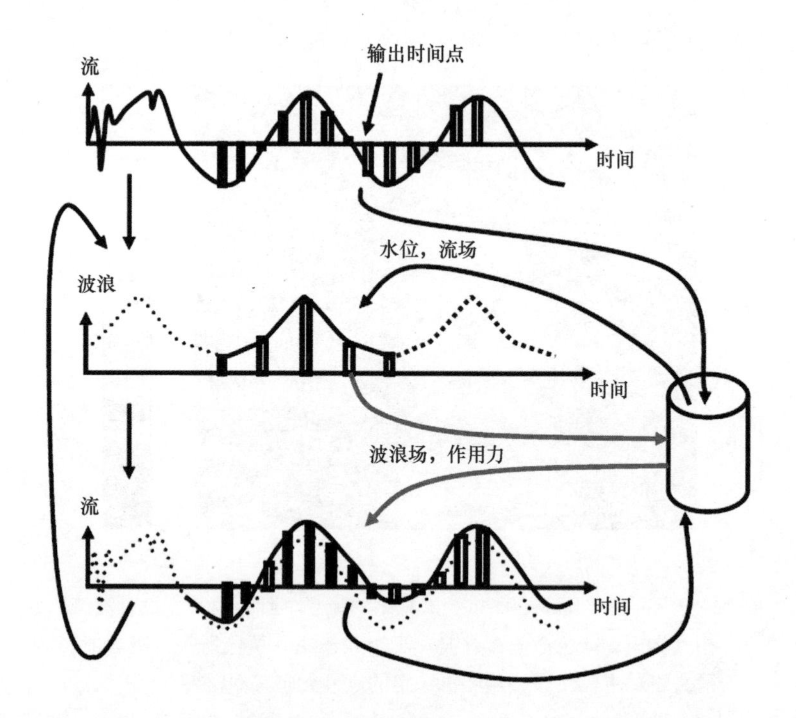

图 9.8 一个或数个潮汐周期内波 - 流相互作用的迭代解

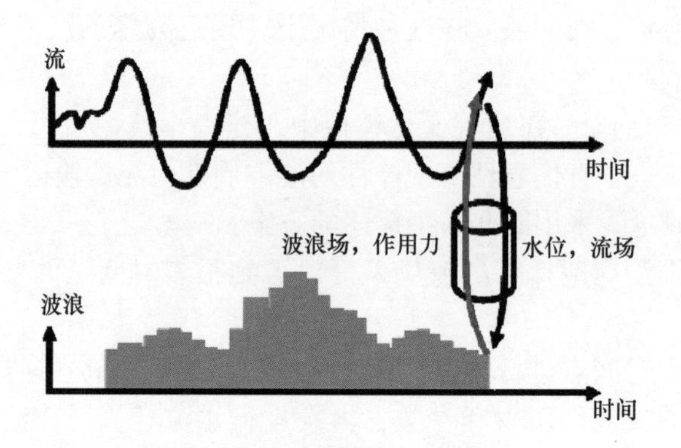

图 9.9 同时模拟波浪和海流

9.7 动力地貌更新方法

在本节中，我们将讨论能提高地貌变化计算能力的多种方法。部分讨论内容已出版在 Roelvink（2006）中。

9.7.1 潮汐平均法

该方法基于这样的事实：与较长时间内的变化趋势相比，单个潮汐周期内发生的地貌变化通常都非常小，并且这些细微的变化不足以影响水动力或泥沙输运。因此，在计算一个潮汐周期内水动力或泥沙输运时，可以认为底床是固定不变的。底床高程的变化率按照潮汐平均输运梯度来计算。

在早期的地貌学模型中，这个变化率或初始冲淤（ISE）率是最终结果；它可用来评估航道内的淤积率或泥沙通量的大尺度变化。

然而在动力地貌模型中，底床高程采用一些（通常很明显）方案来更新，并将结果反馈到水动力和输运模型中。输运模型不断地适应底床变化，使底床可以沿着平均输运方向移动，正如我们在第 5 章讨论的那样。

图 9.10 所示是潮汐平均法的流程图。从给定的地形开始，使用图 9.8 所描述的迭代法，求解一个潮汐周期内的波 - 流相互作用。然后，将得到的流场和波浪场输入到输运模型中，计算一个潮汐周期内的推移质和悬移质输运，由其平均结果获得底床的变化。通过"连续性校正"（见下一段）得到的地形数据循环更新原有输运模型或全部水动力模块。相同流程经常运用于稳态情况，此处水动力和输运模型在各个完整的动力地貌循环中收敛。

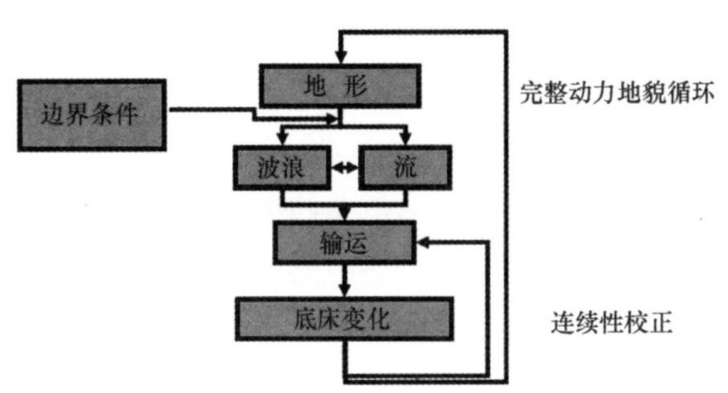

图 9.10　潮汐平均动力地貌模型建立流程图

地貌时间步长在数值上受限于底床库朗数：

$$CFL = \frac{c\Delta t}{\Delta s} \tag{9.7}$$

其中，底床变化率 c 近似等于：

$$c = \frac{\partial S}{\partial z_b} \approx \frac{bS}{h} \tag{9.8}$$

其中，b 是输运关系的幂，s 是 s 方向上的潮汐平均输运量，h 是潮汐平均水深。

除此之外，地貌时间步长也受时间积分法准确度的限制。估算如下：底床高程在 n 个潮汐周期 T 内发生的变化等于：

$$\Delta z_b = \int_0^{nT} \frac{\partial z_b}{\partial t} dt = - \int_0^{nT} (\nabla \cdot \vec{S})\, dt = - \nabla \cdot \int_0^{nT} \vec{S} dt \tag{9.9}$$

其中，泥沙输运矢量既随着潮汐的时间或阶段变化，也随着底床高程变化。我们可以按照一阶泰勒展开式近似估计底床高程的变化：

$$\vec{S}_{t,\Delta z_b} = \vec{S}_{t,\Delta z_b = 0} + \frac{\partial \vec{S}_{t,\Delta z_b = 0}}{\partial z_b} \Delta z_{b,t} + O(\Delta z_b^2) \tag{9.10}$$

现在我们可以用式（9.8）中的近似值，对输运矢量进行时间积分。假设每个潮汐周期内的近似地线性增加或减少：

$$\Delta z_{b,t+nT} = -\nabla\cdot\int_{t}^{t+nT}\left(\vec{S}_{\tau,\Delta z_b=0} + \frac{\partial\vec{S}_{\tau,\Delta z_b=0}}{\partial z_b}\Delta z_{b,t} + O(\Delta z_b^2)\right)d\tau \approx$$

$$\approx -nT\nabla\cdot\frac{1}{T}\int_{t}^{t+T}\vec{S}_{\tau,\Delta z_b=0}d\tau - \nabla\cdot\int_{t}^{t+nT}\left(\frac{b\vec{S}_{\tau,\Delta z_b=0}}{h}z_{b,\tau}\right)d\tau + O(\Delta z_b^2)\approx$$

$$\approx -nT\left(1+\frac{1}{2}\frac{b\Delta z_{b,t+nT}}{h}\right)\nabla\cdot<\vec{S}_{\Delta z_b=0}> + O(\Delta z_b^2) \tag{9.11}$$

与简单的欧拉更新方法（两个括号之间不重复第二项）相比，我们发现相对误差与底床变化和水深的比值成正比，与输运关系式中的幂 b 成正比。

由于这些地貌时间步长的限制，有规律地更新输运是十分必要的。下一节我们将讨论“连续性校正”，这是一种用近似的方式来处理此类问题的经济方法。

9.7.2 连续性校正

泥沙输运场通常被认为是速度场和波浪引起的往复运动的函数：

$$\vec{S} = f(\vec{u}, u_{orb}, \cdots) \tag{9.12}$$

当地形变化时，流场和波浪引起的往复运动也随之变化，因此不得不重新计算。“连续性校正”是地形发生微小变化后调整流场所常用的方法。假设流型不随着底床的微小变化而变化：

$$\vec{q} \neq f(t_{mor}) \tag{9.13}$$

其中

$$\vec{q} = h\vec{u} \tag{9.14}$$

是流量向量，h 是水深。波型也是如此：波高、波的周期和方向都保持不变，而仅仅波浪引起的往复运动速度随着当地水深的变化而变化：

$$H_{rms}, T_p \neq f(t_{mor}) \tag{9.15}$$

由于：

$$\vec{u} = \frac{\vec{q}}{h} \tag{9.16}$$

并且：

$$u_{orb} = f(H_{rms}, T_p, h) \tag{9.17}$$

因此，泥沙输运场的变化就可简单视作调整流速和波浪引起的往复运动，并用（9.12）式重新计算泥沙输运。

对于潮流情况，基于原始地形的很多流速和波浪场数据都被储存起来。当深度变化时，计算潮汐周期内许多时间点上相应的输运场，然后取平均值，继而被应用到泥沙平衡计算中。

这个方法仍然要求在潮汐周期内对输运进行全部计算，在考虑悬移质输运时，这种方法是很耗时的。地貌时间步长经常被一些水深浅点控制，而这些通常都不是我们所感兴趣的。这意味着，经过 5 ~ 20 次连续性校正后，整个动力地貌模型必须在更新的地形上运行。

连续性校正的主要限制是假设流型固定不变。一旦浅水区变得更浅了，在连续性校正下流速会持续增加，而事实上，水流会更多的流向浅水周围的区域。

9.7.3 RAM 方法

在实际的咨询项目中，在不需要必须进行完整动力地貌模拟时，解读初始输运计算的输出结果常常是十分必要的。为此使用的一种方法是考虑初始冲淤率，但是这种方法有很多缺陷。地形初始干扰会产生一个非常分散的模式，正如 De Vriend et al.（1993）指出的那样，冲淤模式趋向于沿着输运的方向迁移，但这个特性并没有在初始冲淤模式中表现出来。

Delft3D - RAM 模块（地貌快速评估）是一种能克服这些缺陷的简单方法。如果假设在底床高程发生微小变化的情况下，整体的流型和波型都不发生改变（这也是一种在很多地貌模型的“连续性校正”中应用的假设），潮汐平均输运率是流型和波型的函数，并且不随着地貌时间尺度和当地深度而变化，但深度却是随着时间而变化的。换句话说，已知水流和波浪的情况下，给定位置的输运仅仅是水深的函数（图 9.11）。

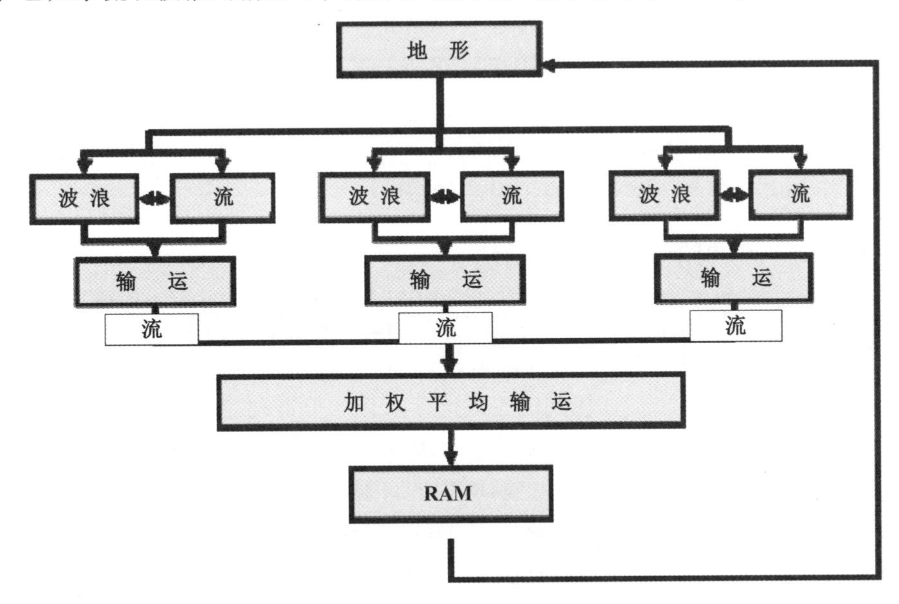

图 9.11 RAM 模拟流程图

如果我们使用一些含系数的简单表达式进行函数逼近，并且这些系数随着位置的变化而变化，那么我们将得到一组非常简单的方程组：用泥沙输运梯度表示泥沙平衡以反映底床变化：

$$\frac{\partial z_b}{\partial t} + \frac{\partial S_x}{\partial x} + \frac{\partial S_y}{\partial_y} = 0 \tag{9.18}$$

其中，z_b 是底床高程；S_x，S_y 是泥沙输运分量，且：

$$\vec{S} = \frac{\vec{S}_{t=0}}{|\vec{S}_{t=0}|} f(z_b) \tag{9.19}$$

该式描述的是泥沙输运对底部变化的反应。考虑输运通常与速度的 b 次幂成正比，因此函数 f（z）的形式为：

$$|\vec{S}| \propto |u|^b \propto \left(\frac{|\vec{q}|}{h}\right)^b \propto |\vec{q}|^b h^{-b} \tag{9.20}$$

其中，是单宽流量。通过假设与波浪轨道速度 orbital velocity 有相似的关系，得到函数：

$$|\vec{S}| = A(x,y) h^{-b(x,y)} \tag{9.21}$$

其中，水深 $h = HW - z_b$，并且 HW 是高水位，这就保证了水深总是正数。

为了进一步简化，假设 b 在整个波浪场为常量。在这种情况下，每个点的 A 值可直接由当地水深和初始输运率获得，后者可通过一个复杂的输运模型计算获得。正如在全动力地貌模型中那样使用底部更新方法，联立求解式（9.18）和（9.21），这种方法的计算量非常小（PC 机上大约以分钟计）。图 9.11 所示为相关流程图。

在河口和三角洲外部这样的水动力区域，RAM 方法作为一个快速更新方案可能依然有效。一旦底部变化非常大，就会在输入一系列条件后，进行水动力和泥沙输运的完整模拟。这样，一个加权的平均泥沙输运场就确定了，这是进行下一个 RAM 计算的基础。然后，将更新了的地形反馈到复杂的水动力和输运模型中。其中很重要的一点是，更新波浪场、流场和输运场可以使用不同的处理器进行并行计算。简化的更新方案和各种输入条件下的并行计算，将缩短模拟时间约 20 倍。

9.7.4 使用形态学实时地貌因子联机方法

以上方法有一个共同点，即和每个潮汐周期内水动力和泥沙输运模拟的时间步长（一般时间步长少于一分钟）的数量（一般超过 20）相比，地貌更新相对不那么频繁。

另一种完全不同的方法是在相同的小时间步长内，同时对水动力、泥沙输运和地形进行更新（图 9.12）。如果求解泥沙输运的对流－扩散方程，其所用的时间步长应和水动力求解所用的时间步差不多。地形更新所用的计算时间非常少。但是，这种“强力”方法未考虑水动力和地貌之间在时间尺度上的差异。因此需要使用简单的、所谓的“地貌因子”。因子 n 可通过一个常量因子增加地形变化率，这样经过一个潮汐周期的模拟后，我们实际上已经对 n 个周期的地貌变化进行了模拟。这和 Latteux（1995）提出的“延长的潮汐”概念类似，区别在于它只与连续性校正联合使用。其观点是认为在落潮或涨潮阶段，甚至当所有的变化都乘以因子 n 后，不会有任何不可逆转的情况发生。显然结果必须在数个潮汐周期后进行评估。

与前面方法的最大不同在于，即使使用了较大的 n 值，底床地形变化的计算也是在较小的时间步长内进行的。如果我们使用的 n 值为 60，这意味着完成 12 个潮汐周期后，我们已经完成了将近一年的地貌变化。在典型的水动力模型中，我们采用 1 分钟的时间步长；这意味着，即使使用较大的地貌因子，仍然要每个小时都更新地形数据。与之相比，当采用潮汐平均方法按照相同的潮汐周期数计算时，为了覆盖与之相同的时间

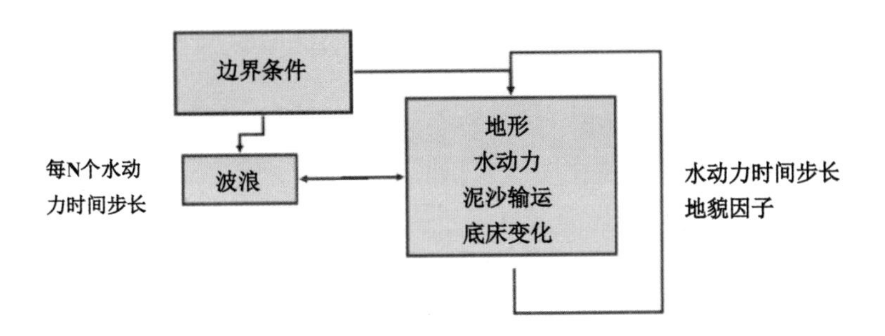

图 9.12　使用地貌因子联机方法的流程图

段，时间步长是一个月。甚至当我们在每个完整的地貌步长之间采用 10 个连续步长时，这仍然意味着 3 天一个时间步长，花费的时间是许多输运计算的 10 倍。

为了分析使用这种方法时的误差，将时间积分的输运矢量与 n 相乘：

$$z_{b,t+nT} = -\overrightarrow{\nabla.}\int_{t}^{t+nT}\left(\vec{S}_{t,\Delta z_b=0} + \frac{\partial \vec{S}_{t,\Delta z_b=0}}{\partial z_b}\Delta z_{b,t} + O(\Delta z_b^2)\right)dt =$$

$$\approx -\overrightarrow{\nabla.}\int_{t}^{t+T} n\vec{S}_{t,\Delta z_b=0}dt - \overrightarrow{\nabla.}\int_{t}^{t+T}\left(\frac{nb\vec{S}_{t,\Delta z_b=0}}{h}\Delta z_{b,t}\right)dt + O(\Delta z_b^2) \approx$$

$$\approx -nT(1 + \frac{1}{2}\frac{bnz_{b,t+nT}}{h})\overrightarrow{\nabla.} < \vec{S}_{\Delta z_b=0} > + O(\Delta z_b^2) \tag{9.22}$$

同（9.11）式相比，我们发现，与潮汐平均法一样，括号内的第二项同样不能忽略，但可近似为：

$$n\Delta z_{b,t+T} \approx \Delta z_{b,t+nT} \tag{9.23}$$

9.7.5　潮汐平均法与地貌因子

为了对各种方法做一个客观的比较，我们设计了一个简单的测试实验。假设有一个潮汐水道，在长度 L 内逐渐变宽。水流在涨潮时辐散（正方向），在落潮时辐聚。此时增加了一个平均流量。输运梯度可由输运率除以长度 L 进行近似计算：

$$\frac{\partial z_b}{\partial t} = -\frac{\partial S_x}{\partial x} \approx -\frac{S_x}{L} \tag{9.24}$$

现在我们假设通过水道的单宽流量有一个平均分量和频率为 M2 的振荡分量。流量对水深不敏感，直到水深变浅至水流流向另一条水道，并且流量变为零。这种影响可以通过一个平滑尖灭函数来描述；此时包括所有这些影响的流量可描述为：

$$q = (\bar{q} + \hat{q}\cos(\omega t))\left(1 - \exp\left(-\left(\frac{h}{h_{sh}}\right)^2\right)\right) \tag{9.25}$$

其中，代表控制流量逐渐变少直至零的水深尺度。我们假设输运率 S_x 是速度的简单函数，因此：

$$S_x = a(|u|)^{b-1}u = a\left(\left|\frac{q}{h}\right|\right)^{b-1}\frac{q}{h} \tag{9.26}$$

有了这些简单方程，我们现在就能测试各种时间积分方法。对每一种方法的方程进行数值积分。对于潮汐平均法中的时间步长（乘以潮汐周期），我们使用相同的因子 n；本例中选择的值是 70。潮汐内时间步长等于 $T/50$，约等于 15 分钟。

图 9.13 显示的是底床高程随时间的演变过程。很明显，随着“强力”积分，潮内底床变化非常小。因此，海床变化曲线看起来非常平稳。随着水深变浅，输运增加，底床高程的变化率快速增加；随着深度进一步变浅，尖灭函数开始起作用，水深逐渐趋向零。

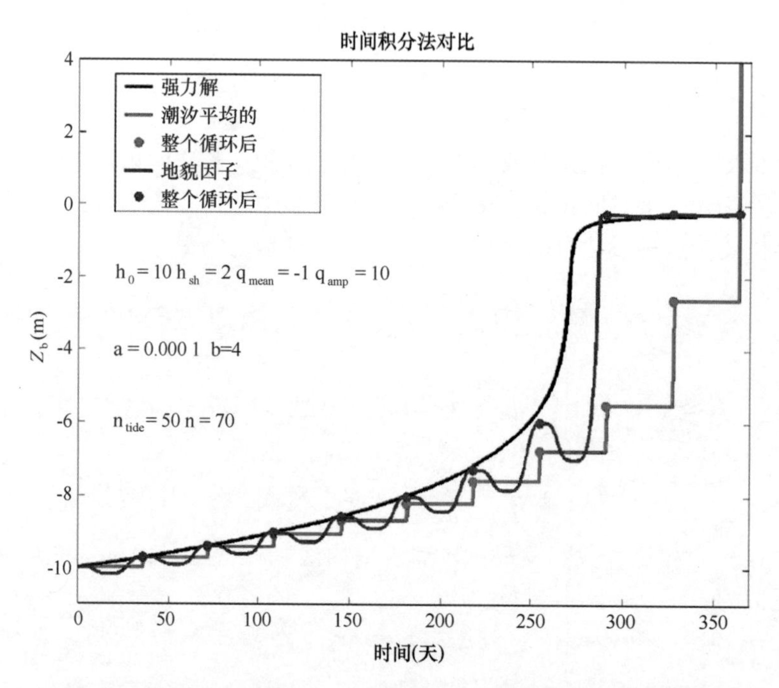

图 9.13 潮汐周期相等条件下时间积分法的比较：地貌因子法 vs. 潮汐平均法

只要底床高程变化接近于线性，两种近似方法所得结果与“强力”线比较契合。“地貌因子”方法计算结果在每个（延长的）周期内偏离，但是在每个完整的潮汐周期后与正确值又非常接近。由于输运更新的频率比“潮汐平均”方法高，因此这种方法也适用于水深很浅的情况。另一方面，本例中的“潮汐平均”方法完全忽略了较浅的部分，并且直接击穿水面。

通过中间的“连续性校正”，无需增加过多的计算量，就可以改善“潮汐平均”方法的结果。如果保持计算的潮汐周期数（等于 700/70 = 10）一年内不变，并在此期间使用 10 次连续校正，就可以得到如图 9.14 所示的结果。

9.7.6 并行联机法

在这种新方法中，我们假设水动力条件变化比地貌变化迅速得多。如果所有不同条件（落潮、涨潮、平潮、大潮、小潮、NW 风暴、SW 风等）发生的时间间隔同地貌时间尺度相比较小，那么这些条件可能同时发生。这样的话，只要共用相同的地形，并能根据每个条件引起的底部变化的加权平均值来更新，我们就可以进行不同条件下的并行

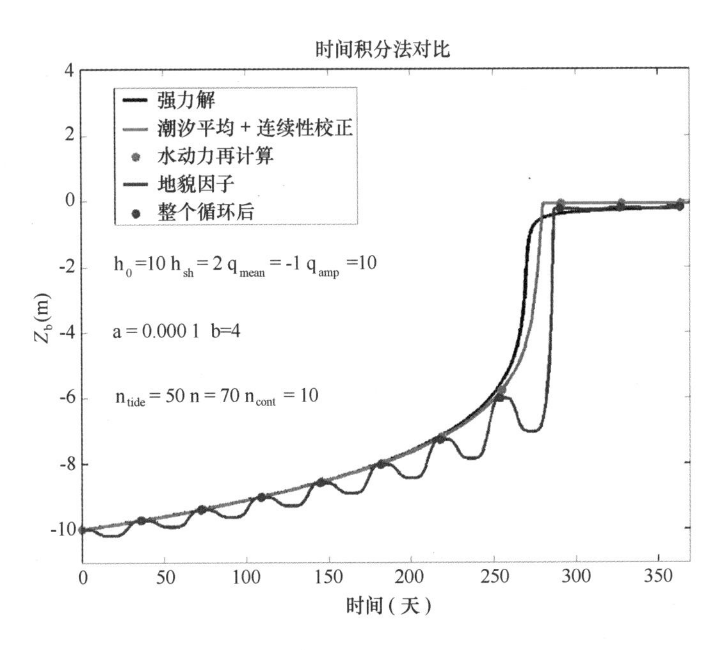

图 9.14 时间积分法比较：地貌因子 vs. 潮汐平均 + 连续性校正

模拟。图 9.15 所示为该方法的流程图。

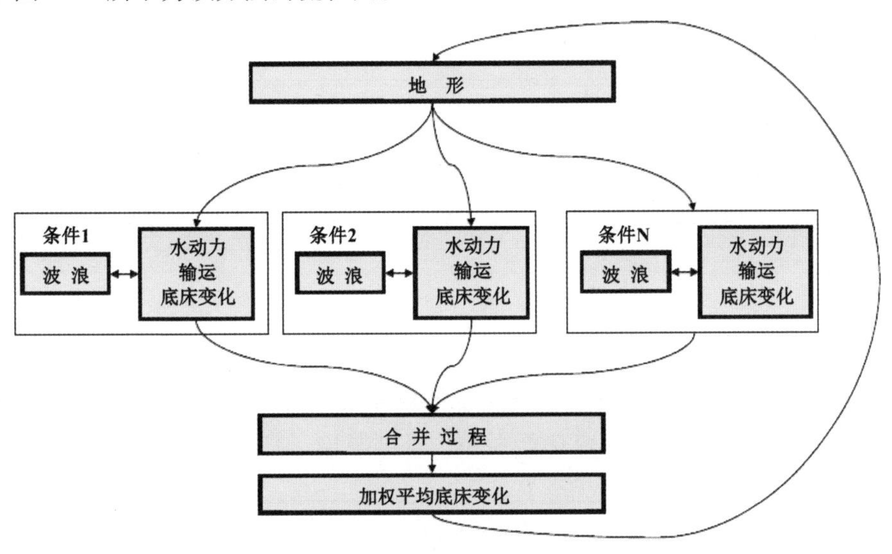

图 9.15 “并行联机”法流程图

这种方法是把模拟分成一些平行的过程，分别代表不同的条件；在一个给定的频率下，所有过程都提供底床变化给合并过程，后者将返回一个加权的平均底床变化值到所有过程，然后继续模拟。不同过程的并行计算，可提高一系列 PC 或 Linux 集群的运行效率。

现在可以设计不同的过程，使其彼此制约，例如给不同条件分配不同的潮相位，使涨落潮输运在任何时候都相互抵消。这样就减少了短期变化的振幅，从而允许使用更高的地貌因子。

9.7.7 不同方法的效率

不同方法的相对效率由 3 个因子决定：数值稳定性、准确度和处理可变输入条件（风、波浪、流量等）的能力。不同方法的衡量标准总结于表 9.2。因为需要运行一个完整的潮汐周期以模拟 n 个潮汐周期的地貌变化，所以在所有的情况下，参数 n 都是运行时间的一个良好指标。参数表示所有水动力条件更新之间 RAM 步骤的数量。在“处置各种可变输入”时，我们已经假设了具有相同发生概率的若干条件，它们必须能代表一年（700 个潮汐）中的地貌变化。

稳定性　数值稳定性对于潮汐平均和 RAM 方法来说，比联机计算的限制更多，因为与大约 745 分钟的潮汐周期相比，水动力时间步长通常是约一分钟。对于大网格、深水和/或低输运率的大尺度模拟来说，这不成问题，但实际上浅水区域和高网格分辨率才是关注的重点。对于潮汐平均方法来说，这可能导致时间步长被限制小于潮汐周期。在这种情况下，潮汐平均法毫无优势可言。

表 9.2　不同方法的衡量标准的概述

方法	稳定性	准确度	处理可变输入
潮汐平均	$\frac{h\Delta x}{b<S>T}$	$\frac{1}{2}\frac{b\Delta z_b}{h}$	$n<700/n_{cond}$
RAM	$\frac{h\Delta x}{b<S>T}n_{RAM}$	$\frac{1}{2}\frac{b\Delta z_b}{h}$	无限制
联机	$\frac{h\Delta x}{bS_{max}dt_{flow}}$	$\frac{1}{2}\frac{b}{h}(\Delta z_{b,t+nT}-n\Delta z_{b,t+T})$	$n<700/n_{cond}$
联机并行	$\frac{h\Delta x}{b<S>_{max}dt_{flow}}$	$\frac{1}{2}\frac{b}{h}(\Delta z_{b,t+nT}-n\Delta z_{b,t+T})$	无限制

准确度　潮汐平均法比联机法的评估标准更简单，但限制更多。它不依赖于网格，但需要指出的是相对底床高程变化要很小，否则与输运评估中地形是常量的假设相违背。

处理可变输入　对于潮汐平均法和标准联机方法来说，它们通常需要连续输入变化的条件，因此当选择了一个详细的输入模式时，n 值就被限定了。但这不适用于 RAM 和联机并行法，因为它们都采用并行法处理。

9.8 长时间尺度数值模拟方法

9.8.1 海滩剖面延伸

在沿岸浅水区，复杂的小尺度过程持续不断地重塑着海滩剖面。解决这样的过程要求有非常先进的过程建模和非常细的网格。这是大尺度模型无法做到的，因为在破波带大约有5~10个网格单元，仅够代表波生沿岸流和泥沙输运。另一个问题是，即使是最先进的模型，通常不包括干滩，因而也不包括沙丘侵蚀和堆积。

另一方面，现场观测数据和剖面模型计算结果都表明：剖面的上半部分对泥沙平衡变化的响应非常快，并且接近于动态平衡。这一结果广泛应用于岸线模型和简单的跨海岸离岸模型中，比如Bruun法则：剖面外形不变，但为了维持沙量平衡，允许向岸与离岸移动。

这个概念已通过以下方式在RAM中得到了应用。首先，使用常用方法确定所有点的底床高程变化率。对于特定等深线和沙丘顶部之间的点来说，要采用特殊处理，我们要计算每个网格线而不是每个网格单元的底部变化。网格线在浅水网格单元的体积变化总量为：

$$S_{in} = \frac{\partial V_{tot}}{\partial t} = \sum A_i \frac{\partial z_{b,i}}{\partial t} \tag{9.27}$$

其中，S_{in} 是进入浅水网格单元列的净输运，$\frac{\partial V_{tot}}{\partial t}$ 是总体积变化率。A_i 是单个网格单元区域，$\frac{\partial z_{b,i}}{\partial t}$ 是单个单元的底床高程变化率。接下来我们处理单元列，假设进入单元列的净输运是通过最小的单元进入，并且按照以下方程式朝着沙丘顶部减少：

$$S_i = S_{in} \frac{z_{top} - z_{b,i}}{z_{top} - z_{bottom}} \tag{9.28}$$

注意，现在输运率取决于底床高程。其结果是：

$$\frac{\partial S}{\partial z} = -\frac{S_{in}}{z_{top} - z_{bottom}} \tag{9.29}$$

对于沿着网格线的均一网格单元宽度 $\Delta\eta$ 来说，每个单元宽度的输运率是 $s_\xi = S/\Delta\eta$；沿着网格线方向 ξ 的一维泥沙平衡可表示为：

$$\frac{\partial z_b}{\partial t} + \frac{\partial s_\xi}{d\xi} = \frac{\partial z_b}{\partial t} + \frac{\partial s_\xi}{dz_b}\frac{\partial z_b}{d\xi} = 0 \tag{9.30}$$

此处简单波动方程中的速度不变；换句话说，剖面沿横向传播没有变形，这正好是我们想要得到的情况。从式9.28可以很简单地得出每个网格单元的体积平衡：

$$\frac{\partial V_i}{\partial t} = -\Delta S_i + S_{in}\frac{\Delta z_{b,i}}{z_{top} - z_{bottom}} = \frac{\partial V_{tot}}{\partial t}\frac{\Delta z_{b,i}}{z_{top} - z_{bottom}} \tag{9.31}$$

为了获得一个稳健的数值行为，上式中网格单元 $\Delta z_{b,i}$ 的高度差是按迎风的方式计算的。正如我们所看到的，实际的实施可概括为每个剖面总体积变化的简单再分配，这能很容易地确保质量守恒。

目前，本步骤的第一次实施是按照网格方向进行的，它与海岸线的交点最多。用户也可以指定一个多边形，将该步骤限制在多边形内。

9.8.2　次网格特征表示法

在大尺度模型中，一些地物特征，如小防波堤等，无法清晰地被表示出来。然而，它们的影响可以一种概括的方法考虑在内，即：指定多边形内的输运率按规定的因子递减。

举个例子，沿着荷兰海岸，在 2 ~ 31 km（荷兰北部防波堤）或 98 ~ 118 km（Delflandse Hoofden）之间都会发现防波堤。通过考察防波堤建筑前后海滩的历史演变，可以尝试对防波堤的影响进行评估，但是由于风和波候的变化以及沿岸沙波的发生，所得结论也不是很好。然而即使也存在相当大的绕过率，防波堤的建造总是导致背风面侵蚀的事实，是一个强有力的指标，说明对沿岸输沙有很大影响。

在最近关于海岸机场岛影响的研究中，1（无影响）和 0.5 的递减因子已应用在 1972—1980 年的验证案例中；基于海岸线堆积和侵蚀的结果模式，推荐使用 0.5 这个值用于以后的模拟。

9.8.3 疏浚表示法

在很多地貌变化的模拟中，疏浚是很重要的一个方面。保持航道规定深度所需要的疏浚数可能是一个重要的研究结果。而且，在较长期限的模拟中，疏浚对于保持模拟的现实性来说必不可少；如不疏浚，入口就可能被淤泥堵塞，绕过率会变得非常大，影响大尺度的海岸特征。

在 Delft3D - RAM 中，用户可以指定几个疏浚区域，这些区域的底部要保持在规定的最小深度内。如果深度小于这个最小值，多余的沙子要被清除出这个单元，倒入规定的卸泥区。然后，模型输出以时间为函数的单位面积疏浚和倾倒的物质量。

这仅仅是地貌模型应用于疏浚的一个例子。其他维护性疏浚或采砂的疏浚实施起来相对简单。

9.8.4 海滩补沙

如果允许海岸被任意侵蚀，那么海岸地貌变化的长期模拟是不现实的。例如荷兰“动态保护”政策防止了这种现象的发生。在模型中，这个政策可以近似处理，即在每个时间步长，侵蚀剖面按侵蚀量及时补沙。剖面实际上就是在这样的情况下保持的，而模型跟踪每个剖面补沙的累积总量。

第 10 章　案例研究

10.1　针对小海岸问题的简单模型

10.1.1　引言

本小节我们将利用相对简单的模型设置，讨论发生在软硬海岸构筑物周边的一些物理过程。这些简单模型经常用于模型间的比较，以期对软硬工程构筑物周边过程有一个基本的理解，或者用实验室或现场数据证实验证我们的模型以及对沿海海岸过程的理解。De Vriend et al. （1993）对一个半圆形港湾和河口夷直型海岸进行了过程分析和模型比较。Nicholson et al. （1997）针对离岸防波堤进行了类似的研究。Zyserman & Johnson（2002）总结了离岸防波堤影响的研究模型。Ranasinghe et al. （2006）针对人工冲浪礁（一种特殊形式的水下防波堤）引起的环流形式和海岸线响应进行了研究。Roelvink & Walstra（2004）研究了夷直海岸防波堤的影响，并和岸线模型结果进行了比较。Grunnet et al. （2005）采用一个包括潮汐、风和波浪影响的相对较小的模型，研究了大尺度近岸补沙养护的演变及其对近岸泥沙平衡的影响。

为了阐明这类模型能模拟的过程，我们比较四组测试，包括没有任何工程构筑物和带有一些工程构筑物的。

10.1.2　模型设置

测试所用的模型网格和地形源自沿岸水动力学的研究，它作为 Coast3D 程序的一部分，由 Elias et al. （2000）加以发展。它代表了荷兰典型的双沙坝剖面，沿岸方向上尽管比较均一，但也存在可引起裂流的近岸变化，见图 10.1。中心区域的网格分辨率约为 15 m×20 m，越靠近侧边界和向海边界网格越粗。

同时，模型使用了来自两个较大区域模型的嵌入式信息；目前我们采用 Roelvink & Walstra（2004）或 Grunnet et al. （2005）中的方法，边界条件采用外海的水位边界和侧边界的纽曼边界。为了进一步简化，我们忽略潮汐和风的影响，使用单个的波浪条件，波高 H_{rms} 为 1 m，波峰周期 T_p 为 7s，波向为北方向 240°。我们使用 Delft3D 模型的 2DH 模式，重点关注由于工程措施导致的水平环流及其对海岸演变的影响。波的传播和耗散通过 XBeach 模型的静态模式求解，即所谓的 Delft3D 等间距水动力和地貌求解程序。这样设置的优点在于，求解波流的模型网格相同，并且在侧边界上不产生任何干扰。

模型运行 30 d 地貌时间，地貌因子为 100。这意味着按照水动力时间，模型仅仅运

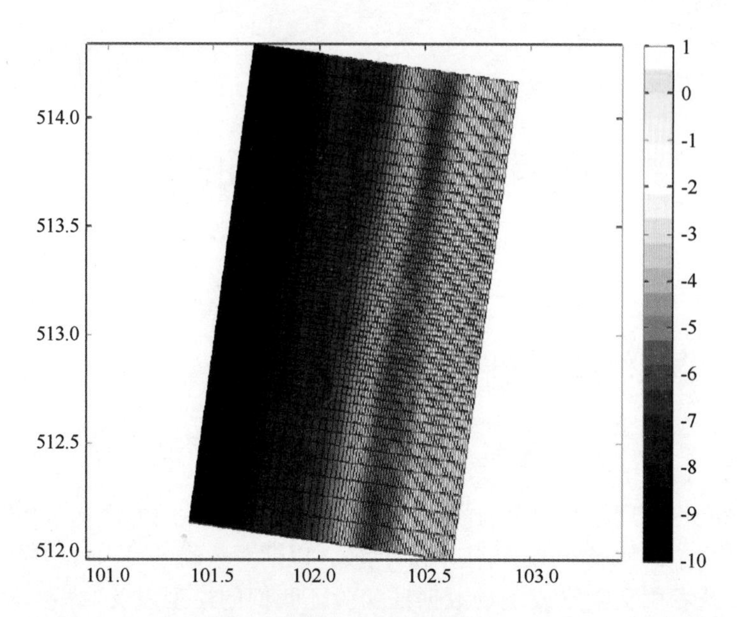

图 10.1　网格和地形（深度 i，由颜色条表示，单位：m），底图采用 Egmond 模型（距离单位：km）

转了 432 min，即 7 个小时多一点。在开始地貌更新前，我们允许水流旋转加速；在这个模型中，这一过程仅仅需要约 10 min。水平黏度和扩散率设为常量 0.5 m^2/s，并且按照 65 $m^{1/2}/s$ 的谢才值确定底床糙率。

对于泥沙运移，我们使用 Delft3D 中标准的 Van Rijn（1993）设置，泥沙粒径为 0.200 mm。干单元侵蚀效应完全开启，即当水下有侵蚀时允许干滩侵蚀。

硬式构筑物在网格中设置为不存在泥沙供侵蚀的区域，其余的则假设有 10 m 厚的易侵蚀沙层。

完成的五次模型实验，分别包括以下情况：

- 没有任何工程措施；
- 沿海岸线有约为 200 m 的防波堤；
- 距离海岸线大约 500 m 处，有长度约为 200 m 的离岸突堤；
- 建有离岸潜堤，长度和位置与离岸突堤相同，但最高处位于水下 1 m；
- 与离岸潜堤相同尺寸的补沙。

10.1.3　波高分布

图 10.2 所示为 30 d 的地貌演变结束后，不同工程措施下的波高分布。防波堤对波高分布的影响是通过地貌演变间接产生的，因为防波堤处的波浪几乎垂直于海岸。由于离岸防波堤的存在，对波浪的遮蔽作用是非常明显的，对于潜堤，这种效应也相当大。海滩补沙的效应和潜堤是一样的，但在这里我们所看到的是补沙后顶部被削平并朝海岸迁移的效应。有趣的是，由浅水效应及折射引起的波浪辐聚作用，导致波高增大了。

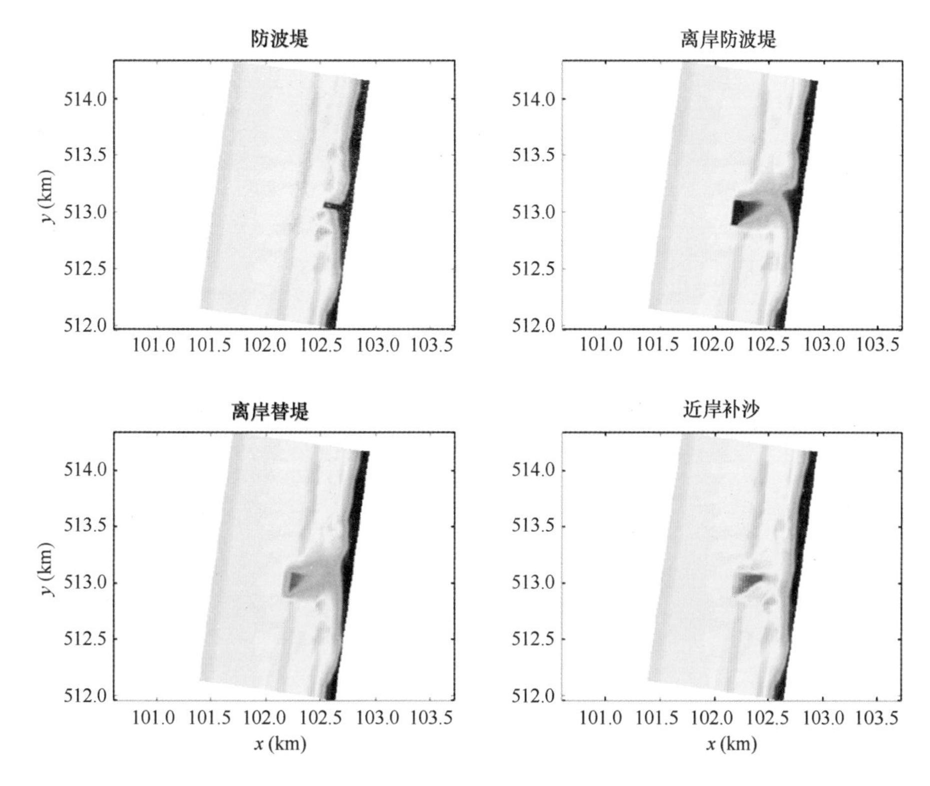

图 10.2　不同工程措施下 Egmond 站位实测波高分布

10.1.4　流场分布

如图 10.3 所示，不同的海岸建筑物对流场具有很强的影响，进而改变局部地貌形态。在防波堤模拟中，我们可以看到有一股强沿岸流偏离海岸方向，并且在其强度大幅度减弱的同时，在顶端形成复杂的小漩涡；直至下游很远处才恢复原来的形态。离岸防波堤的情况与此非常相似，因此也导致了类似的海岸线行为，正如我们将在下一节中看到。由于建筑物导致的波浪破碎作用，潜堤处产生了一股强向岸流。正如 Ranasingh et al. （2006） 所述，这种流场在建筑物过于接近海岸时会产生问题，甚至会导致建筑物后方的侵蚀；对此，建筑物离岸足够远时，似乎可以避免这个问题。然而，在建筑物南端有一股更强的裂流，可能会对游泳者的安全带来威胁。海滩补沙模拟中也出现了相似的环流模式，但是没有那么明显，因为在 30 d 的模拟过程中，所补沙体高度已降低，并扩散到更大的区域。

10.1.5　对地形的影响

防波堤和离岸突堤工程对地形的影响非常接近：建筑物的上游岸线迅速淤长，下游遭受快速侵蚀（见图 10.4）。在上游方向，这一特征非常接近于根据海岸线理论所得结果，但在下游方向情况却不同；此处，如波浪设置差异和对流项等方面导致了沿岸流的缓慢集聚，继而产生了一个比经典法求解得到的更为广泛的侵蚀区域。这里的下游区域

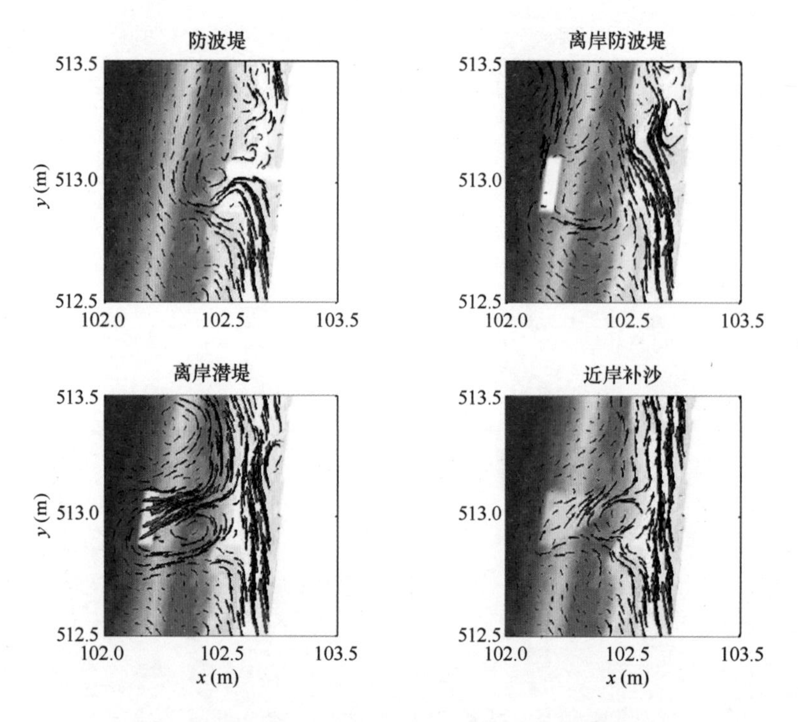

图 10.3 30 d 模拟结束后不同工程方案下的流场分布

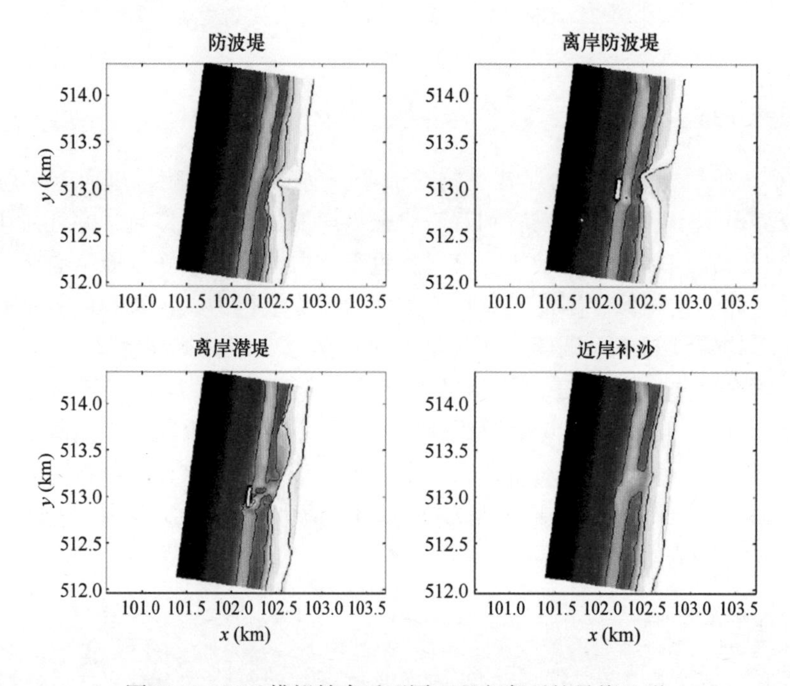

图 10.4 30 d 模拟结束后不同工程方案下的最终地形

是上游区域的镜像。造成这一结果的部分原因可能是下游区域的剖面响应。如果受侵蚀剖面发生水平移动，那么沿岸运移的发生比它们冲刷到碎波深度以下时更快。这取决于对该地区“干单元侵蚀”与横向运移过程的处理。最低要求是在模型区域内有足够的海滩和沙丘面积以供侵蚀；如果没有的话，侵蚀影区会沿着海岸传播得非常快。

而对于潜堤，它的影响比突堤的弱一些，但一些额外的复杂性显而易见，这可以用强环流模式来解释。对于滨面补沙，对海岸线的影响仅局限于时间尺度上；然而，在海槽区有明显的淤积，可能有利于更长时间的模拟。

10.1.6　相对侵蚀/沉积分布

图 10.5 为有工程措施与无任何工程措施方案下，海床高程方面的差异。显然，防波堤和离岸突堤的影响最大，包括正面和负面的。离岸潜堤有着相似却弱化了的影响。只有近岸补沙的影响在整体上是积极的。这一点合乎常理，因为这是将泥沙引入海岸系统的唯一选择。

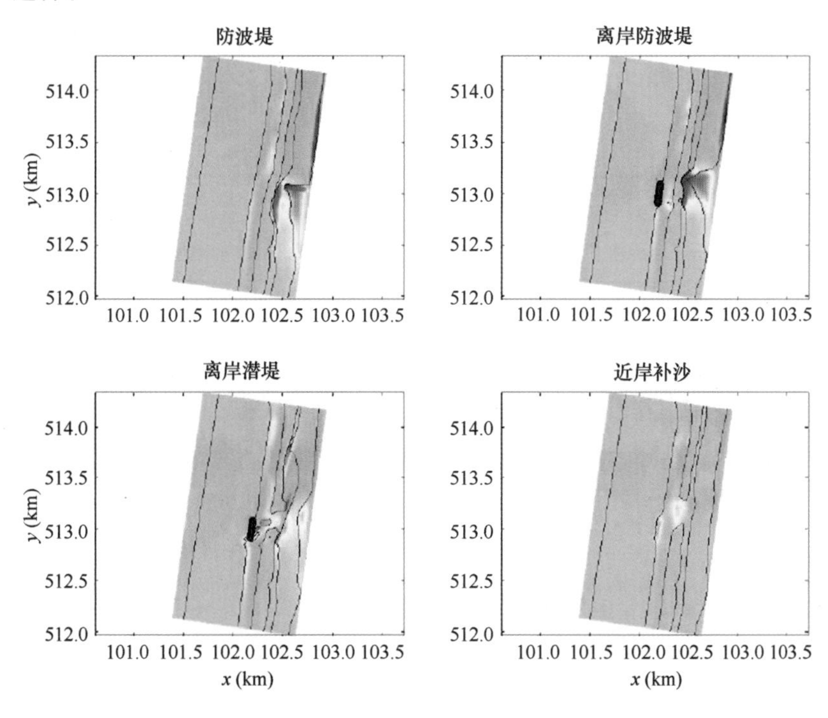

图 10.5　30 d 模拟结束后不同海岸工程方案下的相对侵蚀/沉积分布

10.1.7　讨论

尽管经过这些实验模拟得到了许多有意思且看似真实的特性，但是这些模拟的任一方面都可以进行相当大的改进。这一方法仅仅足够表现一些裂流模式（但不是任一尺度，比如横剖面上的几米）；与影响的范围相比，模型的区域较小；海滩和沙丘剖面延伸的不足以包括众多侵蚀；水流只是平面二维，所以很多回流剖面无法模拟，也不可能包括任何的横向影响；只有沉积物粒度；也只探讨了恒定的波浪条件，忽略了潮汐和风的影响，而且运行时间可以更长。这些问题暂时先留给读者去解决。

10.2 潮汐汊道、河口和三角洲的长时间尺度模拟

10.2.1 引言

潮汐汊道是重要的自然资源，但却因为人类的介入、海床沉陷及海平面上升而受到威胁。大量的经验数据表明，每个潮周期都会有大量的泥沙进出潮汐汊道，其中部分泥沙沉淀下来，这样潮间带和潮上带盐沼边界就取决于平均海平面或平均高潮位。这意味着要面对相对海平面上升造成泥沙在潮汐汊道落淤的问题，并对邻近海岸造成影响。长时间尺度下，会导致障壁岛的向岸侵蚀，或者在泥沙补给不足的情况下，使我们失去宝贵的潮间带和盐沼。这两种行为都会造成严重的海岸管理问题：前者会使房屋和村庄受到威胁；后者则会使珍稀动物的栖息地受到威胁。

我们知道可以用半经验模型模拟潮汐汊道在海平面上升情况下的变化，但更详细的措施与影响却难以用这种方法模拟。基于过程的方法可以作为一种选择，但到目前为止可行性并没有得到广泛认可。

10.2.2 模拟的时间尺度能升多长

20 世纪 90 年代初，人们通常认为小尺度过程的模拟用于大时空尺度时，仅在短时间内是可行的，如果时间过长所有的结果都会偏离实际；的确，我们可以看作很多这样的例子，只是简单地把模型进行一个多年周期的校正后，就用于更长周期的模拟。

另一方面，许多自然系统趋向于某种平衡，如果我们了解产生这种平衡的抵消力，为什么不建立具有相似变化的基于过程的模型? Wang et al.（1995）、Himba et al.（2003）和 Marciano et al.（2005）分别进行了开创性的工作。他们用经典潮汐平均法，基于 Delft3D 模型，建立了一个很有前途且模拟逼真的模式，可用于模拟类似斯凯尔特河西部和阿默兰岛潮汐汊道的变化过程。然而，当进行长周期模拟时，不能从任意初始地形开始，当浅滩出现时，模型会运行失败，往往造成模拟出来的水道断面过于陡峭（图 10.6）。

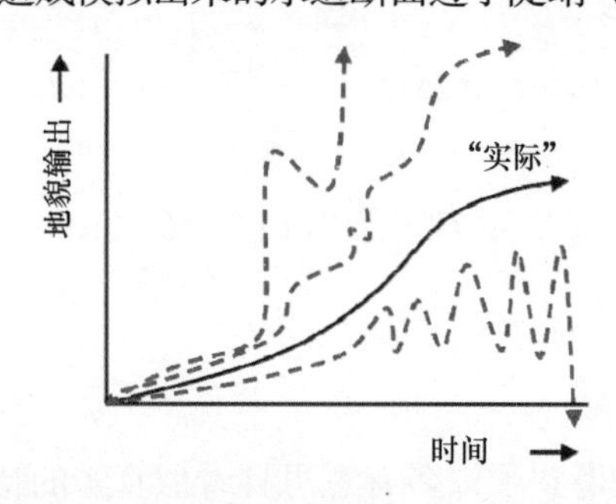

图 10.6 地貌怀疑论者的自下而上模型

10.2.3 长时间尺度建模所必需的模型改进

各种模型改进和简化在过去几年中陆续发展起来。尽管有时候这些改进非常简单，

但却得到了很多更稳定和更逼真的结果。

• 外海边界条件曾带来严重的问题，尤其是对于传播潮汐的情况。在地貌模型运行过程中，即使是边界上很小的扰动贯穿模拟区域，最终也会破坏整个模拟。使用第 9.5 节所述的侧边界上的纽曼边界条件，我们可以对数千年来的情况进行模拟，而不会出现这些问题，参见 Dastgheib et al.（2008）和 Dissanayake et al.（2009）。

• 相比潮汐平均法，地貌因子法所得结果一般更平滑、准确。

• 在模拟像浅滩这种相对平坦且有陡峭前缘的地貌时，如 Lax - Wendroff 这样占主导的中心格式可能在前缘上振荡，经常导致不稳定问题和/或时间步长的急剧缩短。逆风格式（例如）（Lesser et al.，2004）能够更好地处理这种问题。尽管在隆起迁移的假设实验中，逆风格式看起来很分散，但在实际的平坦浅滩上，它能准确地描述了浅滩的纯水平运动。

• 当浅滩高于低潮位时，潮汐平均法的模拟会出现问题；地貌因子法可以平滑地处理这些浅滩问题。Hibma et al.（2003）就曾运用过这种经典的潮汐平均法，但这种方法使生成浅滩模式的模拟受到限制；

• 在大多数模型中，如果浅滩发育到高于高潮位时，它就超出了实际模型区域，变成了固定值，并反过来确定模型的临近部分，模型逐渐终止。然而通过引入海岸侵蚀，无论是干单元侵蚀（如：Lesser et al.，2004）还是通过滑坡机制，都可以避免这个问题。在这些情况下，水下的发展变为主导，接着浅滩、海岸干涸；最后干涸区域旁的侵蚀向一边迁移而不是垂直冲刷；

• 即使做出以上这些改进，水道形态仍会变得的又窄又深。陡峭的水道再次固定不变，模拟实验开始不断出错。即使产生这些变化的真正原因尚不清楚，但正如 Lesser（2009）为美国西海岸威拉帕湾建模时所指出的，务实的方法是增加控制河床坡度影响的系数，以确保模型能表现出更多自然活力。Vab der Wegen 和 Roelvink（2008）、Van der Wegen et al.（2008b）通过地貌因子法、干单元侵蚀和增加河床坡度因子，发现他们的模型在保留真实性的同时，几乎可以无限期地运行。图 10.7 所示为具有自由侵蚀岸的狭长河口的模拟结果。

我们选取了两个著名的经验关系式，用以比较模拟结果与经验关系的结果：断面面积（A）- 纳潮量（P）（Jarrett，1976）和水道容积 - 纳潮量（Eysink，1990）（图 10.8）。如图所示，模拟的不同时间点沿盆地的 P/A 关系变化趋势（不只在河口等），与采用 P/A 经验关系式所计算的类似。与此同时，关于水道容积 - 纳潮量的模拟结果，也与 Eysink（1990）的结论一致。关于该模式的建立及相关结果的详细讨论，请见 Van der Wegen et al.（2008b）。

10.2.4　边界对河口地貌的影响有多大

从以上的例子中，我们已经看到对于短而宽的盆地和长而窄的盆地，模式是不同的；同样，在边界固定的情况下，我们可以得到的水道比有可侵蚀岸的情况更深更窄。那么另一个问题出现了：边界对河口地貌的影响究竟有多大？（堤坝、海岬、不可侵蚀层以及其他地质或人造约束条件）？如果我们得到河口的轮廓，就像在谷歌地球上看到

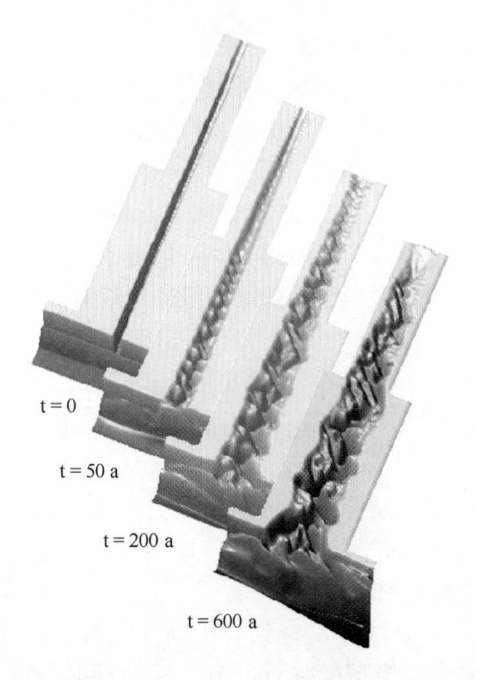

图 10.7　80 km 长盆地在 0，50，200 和 600 年后的模型预测地形（Van der Wegen et al.，2008b）

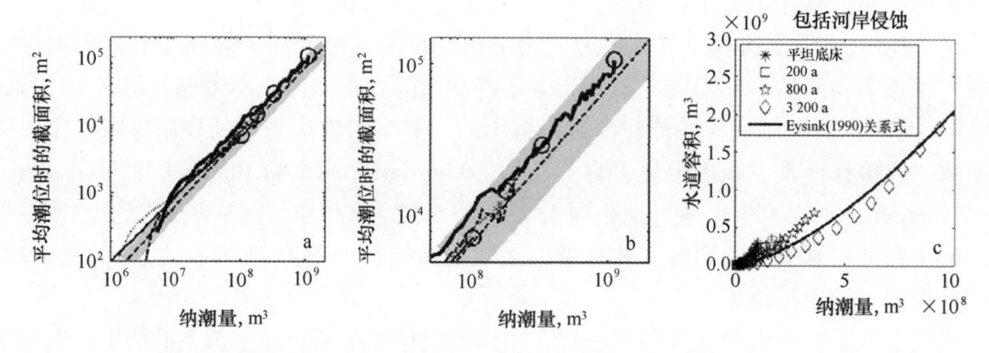

图 10.8　纳潮量和截面积的关系，a：整个 80 km 长的区域；b：细节；没有码头（直虚线）；灰色区域代表 95% 可信区间（Jarrett，1976）。1 年后的模型结果（细实线）；200 年之后（点线）；800 年之后（粗虚线）；3200 年之后（粗实线）；圆圈表示河口处的值（Van der Wegen et al.，2010 b）。c：纳潮量和截面积以及水道容量的关系；模型结果代表不同时间沿河口的不同位置。

的那样，并已知外海边界的潮汐条件，那么我们可以推测水道形态及其横剖面特征吗？在缺少数据的地方（就像在世界的许多地方一样），这种信息是比较容易获取的。此外，它可以很好地检验我们的模型在预测地貌而非地貌变化方面的能力。实际上到目前为止，我们一直试图重现观测到的侵蚀与沉积模式，但地貌预测本身往往更有用。比如，当你需要预测一个冲刷坑的深度和广度时，或被要求预测重新打开一个已经关闭的河口或湿地会发生什么情况时（图 10.9）。

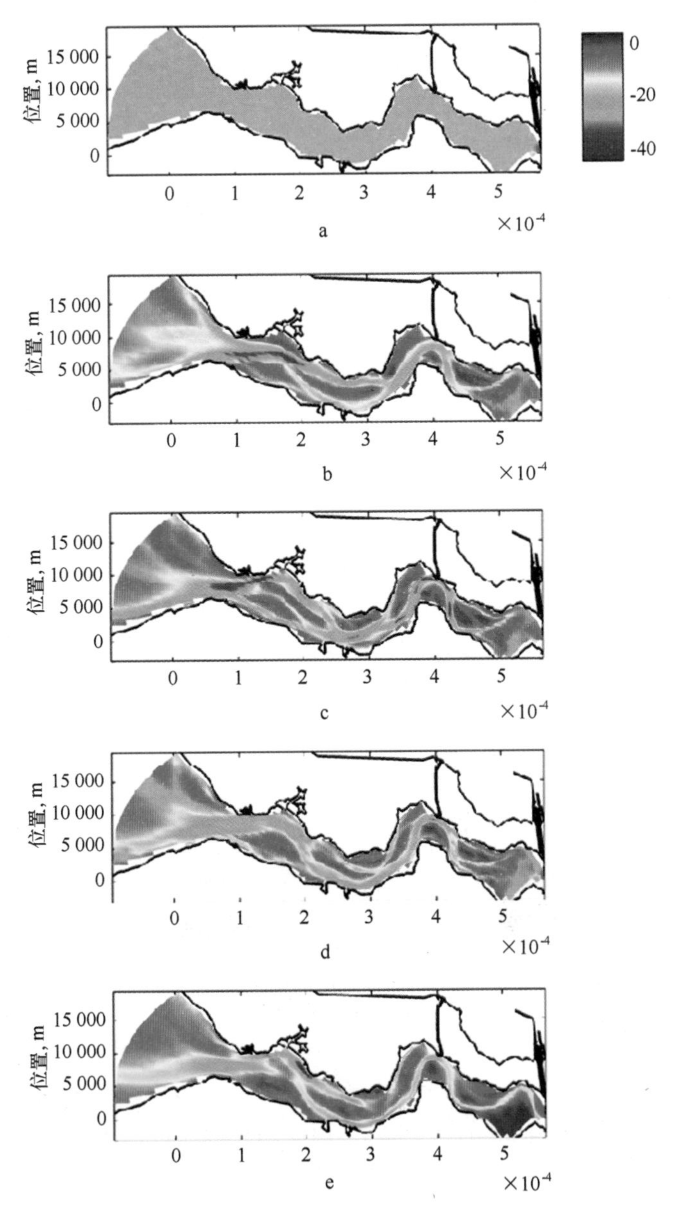

图 10.9　从平坦底床开始模拟 200a 后的斯凯尔特河西部地形变化过程。a：初始地形；b：平面二维水动力；c：三维水动力；d：三维水动力与不可侵蚀层；e：1998 观测的地形（Van der Wegen，2010）

Van der Wegen et al.（2008a，2010）在斯凯尔特河西部进行了长期模拟，从一个平坦地形开始（深度为整个盆地平均深度），当前堤坝设为硬边界，外海采用简化的潮汐边界条件。即使只使用一个简单的泥沙输运公式和深度平均的水流运动方程，也能计算出非常符合实际的结果；使用三维水动力，并包括已知的不可侵蚀层，模拟得到的水道形态与目前观测到的非常相似，不同截面的等深线（过水面积是水位的函数）与 P－A 关系得以很好地重现。模拟结果显示，在第一个十年，水道快速形成，这之后出现了一个非常缓慢的沿河口的泥沙再分配过程。与实际形态最好的匹配出现在大约 50～100a 后。图 10.9 所示为不同模型设置下，模拟的初始和最终水道形态与当前的比较：平面二维与三维水动力，以及有或没有不可侵蚀层。因为潮汐从南方传播而来，我们看到在河口南边发育有一个主水道；三维模拟显示由于拐弯处的螺旋流作用，水道变得陡峭。

Dissanayake et al.（2009）调查了阿默兰岛潮汐汊道的简化版水道形态，发现它同现有的形态非常相似。特别是主水道在位置和大小上都类似于真实的水道；他认为，潮汐在控制主水道的方向上起着非常重要的作用。目前正进一步研究海平面上升的影响，以及基于过程的建模与使用 ASMITA 的半经验建模之间的比较。

Dastgheib et al.（2008）采用不同初始条件，对瓦登海西部的前三个潮汐汊道（相互连通）进行了长期模拟。他发现，当给定相同的初始平坦海床时，这 3 个入口将发育成大小和强度相似的水道，但当汊道盆地的初始深度不同时，就会产生较大差异。相对于较浅盆地，较深盆地将成为主导，这正是这一地区发生的真实情况。在这里，Marsdiep 和 Vlie 盆地曾连接着大型 Zuyderzee，因此平均深度比稍小的 Eijerlandse Gat 要大得多。图 10.10 显示了当前真实地形与不同初始条件下模拟结果的比较。模型模拟得到的主水道，甚至落潮三角洲都与现有地形惊人地相似，而且一些平衡关系得以完美重现，其他方面也基本相同。但是，尽管使用了夸大的底坡运移系数，模拟的结果仍然过于陡峭。一个可能的原因是使用了单一粒径，我们将在下一节讨论这个问题。

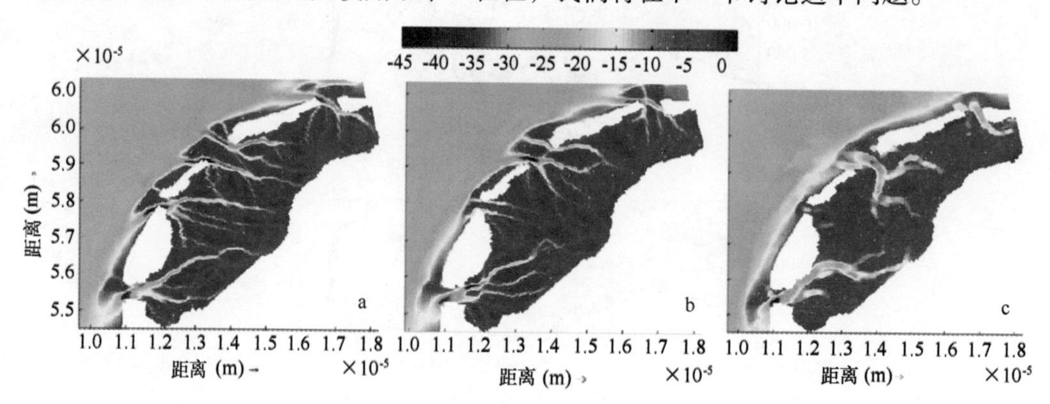

图 10.10 从不同初始地形开始模拟的 2100 地貌年后的瓦登海地形结果：平坦地形，$d=4.54$ m（a），倾斜地形（b），对比 1998 年的实际地形（c）。（Dastgheib et al.，2008）。

10.2.5 泥沙分选的影响

在河流中，河床物质经常在短距离内从泥变化到砂再到砾石，因此通常需要考虑泥沙粒径的水平变化，尽管这种做法相当复杂。由于沉积物粒径范围通常小于河流中的，因此到目前为止的模拟都忽略了该影响。然而，在像 Marsdiep 的系统中，即使泥沙大部分是沙质的，其粒径的变化范围还是很大的，一般水道中有最大粒径（D50 为 0.6 mm），而潮滩上有最小粒径（比泥小 0.1 mm）。最近，Dastgheib et al.（准备中）和 Van der Wegen et al.（2010 b）在研究用不同方式将粒径变化的影响考虑进去：

- 使用一个随空间变化的 D_{50} 粒径；
- 针对不同粒级，对泥沙输运分别建模，记录一些泥沙层和近底混合层中底沙组成的变化。

第一种方法是最容易的，但是当水道摆动过大时它就会失去有效性。通过不时地调整泥沙粒径的空间分布，可以克服这一不足。第二种方法在物理概念上更加正确，但需要更多的计算时间和更复杂的计算程序。

因为通常没有足够的实测数据，初始底沙组成的确定是一个难点。解决这个问题也有几个不同选择。其中之一就是使用一个多粒级模型来更新底沙组成，而无须更新地形。Van der Wegen et al.（2010）将这种方法应用到旧金山湾北部的圣巴勃罗湾。另外一个是使用空间分布的泥沙观测数据，并将其与水动力参数相关联。事实证明，泥沙粒径与潮汐平均的底床剪应力或速度方差之间，有一个明确的关系，原因在于细颗粒泥沙易从高剪应力的地方被带走。Dastgheib et al.（在准备）应用这一关系，构建床沙组成的初始条件。

忽略所选方法的细节，同时考虑到泥沙粒径的水平分布，并采用合理的泥沙粒径分布初始估计，将产生更少的初始干扰或“地貌模型热身时间”，模拟出更符合实际的水道形态。Dastgheib et al.（2010）发现，在使用实际的泥沙粒径空间分布时，Marsdiep 中典型的水道深度几乎减半（见图 10.11）

10.2.6　模拟案例

我们刚才讨论的结果，都是基于相对简单的模拟，但是实际情况要复杂得多，很难用几句话来描述。因此我们决定，讨论一些设置和描述相对简单，且在 PC 机上只需要运行几个小时的案例。我们从 Roelvink（2006）描述的潮汐盆地模拟开始，并改变以下参数：

- 潮汐传播：垂直或沿岸，相速 1°/km；
- 科氏力：远离（赤道）或在纬度 51°（荷兰）；
- 波浪：开或关（$H_{\rm rms}=1$ m，$T_p=7s$ $H_{rms}=1$ m，$T_p=7s$，北方向 330°N，定向分布根据 cos10 函数）；
- 海岸剖面：相对平坦的（1:500 到 -10 m）或相对陡峭（1:100 到 -20 m）。

该模型网格为矩形（非常粗），网格单元 100 m×100 m，共有 150×150 个。峡谷宽度为 2 km。我们使用 Delft3D 模型中的平面二维模式，泥沙设置采用默认设置，泥沙 D50 为 0.200 mm（Van Rijn，1993）。对于波浪作用，我们使用一个简单的带有定向传播的静态折射模型，它是基于 XBeach 的静态波浪求解程序（Roelvink et al.，2009）。此程序来自 Delft3D，具有速度快的优点，可以像 Delft3D 一样在相同的网格和区域运行，并且没有像 SWAN 模型中常见的侧边界问题。

潮汐边界条件设为单一谐波分量，振幅为 1 m（2 m 潮差），传播（垂直）潮的向

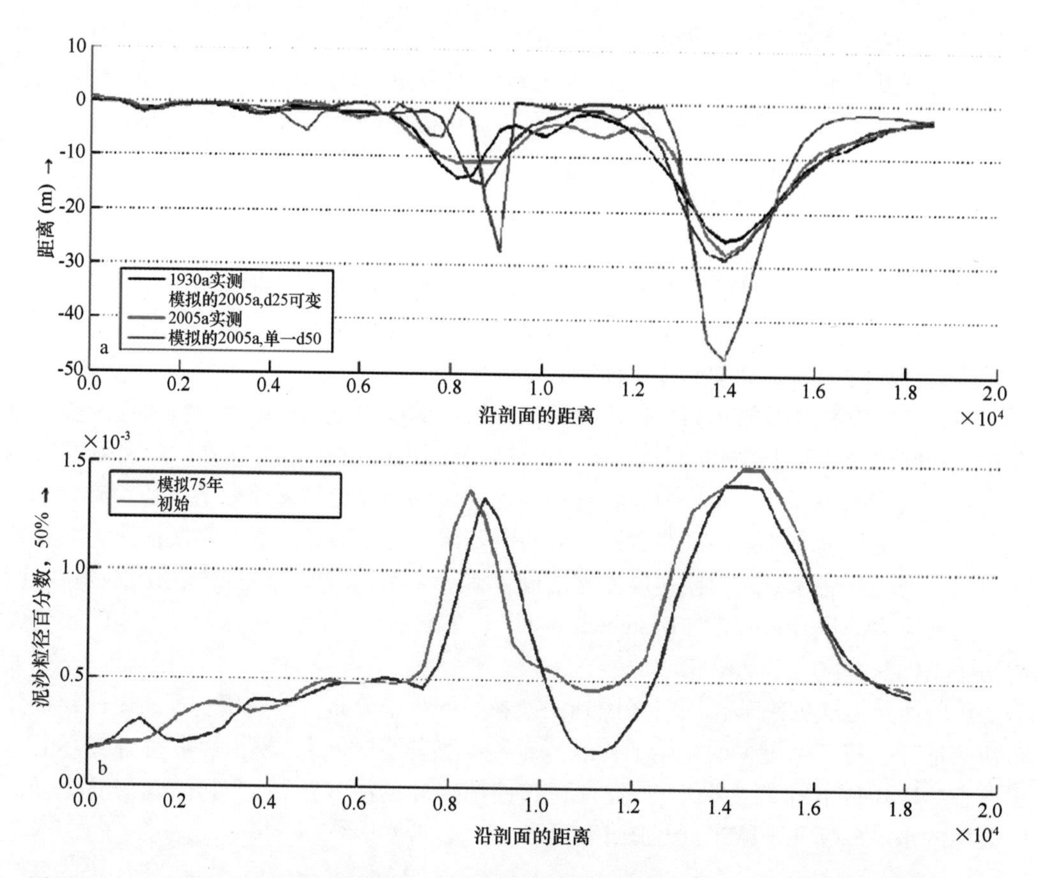

图 10.11 a：用 *D*50 空间分布模型模拟的 75a 后的横剖面（蓝色），单个 *D*50 模型模拟的 75a 后的横剖面（绿色），1930a 实测的横剖面（黑色），2005a 实测的横剖面（红色）。b：Marsdiep 盆地侧横剖面的 *D*50 分布，初始（红色），75a 后模拟的地貌（蓝色）。

海边界上的相位差为 15°。侧海边界是纽曼边界，传播潮的水位梯度振幅为 1.75×10^{-5}，而垂直潮的为 0。

由于模型一开始是动力极强的，深度浅、流速大，因此我们只使用了地貌因子 10。模型运行了 20 d（水动力时间），相当于 200 d 的地貌时间。

图 10.12 所示为相对平缓岸坡的模拟结果，图 10.13 所示则为相对陡峭岸坡的模拟结果。我们看到，缓坡的落潮三角洲水平方向发育范围较大，而陡坡的却较小；在没有科氏力与垂直入射潮流的情况下，缓坡和陡坡都得到了一个完全对称解。有趣的是，不同剖面对传播潮的响应截然不同；对陡坡而言，退潮水道方向明确指向西北。正如预测的那样，这同潮传播方向相反。对于较平缓的剖面，其水道方向不是很确定；因为浅水道周围有太多沙子，容易堵塞水道并使其发生变化。

局部科氏力效应（垂直潮）显然是制造不对称的另一个机制，这次是另一个方向。特别是科氏力（在北纬）将落潮流向右推，导致落潮水道偏向东北方。这也再次说明，图像更容易解释较陡峭的海岸剖面。

对于缓坡和陡坡而言，波浪效应对落潮三角洲形成的影响是不同的。在缓坡剖面

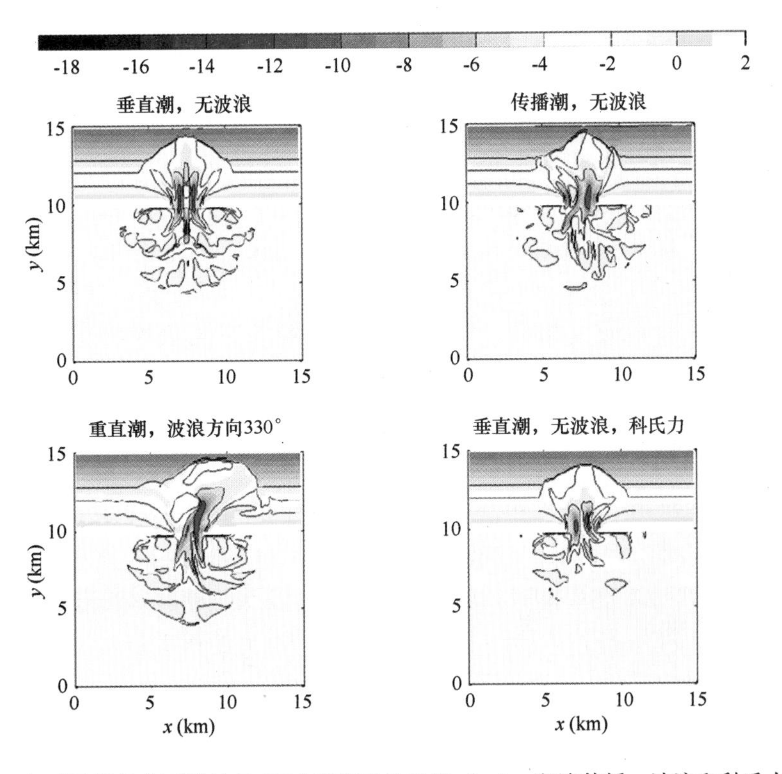

图 10.12 相对平缓的水下岸坡经200d模拟后的地形（m）；潮汐传播、波浪和科氏力的影响

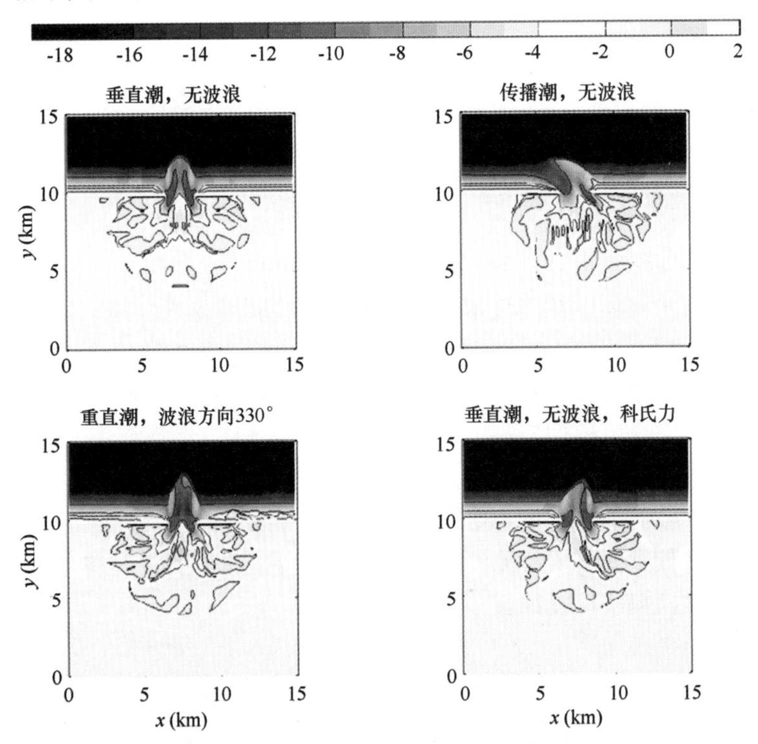

图 10.13 相对陡峭的水下岸坡经200d模拟后的地形（m）；潮汐传播、波浪和科氏力的影响。

上，我们看到斜入射波的经典响应，将落潮三角洲和落潮水道推向下游方向，这是由从西进入该区域的沿岸运移和同一方向上对落潮三角洲的辐射压力梯度造成的。现实中经常观测到的一个显著特征（比如荷兰阿默兰岛的西部），即下游海岸上发育的小沙嘴。尽管这个地区的潮流非常强，但是该特征仅与（斜入射）波浪同时发生。在陡峭剖面的模拟中，落潮三角洲位于破波深度之下，因而这种效应很少出现。很明显，波浪在落潮流中会激起更多的泥沙，所以跟没有波浪的情形相比，落潮三角洲将扩展的更多。

尽管这些模拟非常简单粗糙，但它们确实阐释了在复杂环境中模拟地貌过程的潜力。

10.3 沙丘侵蚀

在这里我们将讨论 Xbeach 在沙丘侵蚀方面的应用（Roelvink et al.，2009）。为证明次重力冲刷和坍塌的影响，我们同 LIP11D Delta Flume 1993 - 实验 2E 进行了比较（Arcilla et al.，1994）。这个模型实验涉及极端条件：水位超过水槽底部 4.58 m；有效波高 H_{m0}为 1.4M，峰期 T_p为 5 秒。床质由沙组成，D_{50}大约 0.2 mm。在实验期间，发生了显著的沙丘侵蚀。

我们以波浪积分参数 H_{m0}和 T_p 以及标准的 Jonswap 谱形为基础，生成波能时序，并将其作为边界条件（见 2.7 小节）。由于水槽试验使用的是一阶波生成（不考虑束缚长波，参见 3.6.2 小节）或束缚超谐波（参见节 4.1.1），因此我们进行了追算运行，入射束缚长波设为 0（“一阶波生成”）。将主动波反射补偿应用于物理模型，得到的结果类似于 Verboom 和 Slob（1984）模型中使用的弱反射边界条件，即防止反射波在生波板（离岸边界）上再次反射。网格分辨率为 1 m，泥沙输运设置为默认值。在地貌动力学测试中，模型运行了 0.8 h 的水动力时间，地貌因素为 10，即代表了 8 h 的实际地貌模拟时间。

比较预测的和实际观察到的底床剖面（见图 10.14），发现冲刷区和沙丘区非常吻合。不吻合的区域主要集中在碎波带，这里内波泥沙输运逐渐变得十分重要，导致了沙坝的初步形成。然后使用校正模型来检测对坍塌和波群作用的敏感度。

不考虑坍塌时，沙丘侵蚀被严重低估了（见图 10.15a）。因此，即使来回冲刷沙滩上部的拍岸碎波能完全由模型求解，但由于缺少将沙子从干燥的沙丘表面输运到海滩的机制，沙丘表面的侵蚀率在很大程度上被低估了。同样的，如果包含坍塌但不考虑波群作用，侵蚀率也会被低估（见图 10.15b）。这可以由以下事实来进行解释：坍塌机制只在沙丘面受到入射长重力波上冲流淹没时才变得重要。这表明，只有当这两个机制同时存在时，才能正确模拟沙丘侵蚀。

10.4 越浪

接下来我们讨论越浪的快速评估，使用 Xbeach 来预测美国佛罗里达州比斯利公园在遭受飓风 Ivan 影响后，所观测到的海床高程变化（见图 10.16）。我们模拟了飓风的

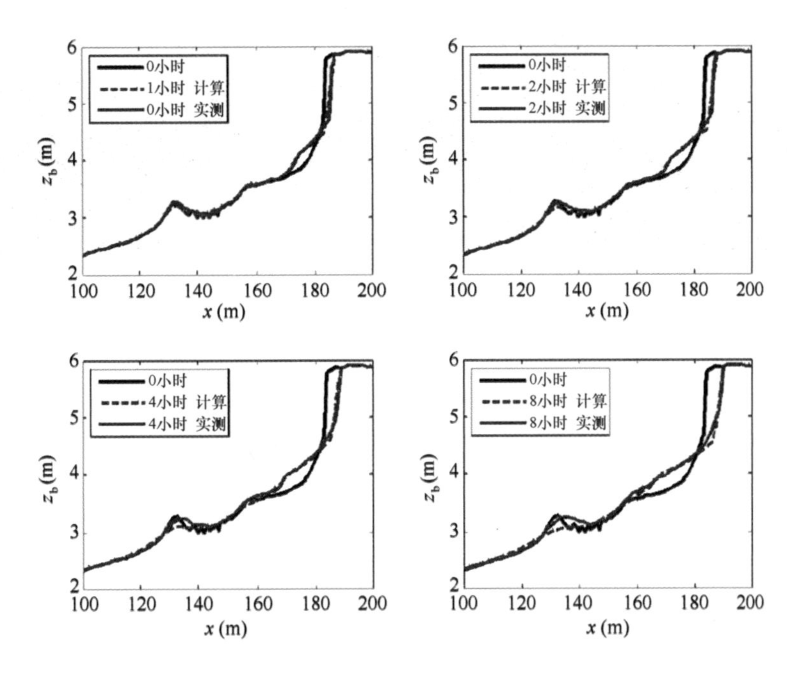

图 10.14　LIP－11D 沙丘侵蚀模拟实验中 1、2、4、8h 后实测和模拟的剖面变化。

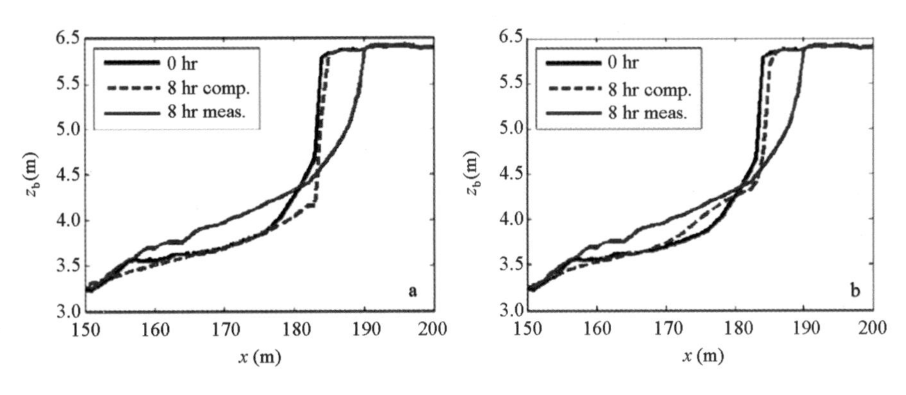

图 10.15　a：无坍塌时 8 h 后所预测的底部剖面。b：无波浪作用 8 h 后所预测的底部剖面。

影响，在水位激增至 2.0 m 并持续 15 h 期间，离岸入射有效波高保持在 10 m，平均波周期 12.5 s。这是对实际条件过度简化的再现［关于飓风 Ivan 期间的条件和地貌响应描述，参见 Wang 和 Hor－witz（2007）］。

我们定义了两种沉积物类型分别对应分布于沙丘和海滩区域、岛屿和后障壁湾（见图 10.17）。两者的泥沙粒度是一样的，D_{50}为 0.003 m，D_{90}为 0.006 mm。图 10.17 给出了沉积物类型的初始分布，其中 1 对应类型 1，－1 对应类型 2。障壁岛的沙滩上大多长着草，减少了侵蚀，为此采用一个增大的摩擦系数 $C=40/s$ 代表其影响。

图 10.18 的图 b 给出了 15 h 后海床高程和沉积物类型分布。模拟的海床高程与观测结果尽管存在明显差异，但比较类似。这些差异可能和以下原因有关：仅简单地对飓

图 10.16　佛罗里达州潘汉德尔部分地图（显示圣罗莎岛和比斯利公园位置）。图片来自谷歌。

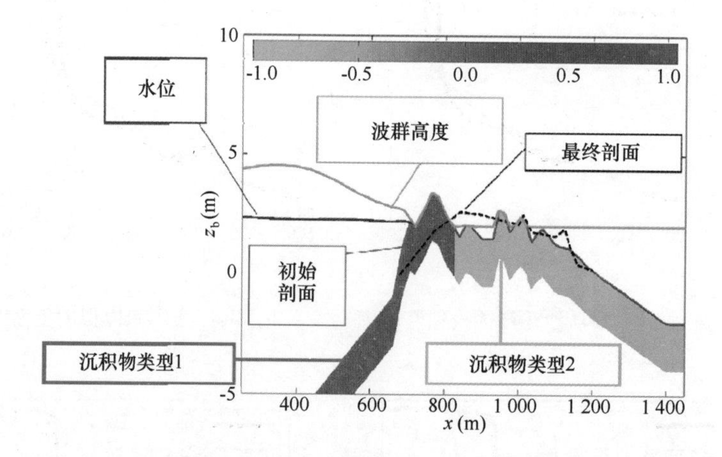

图 10.17　比斯利公园初始模型设置：沙丘和海滩区域的泥沙为泥沙种类 1，障壁岛和后屏障湾区的泥沙为泥沙种类 2；飓风 Ivan 后观测的剖面用黑虚线表示。

风影响进行建模（即恒定条件）；飓风过去约 10 个月后进行调查。但整体演变仍与观测结果一致。比较图 10.18 的图 d 和图 b，发现沉积物类型变化的计算结果也与 Wang 和 Horwitz（2007）的观测结果保持一致，表明新的越浪冲刷与飓风前沉积物的交汇大概发生在最初的海床高程上。最后基于许多钻孔计算没有波群作用的飓风影响，发现只产生了沙丘侵蚀（见图 10.18c）。

正如前面所提到的，障壁岛的二维性质，在地貌响应中非常重要。McCall et al.（2010）最近考察了圣罗莎岛的一小段海岸（见图 10.16）。初始地形显示，沿着屏障岛沙丘高度发生了显著变化（见图 10.19a），直接导致了地貌对飓风响应在空间上的变化（比较图 10.19b）。McCall et al.（2010）广泛讨论了作用力条件、初始条件和模型设置对地貌变化的影响，认为其中最大的不确定性与越浪情况下的泥沙输运有关。

10.5　沙坝和裂流水道

正如 Wright 和 Short（1984）及 Lippmann 和 Holman（1989）所报道的那样，美国海滩多种多样，有沿岸均一的消散海滩，也有具有沿岸沙坝 - 凹槽、准韵律型沙坝和被

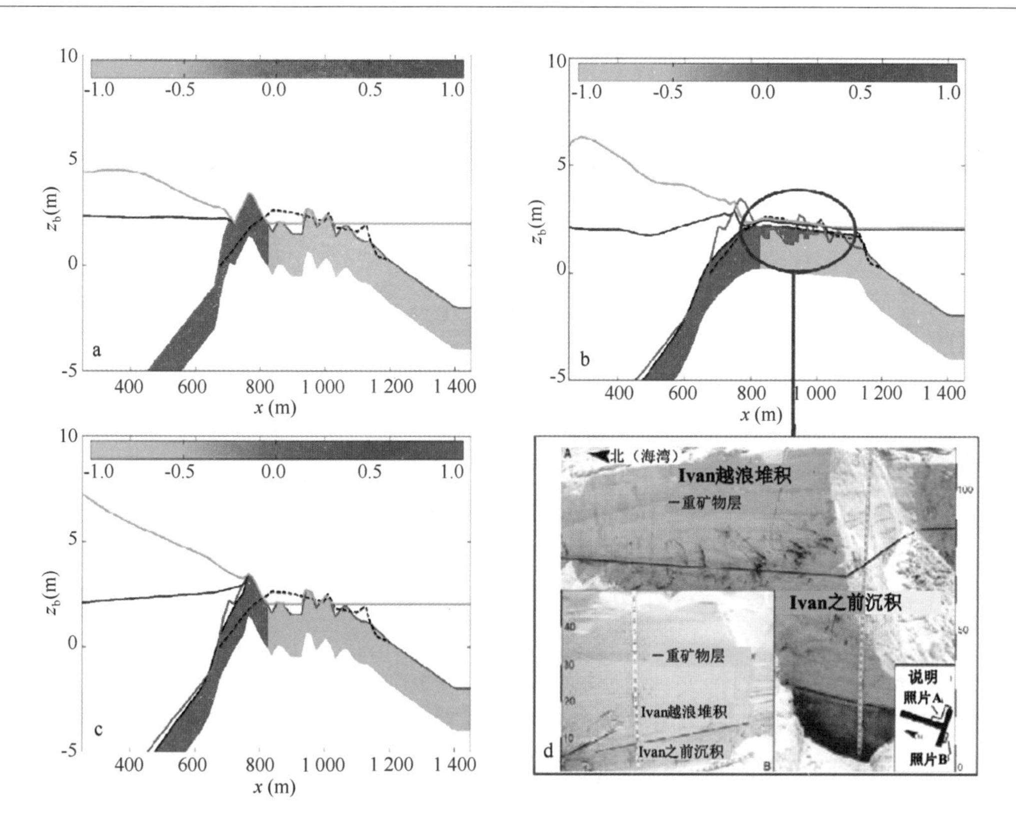

图 10.18　a：初始模型设置。b：模拟飓风 Ivan 影响 15 h 后的模型输出。c：与 b 类似但没有波群作用。d：飓风 Ivan 后观测的泥沙分布（Wang 和 Horwitz，2007）。

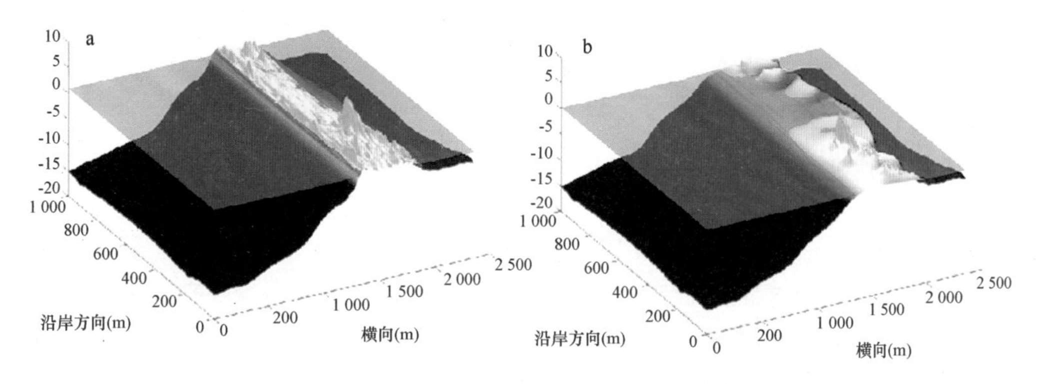

图 10.19　a：LIDAR 获取的飓风前圣罗莎岛的部分地形（来自美国地质调查局）。b：预测的严重越浪的飓风后地形。图来自（McCall，2008）。

裂流（倾斜）切割的岸－滩相连的横向沙坝、低潮平台和反射性海滩的中间海滩。从一个海滩状态到另一个海滩状态的过渡，称为上升状态或下降状态。我们进行了大量模型研究来解释这些过渡状态，其中下降状态过渡的研究取得了相当大的成功。诚如 Dodd et al.（2003）及其参考文献中所描述的，继 Hino（1974）的开创性研究之后，上述的这些研究包括基于最初沿岸均一的沙坝或平面剖面的线性（非）稳定性的分析。受（扰动的）泥沙输运模式对初始地形的影响，通过这些方法可获得最有可能发生的沿岸周期模式出现的信息，对应于最快的增长模式（见3.5.4小节中的沿岸流不稳定性）。所得结果对初始底部剖面、波高、周期和方向、潮位、沉积物粒度（分布）等很敏感，因而在一定程度上限制了这些模型的预测能力（例如：Calvete et al.，2007）。模型结果仅仅对韵律模式的初始演变有效，如对应海床高程的无穷小变化。随着海床扰动的增加，我们进行了考虑有限振幅对波转换和水流循环影响的非线性分析，这一分析可使用后面的动力地貌过程模型来完成。

过渡过程发生在相对较短的时间内，通常在数天或数周内，并且变化中的地形特征的相应长度尺度，纵向上通常为沿岸100 m或更多，横向上为破波带的宽度（见图5.8）。这些观测的空间尺度表明，相似尺度上的水动力过程可能是决定动力地貌响应的非常重要的因素。因此Holman和Bowen（1982）提出，相位固定的边缘波边界层内的流动能产生有规律的沿岸特征。长度尺度类似的其他水动力过程与沿岸流的剪切不稳定有关（见3.5.4小节），也与波群产生的破波带循环或VLFs（见3.6.5小节）有关。

为了充分地展现地形特征，沿岸间隔需为O（10）米，即用10个网格点代表一个单独的裂流水道和浅滩组合以及这些沿岸尺度上的相应波群变化。横向网格是可变的，离岸网格间隔较大，破波带内的网格间隔较小。根据需要设定的离岸间隔能充分代表波群的横向结构：

$$\Delta x \leqslant 0.1 c_g T_{group} \tag{10.1}$$

其中，T_{group}对应于原型条件下的一个典型O（25）秒的波群/长波周期。另一方面，破波带网格间隔的设定，需要准确表现浅滩上波浪破碎的快速过渡，这通常发生在小于波群空间尺度的情况下：

$$\Delta x \leqslant 0.1 \frac{H_b}{\tan \beta} \tag{10.2}$$

其中，H_b是波浪破碎时的高度；$\tan \beta$是破波带的海床坡度。时间步长的设定需准确表现波群的时间演变：

$$\Delta t \leqslant 0.1 T_{group} \tag{10.3}$$

下面我们将考虑这样一个情况，热启动条件为初始沿岸均一沙坝受直射定向扩散波的影响，并考虑波群时间尺度上的波能变化（详见2.7和3.6小节）。地形与在澳大利亚棕榈滩所观测的（Reniers et al，2004a）大致相符，单个沙坝剖面距离海岸线约75 m，平均海床坡度为1/50（图10.20a）。现场波浪条件的特点是同时有海浪和涌浪到达（Holman et al，2006），突出的岬角偶尔会遮蔽海滩（Smit，2010）。此处我们设定垂直入射波的均方根波高保持不变，为1 m，波峰周期为10s（图10.20a）。基于方程（10.1）和（10.2），相应的横向网格间距为离岸O（20）m到破波带内O（5）m不等，在沿岸方向有10 m的固定间隔和2.4s的时间步长。

模型域沿岸方向为1 500 m（参见图10.20c），相当于棕榈滩Argus相机视野中的海滩长度（见图5.8），并且考虑了观测尺度内一些裂流水道和浅滩生成的可能性。模型

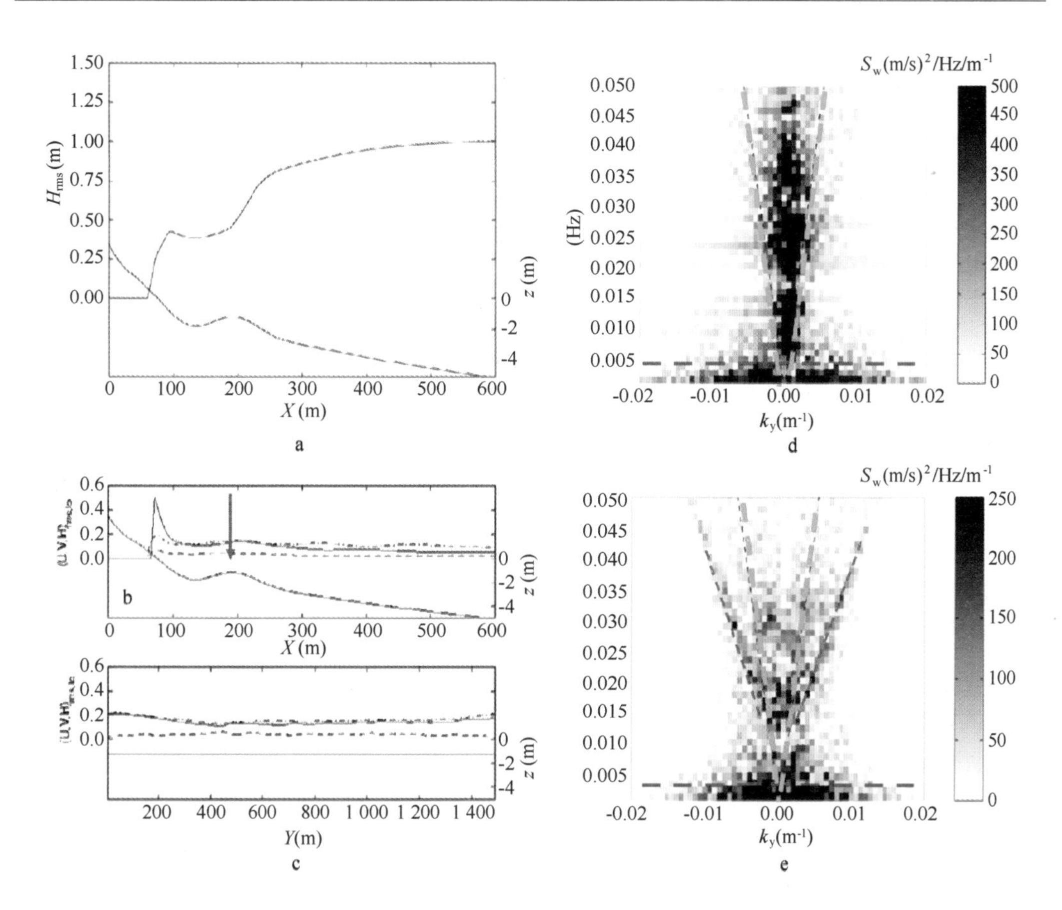

图10.20　a：沿岸均一沙坝地形的初始波群平均短波转换。b：相应的次重力波波高 $H_{rrms,lo}$，横向速度 $U_{rms,lo}$，沿岸速度 $V_{rms,lo}$。c：沙坝顶部的沿岸次重力响应（位置由红色箭头表示）。d：沿沙坝顶部横向速度的 $f-k_y$ - 能量密度的计算值。绿色虚线圈起来的是漏波。Vlf在洋红虚线之下（参见3.6.5小节对不同 $f-k_y$ 的说明）。e：有边缘波脊的沿岸速度，同样用洋红虚线表示。

域横向为1 200 m，在离岸边界对应的深度为8 m。如此设定的原因是，当水深足够大时，离岸边界（3.6.2小节）的束缚长波就很小，在确定流动边界条件时可以忽略不计。有时当入射波波高比水深大很多时，为了避免（大的）伪长波，不得不指定入射束缚长波（van Dongeren，Svendsen，1997），或者把离岸范围扩展至更大水深区，由此增加了计算时间。

岬角的出现阻碍了近岸流和长波反射，因而，模型域侧边的模拟是在无流量边界条件下进行的。岸线处的长波反射也是按零流量边界条件处理的。水边线由干单元和最小水深为0.1 m的单元间的界面决定，其中后者由一个干涸-泛滥程序计算得来（Stelling，1984）。离岸边界由弱反射黎曼边界得来，这使得离岸传播的长波不受干扰，且对存在的倾斜长波产生微弱地反射（Verboom，Slob，1984）。

相应能量密度的频率分布，由 $\cos^m$（m = 20）定向分布的Jonswap谱得出。使用随机相位单独求和的方法在离岸边界生成表面高程的时间序列，并应用低通滤波的希尔伯特变换（详见2.7小节），得到离岸边界波群不断变化的能量序列。这些被传播进带有方向和频率平均波能量方程的模型域，用以解释波群时间尺度上的折射、浅水作用和波浪破碎作用（详见2.7小节）。

对于Fredsoe（1984）（见3.2.5小节）的波－流边界层模型，运用Soulsby et al.（1993）的参数化，底床剪切应力就同时考虑了波浪和海流。使用 $n=0.02$ 的曼宁表达式计算仅考虑海流的摩擦力，而仅考虑波浪的摩擦参数通过Swart（1974）得到。借助方程（3.49），用水滚能耗散计算 α 等于1时的紊流动能以模拟紊流混合。

泥沙输运可利用2DH－平流扩散方程（4.2.2小节）来计算，源项来自Soulsby－van Rijn的泥沙输运方程（参见4.3.2小节）。其中，D_{50}为200μ，z_0为0.006 m。为了将波内泥沙输运考虑进来，使用Reniers et al.（2004a）提供的方法，效率因子 a_w 为0.75。

固定沿岸均一海滩的初始模型计算显示，次重力响应的沿岸变化（见图10.20图c）可忽略不计，这是Holman和Bowen（1982）提出的边缘波模板模型的一个先决条件。对模型计算的沿沙坝顶部速度进行2D－FFT分析，结果表明，虽然漏波占主导地位（图10.20d），但却出现了明显的边缘波能量（图10.20 e），不过大范围的沿岸波数还是平滑分布的，也就是说，没有优先的长度尺度。相比之下，极低频率（VLF）速度场发生显著变化，VLF能量密度主要集中在 $k_y=0.005\ m^{-1}$，与约200 m的长度尺度相对应（见图10.20d、e）。正如3.6.5小节所述，VLF响应的沿岸变化与入射波群的沿岸变化有关。

沙坝顶部附近低通滤波（$f<0.004$ Hz）的速度时序图，显示了VLF－破波带涡流的持续性，狭窄的离岸瞬时裂流的分布间距在沿岸方向上约为200 m。VLF拥有相对较长的水动力时间尺度，并且能获得有效速度，这使得它们成为导致在初始沿岸均一地形内产生沿岸变化的重要因素。一旦这种变化产生，正反馈（参见5.3.2小节）会造成进一步的侵蚀（淤积），生成裂流水道和浅滩（见图10.21b）。相应的长度尺度是沿岸波群长度的函数，而后者反过来是入射波定向传播的函数，并可能严重偏离通过线性稳定性分析获得的FGM。沿岸裂流间隔是不规则的，符合随机波群作用的特性（见图10.21）。

这也表明，在自然界中，沿开阔海岸的波（群）作用和已有近岸地形的变化都是随机的，所以，准确地预测裂流水道的位置是不大可能的（Stive，Reniers，2003）。Holman et al.（2006），Turner et al.（2007）的观察结果为这一说法提供了支持。相反，预测的海床高程和裂流水道间距的变化，可以用来验证已初始化的下降状态过渡在重置后的模型预测能力（例如：Smit，2010）。相比之下，如果最初的模型地形发生显著变化，如裂流水道和浅滩，那么就可以确定地预测下降状态海滩的演变（Ranasinghe et al，2004；Smit，2010）。

目前，上升状态过渡的建模，主要是从沿岸变化显著的地形向有着均匀沿岸沙坝－凹槽系统的重置地形转化，这仍然是一个巨大的挑战。在这种情况下，正如Smit（2010）提出的那样，由强劲破碎波注入的、与波浪诱导的紊流有关的搅动和运移，可

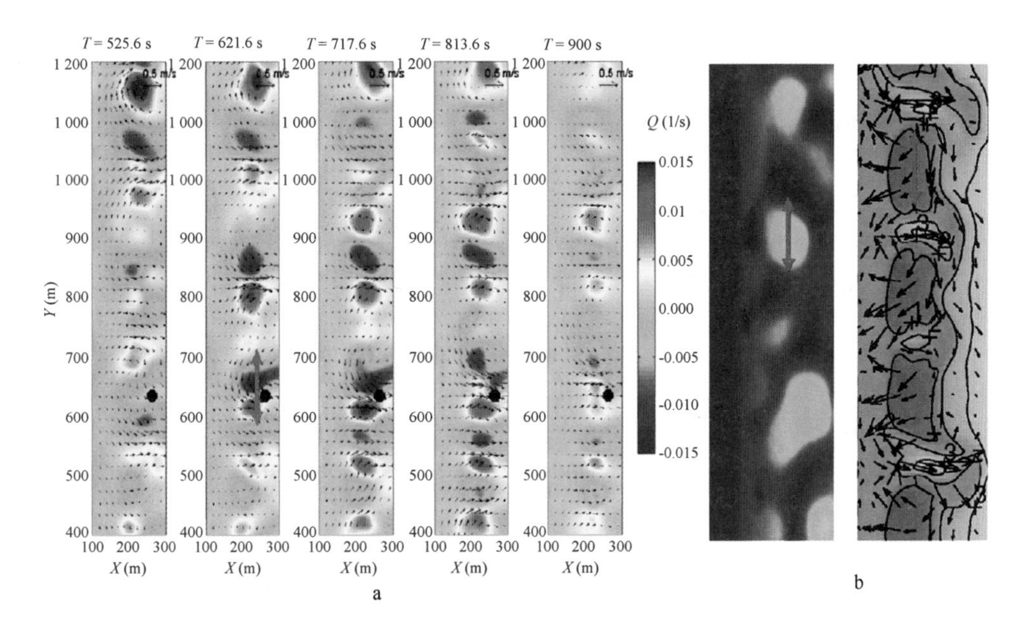

图 10.21　a：5 幅图显示了低通滤波（f<0.004Hz）的 VLF 速度场，其中波群破碎引发了旋涡环流（涡度由色标表示）。第 6 幅图为波群能量的快照，其中沿岸间隔对应于 20 的 cos 定向传播因子。b：显示了最终预测的裂流水道的浅滩地形（以 m 为单位的等深线），较淡（深色）的区域更深（更浅）。涡流、波群和产生的裂流水道间距的特征长度尺度相似，由红色箭头指示。

能起到了重要的作用（类似于前面讨论的沙丘侵蚀）。强大沿岸流的存在修正并延长了浅滩，由此填补了裂流水道，可能也比较重要，值得进一步研究。

第 11 章　建模过程程序

11.1　前言

在这一章中，基于前文所描述的关于模型研究方面的经验，我们将基于前文所描述的关于模型研究方面的经验基于前文所描述的模型研究方面的经验，试图确定阐述一个可靠正确的形态学地貌学建模过程。显然，由于时间和预算的限制，执行整个过程并不总是可行的。在这种情况下，必须作出做出明确明确选择并舍弃某些要素。同时，由于受自身工作经验和环境的限制影响，我们的描述所选取的要素可能有所偏倚偏颇。不过我们认为，对这些事项进行考虑是有帮助还是很有帮助的。

11.2　数据收集和分析

11.2.1　地形水深测量数据

测深地形数据的分析包括下列以下步骤：

（1）对问题区域进行文献综述。收集研究区域的相关文献；

（2）找到历史地图和重要数字化特性和等高线，这样它们就可以非常容易地组合在一起并得到显示。收集研究区域的地历史图，将其数值化并数字化主要特征和等高线，以便于组合与显示；

（3）把数字深度数据插入一个共同的网格。制作不同的地图。将水深数据插值到公用网格，作差值图；

（4）确定相关模拟区域，且必须确定其体积确定必须确定体积变化的相关区域；

（5）计算这些区域的体积的变化；

（6）绘制一定数量的横截面剖面，并分析发生在这些横截面它们的特征上的变化的行为；

（7）选择形态学地貌单位单元，并分析这些单位单元的增长或衰减及迁移率；

（8）制作测深地形演变的动画。

11.2.2　波浪与风数据

分析波候和风候；划分扇区，例如，30°，$T_p = 0.5$ s，$H_s = 0.5$ m，绘制波浪玫瑰图，确定主波方向。

11.2.3　潮汐数据

检查检查模型区域潮汐模型数据模型的可得有效性。收集邻近潮位站的水位数据。分析还留和流量的测量数据潮流和径流的实测数据。选择用于潮汐模型校准的时间周期序列周期。

11.2.4　沿岸海流数据

这些数据通常都是不可得很难得到的，因为有用的效数据通常需要主要通过现场活动实测收集。唯一的方法选择选择是使用这些数据集集测试校准你的模型，以期希冀它能适用于特定环境。

11.2.5　沉积物运移泥沙输运输移数据

收集沉积物泥沙特性数据。分析（如果可得有的话可能）沉积物泥沙浓度数据，选择用于模型校正/验证的数据。通过根据建筑物周围周边的局部增长/侵蚀冲淤，估算沿岸运移输沙速率。

11.3　概念化模型

分析根据区域模型、海流图集或以前之前的模型研究研究，得出分析海流模式。分析研究区域的粒径分布特征。估算由主波引起的海流确定推断主要的波生流模式。推测估计运移路径，假设以及并提出底床变化的原因的假设。绘制估算图，并在实际研究应用中更新。

11.4　建立提出建模策略思路

界定定义形态学地貌学模型需要解决模拟的要素对象解决的地貌因子。估算代表这些要素所需要的网格大小。定义确定模型边界。在潮汐入口处，选择潮汐浅滩上的边界作为自然边界。在向海一侧，选择与水流方向垂直或平行的边界。边界的位置应尽可能远地使它们远离问题关心的研究区域。粗化网格边界。粗化朝向边界的网格。

确定在模拟中将包括哪些波方向，绘出波浪网格。估计波浪运行的所需要的时间。

估计水流和形态学水流动力和地形貌演变模拟的时间步数长。估算计算单个潮流和单个形态步时间地貌步长可能的运行时间。估计需要多长时间来模拟所需的年数量，如果必要的话，降低你的标准和期望。需要考虑到的是，你在校准和验证阶段需要运行大约 5 ~ 10 次运行，才能到达达到你能接受的单步运行。

界定定义必要的敏感性运行。

11.5 建立模型网格和水深测量地形水深地形的建立

11.5.1 流动水流动力和形态地貌网格

边界和网格分辨率已经确定。绘制样条网格作草图。绘制插条网格草图。在若干步后，细化全局或局部网格，使其正交化，修复局部小故障正局部网格并进一步细化。检查正交性（<0.05-0.10）、平滑度（<1.3）、分辨率（符合要求）。

11.5.2 波浪网格

为所有粗网格的波浪计算定义一个整体矩形底部网格。尽量确保嵌套波浪网格在水流水动力模型区域范围内，这样就能使用水流水动力模型的水深水深测量地形和水深数据，后者在形态学地貌演变模拟运行中进行更新。按以下标准选择嵌套网格：

（1）在大多数区域分辨率优于水流水动力模型。；

（2）网格方向接近局部波浪方向；

（3）嵌套计算的顺序应避免边界处的干扰。

对于每个网格设置，相关条件下的波高、耗散率和波浪力需要至少绘制一次相关条件下的波高度、耗散率和波浪力。

11.5.3 水深测量水深地形

将数字数据水深数据插入插值到网格。如果数据点较少，则使用三角测量法插值，若每个网格单元网格点单元内有许多多个数据点点，则使用网格单元平均法将网格点上的数据进行平均取平均值。检查重要的横截面剖面。制作清晰详细的插值插值测深数据地形图。

11.6 边界条件

在6.3小节中，我们已经对边界条件的图示化输入格式简化方法进行了广泛讨论详细介绍讨论。我们在这里此，我们只列出一些最简单方法的活动的例子方法。

11.6.1 波浪图示化简化

选择一定数量的波浪条件来代表整个气候波候。选择标准（某些海岸截面断面的沿岸运移速度输沙率，某些位置较深水中的沉积物的搅动）。

波群条件。确定每个波群的平均标准。为每个波群选择条件，使得大部分标准与波群的平均相匹配。在与波群发生概率不同的条件情况下，尽量避免使用权重系数因子。

确保您使用了正确的输入参数。不要将 H_s 与 H_{rms} 混淆，将、T_p 与 $T_Z T_z$、T_{m01} 或 T_{m02} 混淆，并使用这些参数之间适当正确的关系式。

11.6.2 代表性潮汐潮型

选择春潮包含平均大/小潮平均振幅比的一个月振幅比为平均值的一个月。在几个代表位置在几个代表位置运行潮汐模型，输出几个代表位置的时间序列结果，输出时程。在每一个点，估算超过 59 个潮汐周期的平均平均运移。在每一个点上，并从各个水流逆转反转开始，确定两个连续输移潮汐的平均运移输移。选择与月平均输移运移最符合月平均运移的输移周期。生成这一时期，并产生其的边界条件。在对各每个边界支持基点，进行，选择两个选定潮汐周期进行的傅里叶分析。去掉白昼全日分量和奇奇异分量，以得到单一代表性潮汐潮型。(注意：选择两个连续的潮汐并然后又去掉白昼全日分量和奇异分量的原因是，我们可以避免出现白昼全日分量破坏平均分量的情况。)。

11.6.3　沉积物运移泥沙输运输移

通常，我们规定开放边界处认为是平衡运移输沙，基于本地流和波条件来计算，计算时基于局地水流和波浪条件。

11.6.4　海底底床变化

对于潮汐入潮口的潮汐汊道模型，边界应选在远离感兴趣的重点研究区域处处合理地选择边界。因此，边界条件应为而且底床高程固定不变河床高度。

11.7　校准

校准是基于本地实测局地数据和常识经验，对模型系统各个所有部分进行优化调整模型系统各个部分的过程。通常进行下列检查参数的校准检查（表 11.1 ~ 11.4）：

表 11.1　水动力模型校准

标准	核对	调整
无边界扰动的平滑流场	某些时间点的速度矢量图，潮汐平均速度的矢量图	边界条件的类型、数值
平滑时间序列，时间步长足够小	不同时间步长的时间序列比较	时间步长
周期解	时间序列图	较长的初始化，重启文件的使用
在嵌套情况下与总模型相匹配	配置点水位和速度的时间序列比较	边界条件的类型，支持点的位置
水位、流速、总流量匹配测量值	比较时间序列，确定均方根误差和相位误差	糙率，黏度
较好地表现波生流	显示碎波带内至少 5 行（列）网格的向量图	网格分辨率

表 11.2 波浪模型校准

标准	核对	调整
网格边界无扰动	波高等高线图、耗散和波浪力图	改变嵌套网格和嵌套计算顺序
水动力网格内水位和流速与网格外的总值相匹配	检查整体波浪网格上波高等高线图内水动力网格边界的干扰	改变单位时间点水位和流速的总值
波高与测量值相匹配	比较不同测量位置作为时间函数的波高	波浪破碎参数，底摩擦

表 11.3 泥沙输移模型校准

标准	核对	调整
平滑时序，足够小的时间步长，悬沙输移	在某些位置的浓度时序；比较不同时间步长	时间步长，时间间隔，初始步长数
平滑一致的输移场	潮汐周期和余流输移中某些点的向量图	剔除地形或波浪网格中的误差
符合观测值或概念化模型的通过某些剖面的总输移	通过剖面的余流输移积分	改变泥沙输移公式的系数

表 11.4 地貌模型校准

标准	核对	调整
与实测一致的沉积 - 侵蚀模式	实测和计算的沉积 - 侵蚀等高线图	运移系数或公式，波候，泥沙参数
与调查或疏浚图表相一致的控制区的体积变化	底床高程变化的区域积分	同上
剖面形状	比较实测与计算的剖面形状、迁移和区域变化	边坡效应，（螺旋流），运移公式
多年演变后的地貌平面图	实测与计算的地形等高线图和等值线图	上述全部

11.8 验证

在验证阶段，不再对模型进行进一步调整。首先，我们在校正阶段结束时考察了结果，分析模拟结果，评估模型能在多大程度上能够同时模拟一系列的地貌形态学过程的效果如何。即使在是一个已经校准到极限的模型中，仍然可能存在未充分代表描述的一些特性。形态学地貌学模型自由度的数量是有限的，而校准参数和系数是全局参数，是不允许随着模型区域的变化而变化的。

当这些数据可用时，更严格的验证可能包括模拟同一区域不同的时间周期，最好是一个发生不同情况的区域。模型性能好坏的判断标准同形态学地貌学模型验证阶段的标准相同。

11.9　方案准备

一旦模型校准和验证到达要求，那么模型就可用于评估各种请情境的不同方案的相对相对影响，比如旨在减轻海岸侵蚀或改善适航性的不同港口布局、疏浚场景方案、补沙方案或者结构构筑物等。由于这些方案通常有待制定，最近的一个方案通常作为起初始测深地形一般用最新的。为了明确评价对方案的效果做出清晰的效应评价，必须首先实施做一个所谓的 TOTO 或参考模拟：从最新的测深地形开始，覆盖模拟所需年数。

接下来的地形要与各个方案相适应，如果有必要，构筑物也要加到模式中。后面进行的模拟计算设置与参考计算中的完全相同，测深必须适应每个方案，如果必要的话，图示化上应增加结构。然后，就根据各个工程方案在参考计算所列的相同设置下进行模拟试验。

11.10　定义输出

此时，输出量显著减少设置应该量可以大大减少，，可并且仅以限限制为与工程问题直接相关的输出，以及最小的一组帮助建模者确定过程正确运行的和最小标准图组直接相关的输出，最小标准图组帮助建模者确定过程正在正确运行。

有一点我们必须认识到需要认识到，即：将模型结果转化为对客户有用的设计标准的所需的所有必要步骤是很重要的。他或她客户可能根本不在意对不错的彩色图片不感兴趣，而主要关注但在意的是不同布局对每年的挖泥疏浚量的影响。除了必要的实体化信息的证明材料，我们还必须确定以明确无误的方式提供了此类信息。

11.11　运行和后处理

由于运行各种场景情景方案的模拟与参考模拟非常类似，因此值得使用 shell 脚本或批处理文件来使这一过程自动化是非常值得的。在这些脚本运行时中，从运行场景方案模拟到制作图表、一切都是通过运行场景来安排，以便制作图表、计算容积和沿截面剖面的运输移积分，所有步骤均已被安排好妥当。如果没有太多脚本运行，这甚至是有益的运行的脚本少如果不是太多可能更有益好，因为通常在后期阶段往往发现会出现一些错误，有时于是导致所有的运行都必须重新进行运行做。如果组织得当，可以很快地完成这一步骤。此外，这些脚本可以让有经验的用户清楚地了解结果是如何获得的。这对质量检测是至关重要的。

我们建议一个地貌演变模拟项目使议用一台机器和磁盘分区实施形态学项目，并对不同活动方案和每次运行结果使用独立的目录。每次运行的目录可以根据模拟条件，进一步划分为输入和输出目录。

11.12 解读

最后的结果必须认真解读，同时需牢记验证阶段所遇到的缺陷问题。部分解读包括组合整合和减少数据，比如，将控制区的侵蚀与沉积模式转化为体积变化，将运输移矢量场转化为所选横截面剖面上的输移积分运移。一种有效表现特定某方案的效果的方法，就是在一张纸上绘制包括水深测量原始地形、参考运行中的底部变化、涉及方案的底部变化，以及参考运行和涉及方案之间底部变化差异等的图形。

最后，总结各方案比较的结果进行各方案的比较的各方案的主要发现，并需通过几个表格与/或图进行比较展示与用户相关的参数，如总挖泥疏浚量、补沙需要的所需冲刷深度等，总结各方案的效果，根据参数显示与客户相关的方案效果，如总挖泥量，补沙需要的冲刷深度。

11.13 报告

通常,，此类研究中进行的报告分为以下几类::

（1）一个背景报告或研究报告，给出完整模型的完全部整的设置和详尽广泛的描述，包括整个建模过程、图示简化化中的选择、结果的详细解释。报告应该包含足够的细节十分详细，地说明说明模型是如何建立的，这样别人使用相同的模型就可以对结果进行复制重现。报告还必须解释为什么做出了这样的选择，而不是其他选择。

（2）一份执行摘要情况总结（有时候是客户撰写），其中主要发现是用外行的术语进行描述的主要结果用通俗语言表达，并且仅提供给出阐述阐明这个结论所必须需的数据图表。

（3）有时需提供一个光盘，其中包含大量的图形和动画，并且能够使用互联网浏览器浏览。

11.14 存档归档

项目目录及其所有子目录的内容必须存储在磁带、与光盘光盘和 DVD 上。与磁带设备相反，CD 和 DVD 光盘都都要遵循一种非常清楚个非常明确的世界标准，故优先使用后者。

第 12 章　建模理念

12.1　预测未来或过程重现?

正如我们在前面的章节所看到的，由于稳定的数值方案、计算机能力的提高和使模拟速度提高的各种方法，近几年内，沿海地区基于过程的地貌动力学建模发展迅速。它允许工程师和科学家们使用模型作为数值实验室，其概念处理类似于“物理模型”：创建地形，填充泥沙（“定义初始沉积厚度”），打开泵（“流量边界”），创建堰（“固定水位边界”）和放置生波板（“入射频谱波条件”），来创建边界条件，并分析河床演变和沉积/侵蚀率的变化。我们已经有了这些数值实验室，接下来一个重要的问题是如何最好地使用它们来解决现实问题。在这一节中，我们将讨论两种根本不同的方法的利与弊。

虚拟现实…… 第一，现今最常使用的方法是尝试创建一个“虚拟现实”：我们尽最大可能详尽地再现了几何学、沉积学、地形、3D 流、波和泥沙输运过程，预测各种场景下的海洋或河床及其相关进程的演变，以期找出拟建工程可能带来的影响（加深水道，新建港口、围海造地……）。这种方法的成功关键取决于我们在以下方面的能力：a. 证明我们的模型准确重现了现今的地貌学过程；b. 证明未来发生急剧变化时，模型依然有效。验证 a 的方法通常是执行一段时期内的验算，利用观测的水动力、泥沙浓度、沉积/侵蚀模式和疏浚数量，对模型结果进行校准。这里我们遇到的问题是，不管我们的模型有多好，它终究不是现实，可能与我们提供的作为近似均衡条件的初始条件不符。这将促使我们的模型进行快速调整，以适应一个更为合适的地形。结果是我们将得到沉积/侵蚀模式，与观察的结果不一致，这可能会造成严重的问题，例如，当研究疏浚的优化方法时，模型却在发生疏浚的地方预测到侵蚀。除非有人能够识别和确定产生这一不同结果的根源，否则模型的调整仅仅在表面上改善了验算，但事实上却恶化了长期的模拟，如图 12.1 所示。当然，这种事情并不总会发生，但这是一个我们需要注意的问题。我们需要，确保并证明模型包含所有相关的物理过程，并通过一个个案例的评估，对模型作出调整，慢慢地提高模型的可信度。

…或者真实模拟? 第二，我们并不尝试对现实完全的复制，但我们使用模型作为对现实的模拟，用以研究相对隔离情况下的过程及其效应。与其问：“这个水道明年将在哪里?”个水我们可能会问：“为什么这里有一个这样尺寸的水道?”什我们将研究是哪些水动力过程创建并维持了这个水道，以及水道在多大程度上是自我形成的，还是受边界影响，还是地质环境的影响。我们可以进行数值实验，并改变参数，通过一些必要的简化，这些模拟实验可以在一个相当长的时间周期内运行，可以让我们在一些特定情况

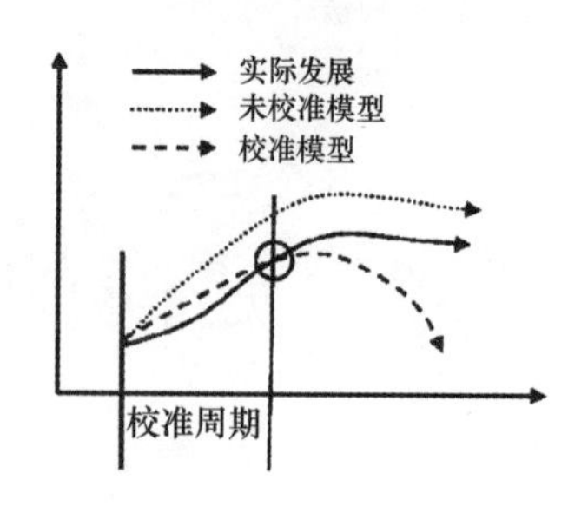

图 12.1 校准效果的悲观场景

下研究平衡行为（三角洲形成、潮汐入口和河口的水道结构）。一旦近似平衡的情况建立，就可以将模拟模式的不同参数与经验关系相比较。这样的研究能告诉我们是什么因素产生了不同的河床形态，而且还具有实际应用价值。一旦“确立场景”被建立，用以显示现实行为和形态的情况被创建，那么将提供一个很好的敏感性研究的基础，研究各种影响的原理，比如，海平面上升、围海造地、疏浚或补沙等。

我们讨论这两种方法的目的，并不是在这两者间做出取舍；相反，我们认为，它们互为补充。详细的预测未来模型可以从过程重现模型中获得不少认识。当我们证明模型包含的物理过程能产生现实的长期结果时，模型就可获得公众的认可。

12.2 基于过程还是基于数据?

这本书中大量的篇幅是关于基于过程的建模。我们已经看到，这种建模可以解释我们看到的许多地貌学过程，但这并不意味着我们总是可以对我们想要预测的事物进行预测。如果我们举第 7 章中讨论的预测沿岸沙洲行为的例子，我们已经说明我们可以以基于数据的方法推测出沙洲的演变，包括陆上和离岸运动。然而，预测未来的沙洲行为却是另一回事；其阻碍因素是波候的不确定性，以及几个月或几年内累计的错误。为了预测长期行为，我们需要仔细选择最相关的过程，保持必要的可调整系数，执行广泛的校准。在这个时候，你可能会认为，我们的模型已经在很大程度上成为基于数据的模型，那么为什么不直接使用基于数据的方法如（线性或非线性）神经网络呢? Pape（2010）将沿岸沙洲长期的、基于过程（UNIBEST）的模型结果与神经网络进行了比较，认为后者在预测参数方面优于基于基于过程的模型，比如沙洲位置。他认为，这是由于基于过程的模型的错误积累所导致的，但也有可能是，相比一个基于过程的模型，神经网络模型更容易调整。另一方面，基于过程的建模一旦为长期的演变进行了足够的校准，就可以用于预测那些数据集以外的事物，如补沙和海岸工程结构。虽然有更多的不确定性，但它仍然可以应用于缺乏数据的环境中，特别是当我们使用该模型预测工程措施的总体行为和相对效应，而不是沙洲的绝对位置时。

12.3 下行还是上行?

下行方法（如：Stive，Wang，2003；Plant et al.，1999）和上行方法之间的区别，并不如在预测沙洲行为或潮汐系统演化等应用中那么明显。一个真正的上行方法指的是在短期内利用数据校准模型，然后推断几年或几个世纪内。这显然会导致错误和不理想结果的长期大量积累，无论数量上还是质量上都是如此。但是我们可以做得更好：如果我们在较长的时间尺度下继续校准模型，我们能慢慢地找出哪些过程和参数约束着长期趋势，并知道如何设置它们。换句话说，我们也可以实现自上（期待的最终结果）而下（所需的过程和参数）。重要的成功因素是，模型必须足够稳定，可以模拟所有的过程。

12.4　物理过程越多，模型越好?

模型中考虑更多的物理过程能够提高模型模拟的能力，虽然这听起来似乎很合理，但模型的整体性能并不总是需要改进。一个重要问题是，物理过程的考虑并不一定精确，特别是在波浪破碎和泥沙输运上，每增加一个物理过程都会产生至少一个额外的不确定系数。我们最终可能会有很多需要调节的系数，而这些系数没有明确的指导，并且我们还不清楚它们对最终结果的影响。最好使用系数较少的简单模型，因为系数较少时结果更容易预测。一个很好的例子就是 Ruessink 等（2007）的例子，他们基于一个非常广泛的灵敏度分析，去掉剖面模型中的许多过程，最终得出便于管理的物理过程和系数。他们应用此过程和参数，对不同地点的剖面演变进行追算。当然我们应该牢记爱因斯坦原理："科学理论应尽可能的简单，简单到不能再简单"。这句话同样适用于模型。

12.5　如何判断模型使用的能力?

如何量化能力已经成为一个重要的课题，这也许是地貌学模型不断成熟的象征。在早期的欧盟项目中，关于模型的相互比较这一问题人们总是避免谈及，尤其是 Coast3D 项目采取了重要措施为模型 Sutherland 等（2004a）开发有用的度量，之后在 Sutherland 等（2004b）的复杂现场进行了测试。对于水动力数据，通常是时间序列的数值，得出有意义的测量值并不是很难。不过，评估底部变化预测的能力则比较难。我们经常看到令人鼓舞的一致性，但如果我们试图进行量化，结果往往不尽如人意。一个能力测量是能力评分（BSS），它表明如果你的模型表现较好，只是说明什么也不会改变。负分则表示情况糟糕，理想分数为 1。在很多实际情况下，很难使能力评分达到 0 以上，更不用说接近 1。但这不应该使我们失望而放弃使用能力评分；首先，它还是告诉我们模型改进会改善结果；第二，假装模型性能比实际的更好是毫无用处的。同时，一个绝对底部变化的糟糕的技术评分，并不一定意味着模型一无是处；水道位置的轻微改变可以使一个 BSS 评分无效。而这种改变也许就是客户兴趣所在。

12.6　绝对还是相对?

最后我们再回头来看这个问题：我们使用我们的模型的目的是什么？我们花了很多时间倒推观察到的地貌学变化，效果不一，但是我们仅仅追求对过去的重现吗？这些模拟主要用于确定我们的模型是否是符合实际的，模拟的结果是否在正确的数量级上，模型是否能生成和保持自然特征。如果是这样，我们可以有信心地使用该模型来评价“假如”的问题。如果模型看上去不符合现实，那它不可能正确预测相对的影响，即便通常建议这样做。如果模型符合现实，仍然不能保证我们感兴趣的场景的影响能够被正确地模拟出来；我们需要对实际操作项目的各种案例进行研究，以便做出判断。

参考文献

Allen, J. , Newberger, P. , Holman, R. 1996. Nonlinear shear instabilities of alongshore currents on plane beaches, *J. Fluid Mech.* 310, pp. 181 –213.

Andrews, D. , McIntyre, M. 1978. An exact theory of non – linear waves on a lagrangianmean flow, *J. Fluid Mech.* 89, pp. 609 –646.

Apotsos, A. , Raubenheimer, B. , Elgar, S. et al. , 2008. Testing and calibrating parametric wave transformation models on natural beaches, *J. Geophys. Res.* 90,pp. 9159 –9167.

Arcilla, A. S. , Roelvink, J. A. , O' Connor, et al. , 1994. The delta flume'93 experiment, in *Proc. Coastal Dynamics* (Barcelona, Spain), pp. 488 –502.

Ardhuin, F. , Herbers, T. , Jessen, P. et al. , 2003. Swell transformation across the continental shelf, part 2: Validation of a spectral energy balance equation, *J. Phys. Oceanogr.* 33, pp. 1940 – 1953.

Ardhuin, F. , Rascle, N. , Belibassakis, K. 2008. Explicit wave – averaged primitive equations using a generalized lagrangian mean, *Ocean Modelling* 20, pp. 35 –60.

Ashton, A. , Murray, B. 2006. High – angle wave instability and emergent shoreline shapes: 1. Modeling of sand waves, flying spits, and capes, *J. Geophys. Res.* 111,F04011.

Bailard, J. 1981. An energetics total load sediment transport model for a plane sloping beach, *J. Geophys. Res.* 86, pp. 10938 –10954.

Bakker, W. , De Vroeg, J. 1988. Is de kust veilig? (is the coast safe?, in dutch), Tech. Rep. GWAO 88. 017, Rijkswaterstaat.

Baldock, T. , Holmes, P. , Bunker, S. 1998. Cross – shore hydrodynamics within an unsaturated surf zone, *Coastal Eng.* 34, pp. 173 –196.

Barber,Ursell. 1948. Propagation of ocean waves and swell, 1. wave periods and velocities, *Phil. Trans. of the Royal Soc. of London* 240, 824, pp. 527 –560.

Battjes, J. 1975. Modeling of turbulence in the surf zone, in *Proc. Symp. Model Techniques* (San Francisco, USA), pp. 1050 –1061.

Battjes, J. , Bakkenes, H. , Janssen, T. et al. , A. 2004. Shoaling of subharmonic gravity waves, *J. Geophys. Res.* 109, pp. 1 –15.

Battjes, J. , Janssen, P. 1978. Energy loss and set – up due to breaking of random waves, in *Proc. 16th Int. Conf. Coastal Eng.* (Hamburg, Germany), pp. 569 –587.

Battjes, J. , Stive, M. 1985. Calibration and verification of a dissipation model for random breaking waves, *Coastal Eng.* 55, pp. 224 –235.

Beji, S. ,Battjes, J. 1993. Experimental investigation of wave propagation, *Coastal Eng.* 19, pp. 151 –62.

Benoit, M. , Frigaard, P. ,Schaffer, H. 1997. Analysing multidirectional wave spectra: A tentative classification of available methods, in *IAHR Seminar Multidirectional waves and their interaction with structures* (San Francisco, USA), pp. 131 –158.

Biesel, F. 1952. Equations generales au second ordre de la houle irreguliere, *Houille Blanche* 7, pp. 372 – 376.

Bijker, E. 1988. Some considerations about scales for coastal models with movable bed, Tech. Rep. Publication No. 50, Delft Hydraulics Laboratory.

Bouws, E., Battjes, J. 1982. A Monte – Carlo approach to the computation of refraction of water waves, *J. of Geophys. Res.* 87, pp. 5718 – 5722.

Bowen, A. and Holman, R. 1989. Shear instabilities of the mean longshore current, 1. Theory, *J. of Geophys. Res.* 94, pp. 18023 – 18030.

Brevik, I., Aas, B. 1980. Fume experiments on waves and currents, 1. Rippled bed. *Coastal Eng.* 3, pp. 149 – 177.

Broker – Hedegaard, I., Deigaard, R., Fredsoe, J. 1991. Onshore/offshore sediment transport and morphological modeling of coastal profiles, in *Proc. ASCE Specialty Conf. Coastal Sediments* (Seattle, USA), pp. 643 – 657.

Broker – Hedegaard, I., Roelvink, J., Southgate, H., et al., 1992. Intercomparison of coastal profile models, in *Proc. 23rd Int. Conf. Coastal Eng.* (Venice, Italy), pp. 2108 – 2121.

Brown, J., MacMahan, J., Reniers, A. et al., 2009. Surf zone diffusivity on a rip – channeled beach, *J. of Geophys. Res.* 114, pp. 1 – 20.

Buijsman, M., Ruggiero, P., Kaminsky, G. 2001. Sensitivity of shoreline change predictions to wave climate variability along the southwest Washington coast, usa, in *Proc. Coastal Dynamics* (Lund, Sweden), pp. 617 – 626.

Calvete, D., Cocco, G., Falques, A. et al., 2007. (un) predictability in rip channel systems, *Geophys. Res. Letters* 34, L05605.

Castelle, B., Ruessink, B. G., Bonneton, et al., 2010. Coupling mechanisms in double sandbar systems. Part 2: Impact on alongshore variability of inner – bar rip channels, *Earth Surface Processes and Landforms* 35, 7, pp. 771 – 781.

Chawla, A., Kirby, J. 2002. Monochromatic and random wave breaking at blocking points, *J. of Geophys. Res.* 107, C7.

Cooley, J. W., Tukey, J. W. 1965. An algorithm for the machine calculation of complex fourier series, *Math. Comput.* 19, pp. 297 – 301.

Dally, W., Dean, R. 1984. Suspended sediment transport and beach profile evolution. *J. Waterw. Port Coastal Eng.* 110, 1, pp. 15 – 33.

Dalrymple, R., MacMahan, J., Reniers, A. et al., 2011. Rip currents, *Ann. Review of Fluid Mech.* 43, pp. 551 – 581.

Dalrymple, R. A. 1975. A mechanism for rip current generation on an open coast, *J. of Geophys. Res.* 80, C24, pp. 3485 – 3487.

Damgaard, J., Dodd, N., Hall, L. et al., 2002. Morphodynamic modelling of rip channel growth, *Coastal Eng.* 45, 3 – 4, pp. 199 – 221.

Dastgheib, A., Roelvink, J., Van der Wegen, M. 2009. Effect of different sediment mixtures on the long term morphological simulation of tidal basins, in *Proc. RCEM* (Santa Fe, Argentina), pp. 913 – 918.

Dastgheib, A., Roelvink, J., Wang, Z. 2008. Long – term process – based morphological modeling of the Marsdiep tidal basin. *Marine Geology* 256, pp. 90 – 100.

De Jong, H., Gerritsen, F. 1984. Stability parameters of Western Scheldt estuary, in *Proc. 19nd Int. Conf.*

Coastal Eng. (Houston, USA), pp. 3078 – 3093.

De Vriend, H., Kitou, N. 1990. Incorporation of wave effects in a 3d hydrostatic mean current model, in *Proc. 22nd Int. Conf. Coastal Eng.* (Delft, The Netherlands), pp. 855 – 865.

De Vriend, H., Zyserman, J., Nicholson, J., et al., 1993. Medium – term 2dh coastal area modelling, *Coastal Eng.* 21, pp. 193 – 224.

De Vriend, T., H. J., Louters, Berben, F. M. L. et al., 1989. Hybrid prediction of a sandy shoal evolution in an estuary, in *Proc. Int. Conf. Hydraulic and Environmental Modeling of Coastal, Estuarine and Rivers* (Bradford, UK), pp. 145 – 156.

Dean, R. 1973. Heuristic models of sand transport in the surf zone, in *Proc. of Conference on Engineering Dynamics in the Surf Zone* (Sydney, Australia Institution of Engineers), pp. 208 – 214.

Dean, R. 1992. Beach nourishment: Design principles, in *Short Course on Design and Reliability of Coastal structures attached to the 23th Int. Conf. Coastal Eng.*

Dean, R., Dalrymple, R. 1991. *Water wave mechanics* (World Scientific, Singapore).

Deigaard, R. 1993. A note on the three dimensional shear stress distribution in the surf zone, *Coastal Eng.* 20, pp. 157 – 171.

Deigaard, R., Christensen, E., Damgaard, J. et al., 1994. Numerical simulation of finite amplitude shear waves and sediment transport, in *Proc. 24th Int. Conf. Coastal Eng.* (Kobe, Japan), pp. 1919 – 1933.

Deigaard, R., Fredsoe, J. 1989. Shear stress distribution in dissipative water waves, *Coastal Eng.* 13, pp. 357 – 387.

Dingemans, M. 1987. Verification of numerical wave propagation models with laboratory measurements: Hiswa verification in the directional wave basin, Tech. Rep. H228, Waterloopkundig Laboratorium.

Dingemans, M. 1997. *Water wave propagation over uneven bottoms* (World Scientific, Singapore).

Dingemans, M., Radder, A., de Vriend, H. 1987. Computations of the driving forces of wave – induced currents, *Coast. Eng.* 11, pp. 539 – 563.

Dissanayake, D., Roelvink, J., van der Wegen, M. 2009. Modelled channel patterns in a schematized tidal inlet. *Coastal Eng.* 56, pp. 1069 – 1083.

Dodd, N., Blondeaux, P., Calvete, D., et al., 2003. Understanding coastal morphodynamics using stability methods, *J. of Coast. Res.* 19, 4, pp. 849 – 865.

Dodd, N., Iranzo, V., Reniers, A. 2000. Alongshore – current shear waves, *Rev. of Geophys.* 38, 4, pp. 16075 – 463.

Dodd, N., Thornton, E. 1992. Longshore current instabilities: growth to finite amplitude, in *Proc. 23rd Int. Conf. Coastal Eng.* (Venice, Italy), pp. 2655 – 2668.

Dodd, N., Thornton, E. 1993. Growth and energetics of shear waves in the nearshore, *J. Geophys. Res.* 95, pp. 16075 – 16083.

Donelan, M., Haus, B., Reul, N., Plant, W., et al., 2004. On the limiting aerodynamic roughness of the ocean in very strong winds, *Geophys. Res. Letters* 31, L18306.

Drake, T., Calantoni, J. 2001. Discrete particle mode for sheet flow sediment transport in the nearshore, *J. Geophys. Res.* 106, C9, pp. 19859 – 19868.

Dronen, N., Deigaard, R. 2007. Quasi – three – dimensional modelling of the morphology of longshore bars, *J. Geophys. Res.* 54, 3, pp. 197 – 215.

Eckart, C. 1951. Surface waves on water of variable depth, Tech. Rep. Wave Report 100, S10 Ref 51 – 12, Scripps Institution of Oceanography.

Eldeberky, Y. , Battjes, J. 1995. Parameterization of triad interactions in wave energy models, in *Proc. Coastal Dynamics* (Gdansk, Poland), pp. 140 - 148.

Elgar, S. , Guza, R. 1985. Observation of bispectra of shoaling surface gravity waves, *J. of Fluid Mech.* 167, pp. 425 - 448.

Elgar, S. , Raubenheimer, R. G. B. , Gallagher, E. 1997. Spectral evolution of shoaling and breaking waves on a barred beach, *J. Geophys. Res.* 102, pp. 15797 - 15805.

Elias, E. , Gelfenbaum, G. , van Ormondt, M. et al. , 2011. Predicting sediment transport patterns at the mouth of the Columbia River, in *Proc. Coastal Sediments*(Miami, USA).

Elias, E. , Walstra, D. , Roelvink, J. , et al. ,2000. Hydrodynamc validation of Delft3D with field measurements at Egmond, *in Proc. 27th Int. Conf. Coastal Eng.* (Sydney, Australia).

Escoffer, F. 1940. The stability of tidal inlets, *Shore and Beach* 8, 4, pp. 114 - 115.

Eysink, W. 1990. Morphologic response of tidal basins to changes, in *Proc. 22nd Int. Conf. Coastal Eng.* (Delft, the Netherlands), pp. 1948 - 1961.

Falques, A. , Calvete, D. 2004. Large scale dynamics of sandy coastlines. diffusitivy and instability, *J. Geophys. Res.* 101, C03007.

Falques, A. , Coco, G. , Huntley, D. 2000. A mechanism for the generation of wavedriven rhythmic patterns in the surf zone, *J. Geophys. Res.* 105, pp. 24071 - 24088.

Falques, A. , Iranzo, V. , Caballeria, M. 1994. Shear instability of longshore currents: Effects of dissipation and non - linearity, in *Proc. 24th Int. Conf. Coastal Eng.* (Kobe, Japan), pp. 1983 - 1997.

Feddersen, F. , Guza, R. , Elgar, S. et al. , 2000. Velocity moments in alongshore bottom shear stress parameterizations, *J. Geophys. Res.* 105, pp. 8673 - 8688.

Foster, D. , Bowen, A. , Holman, R. et al. , 2006. Field evidence of pressure gradient induced incipient motion, *J. Geophys. Res.* 111, C05004.

Fowler, R. E. , Dalrymple, R. A. 1990. Wave group forced nearshore circulation, in *Proc. 22nd Int. Conf. Coastal Eng.* (Delft, the Netherlands), pp. 729 - 742.

Fredsoe, J. 1984. Turbulent boundary layer in wave - current motion, J. Hydr. Engrg. 110, 1103, pp. 1103 - 1120.

Fredsoe, J. , Deigaard, R. 1992. Mechanics of coastal sediment transport (World Scientific, Singapore).

Friedrichs, C. 1995. Stability shear stress and equilibrium cross - sectional geometry of sheltered tidal channels, *J. Coastal Res* 11, 4, pp. 1062 - 1074.

Friedrichs, C. , Aubrey, D. G. 1988. Non - linear tidal distortion in shallow well - mixed estuaries: a synthesis, *Estuarine, Coastal and Shelf Sciences* 27, 2, pp. 521 - 545.

Galappatti, R. , Vreugdenhil, C. 1985. A depth integrated model for suspended transport, *J. Hydraul. Res.* 23, 4, pp. 359 - 377.

Gallagher, E. , Elgar, S. , Guza, R. 1996. Observations of sand bar evolution on a natural beach, *J. of Geophys. Res.* 103, pp. 3203 - 3215.

Garcez Faria, A. , Thornton, E. , Lippmann, T. et al. , 2000. Undertow over a barred beach, *J. of Geophys. Res.* 105, pp. 16999 - 17010.

Gelci, R. , Cazale, H. , Vassal, J. 1956. Utilization des diagrammes de propagation ' a la prevision energetique de la houle, *Bulletin dinformation du Comite Central doceanographie et detudes des cotes* 8, 4, pp. 160 - 197.

Gonzalez - Rodriguez, D. , Madsen, O. 2007. Seabed shear stress and bedload transport due to asymmetric and skewed waves, *Coastal Eng.* 54, 12, pp. 914 –929.

Grant, W. , Madsen, O. 1978. Combined wave and current interaction with a rough bottom, *J. Geophys. Res.* 84, C4, pp. 1979 –1808.

Grunnet, N. M. , Ruessink, B. , Walstra, D. 2005. The in? uence of tides, wind and waves on the redistribution of nourished sediment at Terschelling, The Netherlands. *Coastal Eng.* 52, 7, pp. 617 –631.

Guza, R. , Thornton, E. 1985. Velocity moments in nearshore, *J. Waterway, Port,Coastal Ocean Eng.* 111, 2, pp. 235 –256.

Haller, M. C. , Putrevu, U. , Oltman –Shay, J. et al. , 1999. Wave group forcing of low frequency surf zone motion, *Coastal Eng.* 41, 2, pp. 121 –136.

Hasselmann, K. 1962. On the non –linear transfer in a gravity wave spectrum, part 1. general theory, *J. Fluid Mech.* 12, pp. 481 –500.

Hasselmann, K. 1970. Wave –driven inertial oscillation, *Geophys. Fluid Dyn.* 1, pp. 463 –502.

Hasselmann, K. , Barnett, T. , E. Bouws, et al. , 1973. Measurements of wind –wave growth and swell decay during the Joint North Sea Wave Project (JONSWAP)', *Ergnzungsheft zur Deutschen Hydrographischen Zeitschrift Reihe* 8, 12, p. 95.

Henderson, S. M. , Allen, J. , Newberger, P. 2004. Nearshore sandbar migration predicted by an eddy –diffusive boundary layer model, *J. Geophys. Res.* 109, C06024.

Herbers, T. , Elgar, S. , Guza, R. 1994. Infragravity –frequency (0.005 –0.05 hz) motions on the shelf, part 1, Forced waves, *J. Phys. Oceanogr.* 24, pp. 917 –927.

Herbers, T. , Elgar, S. , Guza, R. 1995. Generation and propagation of infragravity waves, *J. Geophys. Res.* 100, C12, pp. 24863 –24872.

Hibma, A. , De Vriend, H. , Stive, M. 2003. Numerical modelling of shoal pattern formation in well –mixed elongated estuaries. *Estuarine, Coastal and Shelf Science* 57, pp. 981 –991.

Hino, M. 1974. Theory on the formation of rip –current and cuspidal coast, in *Proc. 14th Int. Conf. Coastal Eng.* (Brisbane, Australia), pp. 901 –911.

Hjelmfelt, A. , Lenau, C. 1970. Nonequilibrium transport of suspended sediment, *J. Hydraul. Div.* 96, (HY7), pp. 1567 –1586.

Hoefel, F. , Elgar, S. 2003. Wave –induced sediment transport and sandbar migration,*Science* 299, 1, pp. 1885 –1887.

Hoitink, A. , Hoekstra, P. , van Maren, D. 2003. Flow asymmetry associated with astronomical tides: Implications for the residual transport of sediment, *J. Geophys. Res.* 108, C10.

Holman, R. , Bowen, A. 1982. Bars, bumps and holes: Models for the generation of complex beach topography. *J. of Geophys. Res.* 87, pp. 457 –468.

Holman, R. , Stanley, J. 2007. The history and technical capabilities of argus, *Coastal Eng.* 54, pp. 477 –491.

Holman, R. A. , Symonds, G. , Thornton, E. B. et al. , 2006. Rip spacing and persistence on an embayed beach, *J. of Geophys. Res.* 111, C01006.

Holthuijsen, L. 2007. *Waves in oceanic and coastal waters* (Cambridge University Press,Cambridge).

Holthuijsen, L. , Booij, N. , Herbers, T. 1989. A prediction model for stationary, shortcrested waves in shallow water with ambient currents, *Coastal Eng.* 13, pp. 23 –54.

Hume, T. , Herdendorf, C. 1993. On the use of empirical stability relationships for characterising estuaries, *Journal of Coastal Res.* 9, 2, pp. 413 –422.

Huntley, D. , Guza, R. , Thornton, E. 1984. Field observations of surf beat. 1. Progressive edge waves, *J. Geophys. Res.* 86, C7, pp. 6451 -6466.

Ilic, S. , van der Westhuysen, A. , Roelvink, J. et al. ,2007. Multidirectional wave transformation around detached breakwaters, *Coastal Eng.* 54, 10, pp. 775 -789.

Janssen, C. M. , Hassan, W. N. , v. d. Wal, R. et al. , 1998. Grain - size influence on sand - transport mechanisms, in *Proc. Coastal Dynamics* (Plymouth,UK), pp. 58 -67.

Janssen, T. , Battjes, J. 2007. A note on wave energy dissipation over steep beaches, *Coastal Eng.* 54, 9, pp. 711 -716.

Janssen, T. , Battjes, J. , van Dongeren, A. 2003. Long waves induced by short - wave groups over a sloping bottom, *J. Geophys. Res.* 108, C8.

Janssen, T. , Herbers, T. , Battjes, J. 2006. Generalized evolution equations for nonlinear surface gravity waves over two - dimensional topography, *J. Fluid Mech.* 552,pp. 393 -418.

Jarrett, J. 1976. Tidal prism - inlet relationships, Gen. Invest. tidal inlets rep. 3, Tech. rep. , AUS Army Coastal Engineering and Research Centre, Fort Belvoir, Va.

Johnson, D. , Pattiaratchi, C. 2006. Boussinesq modelling of transient rip currents, *Coastal Eng.* 53, 5 -6, pp. 419 -439.

Komar, P. 1976. *Beach Processes* (World Scientific, Singapore).

Koster, L. 2006. *Humplike nourishing of the shoreface; A study on more effcient nourishing of the shoreface*, Master's thesis, Delft University of Technology, Delft, The Netherlands.

Kraus, N. 1998. Inlet cross - section area calculated by process - based model, in *Proc. 26th Int. Conf. Coastal Eng.* , pp. 3265 -3278.

Latteux, B. 1995. Techniques for longterm morphological simulation under tidal action, *Marine Geology* 126, pp. 129 -141.

Leatherman, S. , Williams, A. , Fisher, J. 1977. Overwash sedimentation associated with a large - scale northeaster, *Marine Geology* 24, pp. 109 -121.

LeConte, L. 1905. Discussion on the paper, notes on the improvement of river and harbor outlets in the united states by D. A. watt, paper no. 1009, *Trans. ASCE* 55, pp. 306 -308.

Lentz, S. , Fewings, M. , Howd, et al. , 2008. Observations and a model of undertow over the inner continental shelf, *J. Phys. Oceanogr.* 38,pp. 2341 -2357.

Lesser, G. 2009. *An approach to medium - term coastal morphological modelling*, Ph. D. thesis, Delft Univ. of Technology, Delft.

Lesser, G. , Roelvink, J. , van Kester, J. et al. , 2004. Development and validation of a three - dimensional morphological model, *Coastal Eng.* 51, 8 -9, pp. 883 -915.

Lippmann, T. C. , Holman, R. A. 1989. Quantification of sand bar morphology: a video technique based on wave dispersion, *J. Geophys. Res.* 94, pp. 995 -1011.

Long, J. W. , Ozkan - Haller, H. T. 2009. Low frequency characteristics of wave groupforced vortices, *Journal Geophysical Research* 114, C08004, pp. 1 -21.

Long, W. , Kirby, J. T. , Hsu, T. 2006. Cross shore sandbar migration predicted by a time domain boussinesq model incorporating undertow, in *Proc. 30th Int. Conf. Coastal Eng.* (San Diego, USA), pp. 2655 -2667.

Longuet - Higgins, M. 1953. Mass transport in water waves, *Trans. Royal Soc. London Ser.* A. , 245, pp. 535 -581.

Longuet - Higgins, M. 1960. Mass transport in the boundary layer at a free oscillating surface, *J. Fluid Mech.* 8, pp. 293 - 305.

Longuet - Higgins, M. 1970. Longshore currents generated by obliquely incident sea waves, *J. Geophys. Res.* 76, pp. 6778 - 6801.

Longuet - Higgins, M., Stewart, R. 1962. Radiation stress and mass transport in surface gravity waves with application to surf beats, *J. Fluid Mech.* 29, pp. 481 - 504.

Longuet - Higgins, M., Stewart, R. 1964. Radiation stresses in water waves: a physical discussion, with applications, *Deep Sea Res.* 11, pp. 529 - 562.

Longuet - Higgins, M., Turner, J. 1974. An entrainment plume model of a spilling breaker, *J. Fluid Mech.* 63, pp. 1 - 20.

Lygre, A., Krogstad, H. 1986. Maximum entropy estimation of the directional distribution in ocean wave spectra, *J. Phys. Oceanogr.* 16, pp. 2052 - 2060.

MacMahan, J., Brown, J., Brown, J., et al., 2010a. Mean lagrangian flow behavior on an open coast rip - channeled beach: A new perspective, *Marine Geology* 268, 1 - 4, pp. 1 - 15.

MacMahan, J., Thornton, E., Stanton, T. et al., 2005. Ripex: Observations of a rip current system, *Marine Geology* 218, 1 - 4, pp. 113 - 134.

MacMahan, J. H., Reniers, A., Thornton, E. 2010b. Vortical surf zone velocity fluctuations with O(10) min period, *J. Geophys. Res.* 115, C06007.

Madsen, O. 1975. Stability of a sand bed under breaking waves, in *Proc. 14th Int. Conf. Coastal Eng.* (Copenhagen, Denmark), pp. 776 - 794.

Madsen, O. 1978. A note on mass transport in deep water waves, *J. Phys. Oceanogr.* 8, 6, pp. 1009 - 1015.

Marciano, R., Wang, Z., Hibma, A., et al., 2005. Modelling of channel patterns in short tidal basins, *J. Geophys. Res.* 100, F01001.

McCall, R. 2008. *The longshore dimension in dune overwash modelling. Development, verification and validation of XBeach*, Master's thesis, Delft University of Technology, Delft, The Netherlands.

McCall, R., van Thiel de Vries, J., Plant, N., et al., 2010. Two - dimensional time dependent hurricane overwash and erosion modeling at Santa Rosa Island, *Coastal Eng.* 57, 7, pp. 1 - 18.

McWilliams, J., Restrepo, J., Lane, E. 2004. An asymptotic theory for the interaction of waves and currents in coastal waters, *J. Fluid Mech.* 511, pp. 135 - 178.

Mei, C. 1989. *The applied dynamics of ocean surface waves* (World Scientific, Singapore).

Mei, C., Benmoussa, C. 1984. Long waves induced by short wave groups, *J. Fluid Mech.* 139, pp. 219 - 235.

Mellor, G. 2003. The three - dimensional current and surface wave equations, *J. Phys. Oceanography* 33, pp. 1978 - 1989.

Melville, W., Matusov, P. 2002. Distribution of breaking waves at the ocean surface, *Letters to Nature* 417, pp. 58 - 63.

Meyer - Peter, E., Muller, R. 1948. Formulas for bed - load transport, in *Proceedings of the 2nd Meeting of the International Association for Hydraulic Structures Research* (Delt, The Netherlands), pp. 39 - 64.

Miche, R. 1944. Mouvements ondulatoires des ners en profondeur constante ou decroissante, in *Annales des Ponts et chausses*, pp. 25 - 78, 131 - 164, 270 - 292, 369 - 406.

Miles, J. 1957. On the generation of surface waves by shear flows, *J. Fluid Mech.* 3, pp. 185 - 204.

Miles, M., Funke, E. 1989. A comparison of methods for synthesis of directional seas, *J. Offshore Mech. Po-*

lar Eng 111, pp. 43 – 48.

Monismith, S., Cowen, E., Nepf, H., et al., 2007. Laboratory observations of mean flows under surface gravity waves, *J. Fluid Mech* 573, 111, pp. 131 – 147.

Munk, W. H. 1949. Surf beats, *Trans. Am. Geophys. Union* 30, pp. 849 – 854.

Nadaoka, K., Yagi, H. 1993. A turbulent ? ow modelling to simulate horizontal large eddies in shallow water, *Adv. Hydrosci. Eng.* 1B, pp. 356 – 365.

Nairn, R., Roelvink, J., Southgate, H. 1990. Transition zone width and applications for modeling surfzone hydrodynamics, in *Proc. 22nd Int. Conf. Coastal Eng.* (New York, USA), pp. 68 – 81.

Newberger, P., Allen, J. 2007. Forcing a three – dimensional, hydrostatic primitiveequation model for application in the surf zone, part 1: Formulation, *J. Geophys. Res.* 112, C08018.

Nicholson, J., Broker, I., Roelvink, J., et al., 1997. Intercomparison of coastal area morphodynamic models, *Coast. Eng.* 31, pp. 97 – 123.

Nielsen, P. 1992. *Coastal bottom boundary layers and sediment transport* (World Scien – tific, Advanced series on ocean engineering).

Nielsen, P., Callaghan, D. 2003. Shear stress and sediment transport calculations for sheet flow under waves, *Coast. Eng.* 47, pp. 347 – 354.

Nishi, R., Kraus, N. 1996. Mechanism and calculation of sand dune erosion by storms, in *Proc. 25th Int. Conf. Coastal Eng.*, pp. 3034 – 3047.

O'Brien, M. 1931. Estuary and tidal prisms related to entrance areas, *Civil Eng.* 1, 8, pp. 738 – 739.

O'Brien, M. 1969. Equilibrium flow areas of inlets on sandy coasts, *J. Waterway, Port, Coastal and Ocean Eng.* 95, 1, pp. 43 – 52.

Oltman – Shay, J., Howd, P., Birkemeier, W. 1989. Shear instabilities of the mean longshore current, 2. Field observations, *J. Geophys. Res.* 94, C12, pp. 18031 – 18042.

Orzech, M. D., Thornton, E. B., MacMahan, et al., 2010. Alongshore rip channel migration and sediment transport, *Marine Geology* 271, 3 – 4, pp. 278 – 291.

Overton, M., Fisher, J. 1988. Laboratory investigation of dune erosion, *J. of Waterway, Port, Coastal and Ocean Eng.* 114, 3, pp. 367 – 373.

Özkan – Haller, H., Kirby, J. 1999. Non – linear evolution of shear instabilities of the longshore current: A comparison of observations and computations, *J. Geophys. Res.* 104, pp. 25953 – 25984.

Pape, L. 2010. Predictability of nearshore sandbar behavior, Ph. D. thesis, University of Utrecht, Utrecht.

Pawka, S. 1983. Island shadows in wave directional spectra, *J. Geophys. Res.* 88, C4, pp. 2579 – 2591.

Pelnard – Considere. 1954. Essai de theory de l'evolution des formes de rivage en plages de sable et de galets, Quatrieme Journees de l'Hydraulique, *Les Energies de la Mer* 3, pp. 289 – 298.

Peregrine, D. 1976. Interaction of water waves and currents, *Adv. Appl. Mech.* 16, pp. 9 – 117.

Phillips, O. 1957. On the generation of waves by turbulent wind, *J. Fluid Mech.* 2, pp. 417 – 445.

Phillips, O. 1977. *The dynamics of the upper ocean* (Cambridge University Press, Cam – bridge).

Plant, N., Edwards, K., Kaihatu, J., et al., 2009. The effect of bathymetric filtering on nearshore process model results, *Coastal Eng.* 56, 4, pp. 484 – 493.

Plant, N., Holman, R., Freilich, M. 1999. A simple model for interannual sandbar behavior, *J. Geophys. Res.* 104, C7, pp. 15,755 – 15,776.

Powell, M., Thieke, R., Mehta, A. 2006. Morphodynamic relationships for ebb and flood delta volumes at floridas entrances, *Ocean Dynamics* 56, pp. 295 – 307.

Powell, M. , Vickery, P. , Reinhold, T. 2003. Reduced drag coefficients for high wind speeds in tropical cyclones, *Nature* 422, pp. 279 – 283.

Putrevu, U. , Svendsen, I. 1992. Shear instability of longshore currents: A numerical study, *J. Geophys. Res.* 97, pp. 7283 – 7303.

Rakha, K. A. 1998. A quasi – 3d phase – resolving hydrodynamic and sediment transport model, *Coastal Eng.* 34, 3 – 4, pp. 277 – 311.

Ranasinghe, R. , Symonds, G. , Black, K. et al. ,2000. Processes governing rip spacing, persistence, and strength in a swell dominated, microtidal environment, in *Proc. 27th Int. Conf. Coastal Eng.* (Sydney, Australia), pp. 454 – 467.

Ranasinghe, R. , Symonds, G. , Black, K. et al. ,2004. Morphodynamics of intermediate beaches: a video imaging and numerical modelling study, *Coastal Eng.* 51, pp. 629 – 655.

Ranasinghe, R. , Turner, I. , Symonds, G. 2006. Shoreline response to multi – functional artificial surfing reefs: A numerical and physical modelling study. *Coastal Eng.* 53,7, pp. 589 – 611.

Raubenheimer, B. , Guza, R. 1996. Observations and predictions of run – up, *J. of Geophys. Res.* 101, C10, pp. 25575 – 25587.

Renger, E. , Partenscky, H. W. 1974. Stability criteria for tidal basins, in *Proc. 14th Int. Conf. Coastal Eng.* , pp. 1605 – 1618.

Reniers, A. , Battjes, J. 1997. A laboratory study of longshore currents over barred and non – barred beaches, *Coastal Eng.* 30, pp. 1 – 22.

Reniers, A. , Battjes, J. , Falques, A. et al. ,1997. A laboratory study on the shear instability of longshore currents, *J. Geophys. Res.* 102, C4, pp. 8597 – 8609.

Reniers, A. , Groenewegen, M. , Ewans, K. , et al. , 2010a. Estimation of infragravity waves at intermediate water depth, *Coastal Eng.* 57, pp.52 – 61.

Reniers, A. , MacMahan, J. , Beron – Vera, F. et al. ,2010b. Rip – current pulses tied to lagrangian coherent structures, *Geophys. Res. Letters* 37, L05605.

Reniers, A. , MacMahan, J. , Thornton, E. et al. , 2007. Modeling of very low frequency motions during RIPEX, *J. Geophys. Res.* 112, C07013.

Reniers, A. , MacMahan, J. , Thornton, E. , et al. , 2009. Surf zone retention on a rip – channeled beach, *J. Geophys. Res.* 114, C10010.

Reniers, A. , Roelvink, J. , Thornton, E. 2004a. Morphodynamic modeling of an embayed beach under wave group forcing, *J. Geophys. Res.* 109, C01030.

Reniers, A. , Symonds, G. , Thornton, E. 2001. Modelling of rip – currents during RDEX, in *Proc. Coastal Dynamics* (Lund, Sweden), pp. 493 – 499.

Reniers, A. , Thornton, E. , Stanton, T. et al. , 2004b. Vertical flow structure during sandy duck, *Coastal Eng.* 51, pp. 237 – 260.

Reniers, A. , van Dongeren, A. , Battjes, J. et al. , 2002. Linear modeling of infragravity waves during delilah, *J. Geophys. Res.* 107, C10.

Ribberink, J. 1998. Bed – load transport for steady? ows and unsteady oscillatory flows, *Coastal Eng.* 34, 1 – 2, pp. 59 – 82.

Ribberink, J. , Chen, Z. 1993. Sediment transport of fine sand in asymmetric flow,Tech. Rep. Delft Hydraulics Report, Publ, H840, Part VII, WL – Delft Hydraulics.

Rienecker, M. , Fenton, J. 1981. A fourier approximation method for steady water waves, *J. Fluid. Mech*

104, pp. 119 - 137.

Rijkswaterstaat 1988. Handboek zandsuppleties (in dutch, beach nourishment manual), Tech. rep.

Rivero, F., Arcilla, A. 1995. On the vertical distribution of $<uv>$, *Coastal Eng.* 25, pp. 137 - 152.

Rodi, W. 1984. Turbulence models and their application in hydraulics, in *State - of - the - art paper article sur letat de connaissance. Paper presented by the IAHR - Section on Fundamentals of Division II: Experimental and Mathematical Fluid Dynamics* (The Netherlands).

Roelvink, J. 1993. Dissipation in random wave groups incident on a beach, *Coastal Eng.* 19, pp. 127 - 150.

Roelvink, J. 2006. Coastal morphodynamic evolution techniques, *Coastal Eng.* 53, 2 - 3, pp. 277 - 287.

Roelvink, J., Broker, I. 1993. Coastal pro? le models, *Coastal Eng.* 21, pp. 163 - 191.

Roelvink, J., Meijer, T., Houwman, K., et al., 1995. Field validation and application of a coastal profile model, in *Proc. Coastal Dynamics* (Gdansk, Poland), pp. 818 - 828.

Roelvink, J., Reniers, A. 1995. LIP 11D delta flume experiments, Tech. Rep. H2130, WL - Delft Hydraulics, Delft, The Netherlands.

Roelvink, J., Reniers, A., van Dongeren, et al., 2009. Modeling storm impacts on beaches, dunes and barrier islands, *Coastal Eng.* 56, pp. 1133 - 1152.

Roelvink, J., Stive, M. 1989. Bar generating cross - shore flow mechanisms on a beach, *J. Geophys. Res.* 94, C4, pp. 4485 - 4800.

Roelvink, J., Walstra, D. 2004. Keeping it simple by using complex models, in *Advances in Hydro - Science and Engineering* (Brisbane, Australia), pp. 1 - 11.

Ruessink, B., Kuriyama, Y., Reniers, A., et al., 2007. Modeling cross - shore sandbar behavior on the timescale of weeks. *J. Geophys. Res.* 112, F03010.

Ruessink, B., Miles, J., Feddersen, F., et al., 2001. Modeling the alongshore current on barred beaches, *J. Geophys. Res.* 106, C10, pp. 22451 - 22463.

Ruessink, B., van Rijn, L. 2011. Observations and empirical modelling of near - bed skewness and asymmetry, *in preparation.*

Ruessink, B., Walstra, D., Southgate, H. 2003. Calibration and verification of a parametric wave model on barred beaches, *Coastal Eng.* 48, pp. 139 - 149.

Sallenger, A. 2000. Storm impact scale for barrier islands, *J. of Coastal Research*, 16, 3, pp. 890 - 895.

Sand, S. 1982. Long wave problems in laboratory models, *J. of Waterways, Port, Coastal and Ocean Eng.* 108, pp. 492 - 503.

Sato, S., Mitsunubo, N. 1991. A numerical model of beach profile change due to random waves, in *Proc. ASCE specialty Conf. Coastal Sediments* (Seattle, WA), pp. 674 - 687.

Schaffer, H. 1993. Infragravity waves induced by short - wave groups, *J. Fluid Mech.* 247, pp. 551 - 588.

Schoonees, J., Theron, A. 1995. Evaluation of 10 cross - shore sediment trans - port/morphological models, *Coastal Eng.* 25, pp. 1 - 41.

Sha, L., Van den Berg, J. 1993. Variation in ebb - tidal delta geometry along the coast of The Netherlands and the German Bight, *J. Coastal Res.* 9, 3, pp. 730 - 746.

Sleath, J. 1999. Conditions for plug flow formation in oscillatory flow, *Continental Shelf Res.* 19, pp. 1643 - 1664.

Slinn, D., Allen, J., Newberger, P. et al., 1998. Nonlinear shear instabilities of alongshore currents over barred beaches, *J. Geophys. Res.* 103, C9, pp. 18357 - 18379.

Smit, M. 2010. *Formation and evolution of nearshore sandbar patterns*, Ph. D. thesis, Delft University of Technology, Delft, The Netherlands.

Smit, M., Reniers, A., Stive, M. 2005. Nearshore bar response to time - varying conditions, in *Proc. Coastal Dynamics* (Barcelona, Spain).

Snodgrass, F., Groves, G., Hasselmann, K., et al., 1966. propagation of ocean swell across the pacific, *Phil. Trans. to Royal Soc. of London* 259, 1103, pp. 431 - 497.

Soulsby, R. 1997. *Dynamics of Marine Sands* (Thomas Telford, London).

Soulsby, R., Hamm, L., Klopman, G., et al., 1993. Wave - current interaction within and outside the bottom boundary layer, *Coastal Eng.* 21, pp. 41 - 69.

Speer, P., Aubrey, D. 1985. A study of nonlinear tidal propagation in shallow in - let/estuarine systems, *Estuarine, Coastal and Shelf Science* 21, pp. 207 - 224.

Spydell, M., Feddersen, F. 2009. Lagrangian drifter dispersion in the surfzone: Directionally - spread normally incident waves, *J. Phys. Oceangr.* 39, pp. 809 - 830.

Steetzel, H. 1987. A model for beach and dune pro? le changes near dune revetments, in *Proc. ASCE specialty Conf. Coastal Sediments* (New Orleans, LA), pp. 87 - 97.

Steetzel, H. 1990. Cross - shore transport during storm surges, in *Proc. 22nd Int. Conf. Coastal Eng.* (Delft, The Netherlands), pp. 1922 - 1934.

Steetzel, H. 1993. Dune erosion, Ph. D. thesis, Delft University of Technology, Delft, The Netherlands.

Stelling, G. 1984. On the construction of computational methods for shallow water flow problems, *Rijkswaterstaat Communications* 35.

Stelling, G., Duinmeijer, S. 2003. A staggered conservative scheme for every froude number in rapidly varied shallow water flows, *Int. J. Numer. Meth. Fluids* 43, pp. 1329 - 1354.

Stelling, G., Zijlema, M. 2003. An accurate and effcient finite - difference algorithm for non - hydrostatic free - surface flow with application to wave propagation, *Int. J. Numer. Meth. Fluids* 43, pp. 1 - 23.

Stive, M. 1986. A model for cross - shore sediment transport, in *Proc. 20th Int. Conf. Coastal Eng.* (Taipei, Taiwan), pp. 1550 - 1564.

Stive, M., de Vriend, H. 1990. Shear stress and mean flow in shoaling and breaking waves, *in Proc. 24nd Int. Conf. Coastal Eng.* (Kobe, Japan), pp. 594 - 608.

Stive, M., Reniers, A. 2003. Sandbars in motion, *Science* 299, pp. 1855 - 1856.

Stive, M., Wang, Z. 2003. *Advances in coastal modeling*, chap. Morphodynamic mod - eling of tidal basins and coastal inlets (Elsevier), pp. 367 - 392.

Stive, M. J. B. 1984. A model for offshore sediment transport, in *Proc. 19th Int. Conf. Coastal Eng.* (New York, USA), pp. 1420 - 1436.

Stokes, C. 1847. On the theory of oscillatory waves, *Trans. Camb. Phil. Soc.* 8, pp. 441 - 455.

Struiksma, N., Olesen, K., Flokstra, C. et al., 1985. Bed deformation in curved alluvial channels, *Journal of Hydraulic Res.* 23, pp. 57 - 79.

Sutherland, J., Peet, A., Soulsby, R. 2004a. Evaluating the performance of morphological models, *Coastal Eng.* 51, 2, pp. 917 - 939.

Sutherland, J., Walstra, D., Chesher, T., et al., 2004b. Evaluation of coastal area modelling systems at an estuary mouth, *Coastal Eng.* 51, 2, pp. 119 - 142.

Svendsen, I. 1984. Mass flux and undertow in a surf zone, *Coastal Eng.* 8, pp. 347 - 365.

Svendsen, I. 2006. *Introduction to nearshore hydrodynamics* (World Scientific, Singapore).

Sverdrup, H., Munk, W. 1947. Wind, sea and swell. theory of relations for forecasting, *Hydrographic Offce*

Publication 601.

Swart, D. 1974. Offshore sediment transport and equilibrium beach pro? les, Tech. Rep. 131, WL – Delft Hydraulics.

Szmytkiewicz, M., Biegowski, J., Kaczmarek, L. M., et al., 2000. Coastline changes nearby harbour structures: comparative analysis of one – line models versus field data, *Coastal Eng.* 40, 2, pp. 119 – 139.

Tang, E., Dalrymple, R. 1989. *Nearshore Sediment Transport Study*, chap. Nearshore circulation: rip currents and wave groups (Plenum Press), pp. 205 – 230.

Terrile, E., Reniers, A., Stive, M. 2009. Acceleration and skewness effects on the instanteneous bed – shear stresses in shoaling waves, *J. of Waterway, Port, Coastal and Ocean Eng.* 228, pp. 1 – 7.

Terrile, E., Reniers, A., Stive, M., et al., 2006. Incipient motion of coarse particles under regular shoaling waves, *Coastal Eng.* 53, pp. 81 – 92.

Thomson, J., Elgar, S., Raubenheimer, B., et al., 2006. Tidal modulation of infragravity waves via non – linear energy losses in the surf zone, *Geophys. Res. Letters* 33.

Thornton, E., Guza, R. 1986. Surfzone longshore currents and random waves: Field data and models, *J. Phys. Oceanogr.* 16, pp. 1165 – 1178.

Thornton, E., Humiston, R., Birkemeier, W. 1996. Bar/trough generationon a natural beach, *J. Geophys. Res.* 101, pp. 12097 – 12110.

Townend, I. 2005. An examination of empirical stability relationships for UK estuaries, *J. Coastal Res.* 21, 5, pp. 1042 – 1053.

Trowbridge, J., Madsen, O. 1984. Turbulent wave boundary layers: 2. second – order theory and mass transport, *J. Geophys. Res.* 89, pp. 7999 – 8077.

Tucker, M. 1952. Surf beats: sea waves of 1 to 5 min period, *Proc. Royal Soc. London* A, pp. 565 – 573.

Turner, I., Aarninkhof, S., Holman, R. 2006. Coastal imaging applications and research in Australia, *J. Coastal Res.* 22, 1, pp. 37 – 48.

Turner, I., Whyte, D., Ruessink, B. et al., 2007. Observations of rip spacing, persistence and mobility at a long straight coastline, *Marine Geology* 236, pp. 209 – 221.

Ursell, F. 1952. Edge waves on a sloping beach, *Proc. Royal Soc. of London* A, pp. 79 – 97.

Van de Graaff, J. 1988. *Sediment concentration due to wave action*, Ph. D. thesis, Delft Univ. of Technology, Delft.

Van de Graaff, J., Van Overeem, J. 1979. Evaluation of sediment transport formulae in coastal engineering practice, *Coastal Eng.* 3, pp. 1 – 32.

Van de Kreeke, J. 1992. Stability of tidal inlets; Escoffers analysis, *Shore and Beach* 60, pp. 9 – 12.

Van de Kreeke, J., Robaczewska, K. 1993. Tide – induced residual transport of coarse sediment: application to the Ems estuary, Netherlands, *J. Sea Res.* 31, 3, pp. 209 – 220.

Van der Wegen, M. 2010. *Modeling morphodynamic evolution in alluvial estuaries*, Ph. D. thesis, Delft Univ. of Technology, Delft.

Van der Wegen, M., Dastgheib, A., Jaffe, B. et al., 2010a. Bed composition generation for morphodynamic modeling: case study of San Pablo Bay in California, U. S. A, *Ocean Dynamics* 61, 2 – 3, pp. 173 – 186.

Van der Wegen, M., Dastgheib, A., Roelvink, J. A. 2010b. Morphodynamic modeling of tidal channel evolution in comparison to empirical PA equilibrium relationship, *Coastal Eng.* 57, pp. 827 – 837.

Van der Wegen, M., Roelvink, D., de Ronde, J. et al., 2008a. Long – term morphodynamic evolution of the Western Scheldt estuary, the Netherlands, using a process based model, in *Proc. COPEDEC VII Confer-*

ence (Dubai), pp. 367 –368.

Van der Wegen, M., Roelvink, J. A. 2008. Long – term morphodynamic evolution of a tidal embayment using a two – dimensional, process – based model, *J. Geophys. Res.* 113, C03016.

Van der Wegen, M., Wang, Z. B., Savenije, H. et al., 2008b. Long – term morphodynamic evolution and energy dissipation in a coastal plain, tidal embayment, *J. Geophys. Res.* 113, F03001.

van Dongeren, A. 1997. *Numerical modeling of quasi – 3d nearshore hydrodynamics*, Ph. D. thesis, Univ. of Delaware, Newark, USA.

van Dongeren, A., Battjes, J., Janssen, T., et al., 2007. Shoaling and shoreline dissipation of low – frequency waves, *J. Geophys. Res.* 112, C02011.

van Dongeren, A., Plant, N., Cohen, A., et al., 2008. Beach Wizard: Nearshore bathymetry estimation through assimilation of model computations and remote observations, *Coastal Eng.* 55, 12, pp. 1016 – 1027.

Van Dongeren, A., Wenneker, I., Roelvink, D. et al., 2006. A boussinesq – type wave driver for a morphodynamic model, in *Proc. 30th Int. Conf. Coastal Eng.* (San Diego, USA), pp. 3129 –3141.

van Dongeren, A. R., Svendsen, I. 1997. An absorbing – generating boundary condition for shallow water models, *J. of Waterways, Port, Coastal and Ocean Eng.* 123, 6, pp. 303 –313.

Van Enckevort, I., Ruessink, B. 2003. Video observations of nearshore bar behaviour. Part 1: alongshore uniform variability. *Continental Shelf Res.* 23, pp. 501 –512.

van Gent, M. 2001. Wave runup on dikes with shallow foreshores, *J. Waterway, Ports, Coasts and Ocean Eng.* 127, 5, pp. 254 –262.

Van Goor, M., Zitman, T., Wang, Z. et al., 2001. Impact of sea level rise on the morphological equilibrium state of tidal inlets, *Marine Geology* 202, 3 –4, pp. 211 –227.

van Rijn, L. 1984. Sediment pick – up functions, *J. Hydraulic Eng.* 110, pp. 1494 – 1502.

Van Rijn, L. 1993. *Principles of sediment transport in rivers, estuaries and coastal seas* (AQUA Publications).

van Rijn, L., Wijnberg, K. 1996. One – dimensional modelling of individual waves and wave – induced longshore currents in the surfzone, *Coastal Eng.* 28, pp. 121 –145.

Van Thiel de Vries, J. 2009. *Dune erosion during storm surges*, Ph. D. thesis, Delft University of Technology, Delft, The Netherlands.

van Thiel de Vries, J., van Gent, M., Walstra, D. et al., 2008. Analysis of dune erosion processes in large – scale flume experiments, *Coastal Eng.* 55, pp. 1028 – 1040.

van Veen, J. 1936. *Onderzoekingen in de Hoofden* (Algemeene Landsdrukkerij, s Graven – hage).

Vellinga, P. 1986. *Beach and dune erosion during storm surges*, Ph. D. thesis, Delft University of Technology, Delft, The Netherlands.

Verboom, G., Slob, A. 1984. Weakly reflective boundary conditions for two dimensional water flow problems, in *Proc. 5th International Conference on Finite elements in water resources.*

Verhagen, H. 1989. Sand waves along the ducth coast, *Coastal Eng.* 13, pp. 129 –147.

Walstra, D., Roelvink, J., Groeneweg, J. 2000. Calculation of wave – driven currents in a mean flow model, in *Proc. 27th Int. Conf. Coastal Eng.* (Sidney, Australia), pp. 1050 – 1063.

Walstra, D., Ruessink, B. 2009. Process – based modeling of cyclic bar behavior on yearly scales, in *Proc. Coastal Dynamics* (Lisbon, Portugal), pp. 1 –12.

Walton, T., Adams, W. 1976. Capacity of inlet outer bars to store sand, in *Proc. 15th Int. Conf. Coastal Eng.* (Honolulu, Hawaii), pp. 1919 –1937.

Wang, P., Horwitz, M. 2007. Erosional and depositional characteristics of regional overwash deposits caused by multiple hurricanes, *Sedimentology* 54, pp. 545 - 564.

Wang, Z. 1992. Theoretical analysis on depth - integrated modelling of suspended sediment transport, *J. Hydraulic Res.* 30, 3, pp. 403 - 421.

Wang, Z., Karssen, B., Fokkink, R. et al., 1998. A dynamic/empirical model for long - term morphological development of estuaries, in *Physics of estuaries and coastal seas*, pp. 279 - 286.

Wang, Z., Louters, C., De Vriend, H. 1995. Morphodynamic modelling for a tidal inlet in the Wadden Sea, *Marine Geology* 126, pp. 289 - 300.

Watanabe, A., Dibajnia, M. 1988. Numerical modeling of nearshore waves, crossshore sediment transport and beach profile changes, in *Proc. IAHR Symp. on Math. Modeling of Sediment transport in the Coastal Zone*, pp. 166 - 174.

Wijnberg, K. 2002. Environmental controls on decadal morphologic behaviour of the holland coast, *Marine Geology* 189, pp. 227 - 247.

Wright, L., Short, A. 1984. Morphodynamic variability of surf zones and beaches: A synthesis, *Marine Geology* 56, 1 - 4, pp. 93 - 118.

Xu, Z., Bowen, A. 1993. Wave - and wind - driven flow in water of finite depth, *J. Phys. Oceanography* 24, pp. 1850 - 1866.

Zou, Q., Bowen, A., Hay, A. 2003. Vertical distribution of wave shear stress in variable water depth: Theory and fleld observations, *J. Geophys. Res.* 111, pp. 1 - 17.

Zyserman, J., Johnson, H. 2002. Modelling morphological processes in the vicinity of shore - parallel breakwaters. *Coastal Eng.* 45, 3 - 4, pp. 261 - 284.

专业词汇中英文对照

A bi – modal directional spectrum	双峰方向谱
A priori estimate	先验估计
Alongshore current	沿岸流
Avalanching	坍塌
Bar – trough	沙坝 – 凹槽
Bottom shear stress	底部剪切应力
Bound long waves	束缚长波
Breaching	冲决
Canyon walls	峡谷
Coastal area models	海岸区域模型
Coastal profile models	海岸剖面模型
Coastline models	岸线模型
Consumer – test	用户测试
Counter current	补偿流
Crescentic bar	新月形沙坝
Cross – shore current	离岸流
Curved orthogonal grid	正交曲线网格
Damp out	消失
Depth of closure	闭合深度
Directional wave rider	定向乘波计
Double tide	双潮
Down – wave direction	波浪消亡方向
Eddy viscosity	涡黏系数
Explicit scheme	显式格式
Flow pattern	流态
Fluid parcel paths	水质点路线
Forced long wave	受迫长波
Frequency domain	频率空间
Gorge	口门
Harbour moles	港口防波堤

Harmonic analyses	调和分析
Higher and lower harmonics wave	更高次与更低次谐波
Hindcast	后报
Hydrostatic balance	静压平衡
Infragravity waves	长重力边缘波
Irrotational wave	无旋波
Leaky waves	漏波
Linear dispersion relation	线性弥散关系式
Log – log paper	双对数坐标纸
Mass flux	质量通量
Molecular viscosity	分子黏性
Monochromatic wave	单频波
Morfac	地貌加速因子
Non – forced solutions	非受迫解
Obliquely incident wave	斜向入射波
Orbital motion	(波浪引起的)往复运动
overall and nested model	整体与嵌套模型
Overtides	倍潮/附加潮
Overwash	越浪
Phase shift	相移
Phase – locked edge waves	相位固定的边缘波
Plug flow	塞式流动
Plunging wave	卷波
Potential flow	势流
Quadruplets	四波
Residual flow	余流
Return flow	补偿流
Rip current	裂流
Run – up	爬高
Schematized cases	概念模型/简化模型
Sediment transport	泥沙输移(运)
Set – up gradient	增水梯度
Short wave	短波
Significant wave height	有效波高
smooth Tapering function	平滑尖灭方程
Spin up	(模型)热身
Standing wave	驻波
Stream function	流函数

Stream tubes	流管
Sum frequency	频率总和
Surface rollers	表面水滚
Surfbeat wave	拍岸碎波
Surfzone	破波带
Swash zone	冲浪带
Third order velocity moment	三阶速度矩
Tidal amplitude	潮振幅
Tidal basin	纳潮盆地
Tidal channel	潮汐通道
Tidal inlets	潮汐汊道
Tidal range	潮差
Time domain	时间空间
Training walls	导流墙
Transverse bar system	横向沙坝系统
Trench	(挖)槽
Triad interaction	三波相互作用
Turbulence	紊流
Undertow	回流
Unidirectional wave	单向波
Upscaling	升尺度
Up - wave condition	波生成条件
Washover	越浪冲刷
Wave action	波作用量
Wave breaking	波浪破碎
Wave celerity	波速
Wave crest	波峰
Wave diffraction	波浪绕射
Wave forcing	波浪力
Wave front	波前
Wave groups	波群
Wave orbit motion	波浪往复运动
Wave propagation and dissipation	波浪传播与耗散
Wave refraction	波浪折射
Wave ripple	波痕
Wave shoaling	波浪浅水变形
Wave surface elevation	波面高程
Wave trough	波谷

Wave - driven current	波生流
Wavenumber	波数
White capping	白帽
Wind drag coefficient	风阻系数
Wind set - up	风增水